朱宁◎著

巧用

ChatGPT

快速搞定数据分析

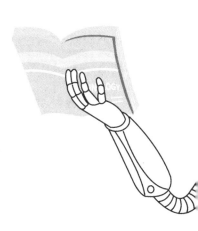

北京大学出版社
PEKING UNIVERSITY PRESS

内 容 提 要

本书是一本关于数据分析与ChatGPT应用的实用指南，旨在帮助读者了解数据分析的基础知识及利用ChatGPT进行高效的数据处理和分析。随着大数据时代的到来，数据分析已经成为现代企业和行业发展的关键驱动力，本书正是为了满足这一市场需求而诞生。

本书共分为8章，涵盖了从数据分析基础知识、常见的统计学方法到使用ChatGPT进行数据准备、数据清洗、数据特征提取、数据可视化、回归分析与预测建模、分类与聚类分析，以及深度学习和大数据分析等全面的内容。各章节详细介绍了运用ChatGPT在数据分析过程中解决实际问题，并提供了丰富的实例以帮助读者快速掌握相关技能。

本书适合数据分析师、数据科学家、研究人员、企业管理者、学生，以及对数据分析和人工智能技术感兴趣的广大读者阅读。通过阅读本书，读者将掌握数据分析的核心概念和方法，并学会运用ChatGPT为数据分析工作带来更高的效率和价值。

图书在版编目（CIP）数据

巧用ChatGPT快速搞定数据分析 / 朱宁著. — 北京：北京大学出版社，2023.8
ISBN 978-7-301-34202-2

Ⅰ. ①巧⋯ Ⅱ. ①朱⋯ Ⅲ. ①人工智能－应用－数据处理 Ⅳ. ①TP18②TP274

中国国家版本馆CIP数据核字(2023)第129457号

书　　　名	巧用ChatGPT快速搞定数据分析
	QIAO YONG CHATGPT KUAISU GAODING SHUJU FENXI
著作责任者	朱　宁　著
责任编辑	刘沈君
标准书号	ISBN 978-7-301-34202-2
出版发行	北京大学出版社
地　　　址	北京市海淀区成府路205号　100871
网　　　址	http://www.pup.cn　　　新浪微博：@北京大学出版社
电子邮箱	编辑部 pup7@pup.cn　总编室 zpup@pup.cn
电　　　话	邮购部 010-62752015　发行部 010-62750672　编辑部 010-62570390
印　刷　者	河北博文科技印务有限公司
经　销　者	新华书店
	880毫米×1230毫米　32开本　10.5印张　281千字
	2023年8月第1版　2024年8月第3次印刷
印　　　数	7001-9000册
定　　　价	69.00 元

随着大数据时代的到来，数据分析和人工智能技术正迅速改变着各行各业的运作方式。ChatGPT 作为一种基于 GPT 架构的先进人工智能模型，不仅在自然语言处理领域具有广泛应用，还在数据分析、图像识别、推荐系统等多个方面展示出巨大的潜力。随着技术的不断进步和发展，ChatGPT 有望在未来为我们提供更加智能化、个性化的服务，成为企业和个人在数据驱动决策中不可或缺的工具。

此外，ChatGPT 的成功应用将为人工智能领域带来新的突破，推动人工智能与各行业的深度融合。随着越来越多的企业和个人认识到 ChatGPT 的价值，这一技术将为人类社会创造巨大的社会效益和经济价值，成为未来科技发展的重要引擎之一。

笔者的使用体会

在使用 ChatGPT 的过程中，笔者深感这一技术的强大与便捷。通过利用 ChatGPT 在数据分析过程中的各个环节进行实践操作，我们可以大大提高工作效率，降低人力成本，从而为企业和个人带来更高的投资回报率。同时，ChatGPT 的智能生成能力使非专业人士也能快速上手，降低了数据分析和人工智能领域的门槛。

在编写本书的过程中，笔者亲身体验了 ChatGPT 在数据收集、清洗、特征提取、建模、可视化等方面的实际应用。这一过程不仅帮助我更深入地理解了数据分析的各个环节，而且让我对 ChatGPT 的强大功能和广泛应用前景充满信心。我相信，通过阅读本书，读者也能够领略到 ChatGPT 的魅力，从而更好地运用这一技术解决实际问题。

本书的特色

● **实用性强**：本书通过实际案例和操作技巧，使读者能够快速上手并灵活运用数据分析和 ChatGPT 技术。

● **深入浅出**：本书以通俗易懂的语言解释数据分析和 ChatGPT 的原理及应用，让职场新手也能轻松掌握。

● **高效学习**：本书结构紧凑，内容精炼，便于读者快速吸收和理解，无须花费大量时间。

● **融合行业经验**：本书结合了作者多年的职场经验，为读者提供了独到的见解和实用建议。

● **适用人群广泛**：无论是职场新人、管理者、开发者还是对数据分析和人工智能技术感兴趣的读者，本书都能为其提供有益的启示和指导。

通过本书，我希望为读者提供一个全面、实用的数据分析与 ChatGPT 应用指南，助力职场人士在竞争激烈的环境中脱颖而出。

本书包括的内容

本书内容可分为三大部分。

第一部分（第 1 章）旨在为读者奠定数据分析基础，详细介绍数据分析的定义、重要性、流程及常见的统计学方法和工具。同时，对 ChatGPT 的核心理念和应用进行详细阐述。

第二部分（第 2~5 章）通过实例展示使用 ChatGPT 编写数据收集脚

本、生成数据样本、处理数据质量和结构问题，以及进行特征工程和数据可视化。本部分将帮助读者熟练运用 ChatGPT 解决实际数据分析问题。

第三部分（第6~8章）结合案例，向读者展示运用 ChatGPT 进行回归分析与预测建模、分类与聚类分析，以及深度学习和大数据分析。通过本部分的学习，读者将能够灵活运用 ChatGPT 技术解决复杂的数据分析问题。

读者在阅读本书过程中如遇到问题，可以通过邮件与笔者联系。笔者的电子邮箱是 xyzhuning@126.com。

本书读者对象

● **数据分析师**：希望通过掌握 ChatGPT 技术提升数据分析、预测建模和报告呈现等方面的能力的专业人士。

● **项目经理**：期望运用 ChatGPT 技术提高项目执行效率、降低沟通成本和促进团队协作的管理者。

● **研发工程师**：对 ChatGPT 技术感兴趣，希望了解其原理及应用方法，将其运用于实际开发项目中的技术人员。

● **企业管理者**：寻求利用 ChatGPT 技术提升企业数据分析能力，为决策提供更为精准的依据的领导者。

● **学生**：数据分析、人工智能等相关专业，希望了解 ChatGPT 技术及其在实际应用中的价值的学生。

● **对人工智能和数据分析感兴趣的读者**：希望了解 ChatGPT 技术的原理、应用场景和实践方法，探索将其运用于各行各业的广大读者。

致谢

在本书完稿之际，衷心感谢我的家人和朋友们，他们在这个过程中给予了我无尽的支持与鼓励。正是他们的信任和理解，让我得以在忙碌的工作和生活中抽出时间来完成这本书的创作。同时，感谢罗雨露编辑和审稿人员的辛勤工作，他们的专业意见和建议为本书的质量提升很有帮助。最后，感谢所有关心、支持和阅读本书的读者，希望这本书能为你们的职场发展提供有益的帮助，也欢迎大家提出宝贵的意见和建议，让我们共同进步。

温馨提示：本书所涉及的源代码已上传到百度网盘，供读者下载。请读者关注封底"博雅读书社"微信公众号，找到"资源下载"栏目，输入图书 77 页的资源下载码，根据提示获取。

目
录

第 1 章

数据分析基础和 ChatGPT 简介

数据分析在当今社会中具有至关重要的地位，其应用领域广泛且涉及诸多行业。随着技术的不断发展和数据量的爆炸式增长，从大量数据中提取有价值的信息变得尤为关键。因此，掌握高效智能的数据分析方法对于应对日益严峻的数据挑战至关重要。ChatGPT 作为一种先进的语言模型，可以帮助读者更加高效地进行数据分析，以更好地满足数据分析的需求。

本章主要介绍数据分析基础和 ChatGPT 简介，重点涉及以下知识点：

- 数据分析的定义与重要性
- 数据分析流程
- 常见的统计学方法
- 数据分析与机器学习方法
- 常见的数据分析工具
- ChatGPT 简介

通过本章的学习，读者将深入了解数据分析的基本概念、重要性及实际应用场景。同时，掌握数据分析过程中各阶段所需的方法和技巧，并熟悉 ChatGPT 的基本内容，为后续章节中使用 ChatGPT 进行数据分析奠定坚实基础。

1.1 数据分析的定义与重要性

随着数字化时代的到来，数据已经成为一种宝贵的资源。数据分析是对这种资源进行充分利用的重要手段。它通过对数据进行深入分析，提取出数据背后隐藏的规律和价值，从而帮助人们做出更好的判断。数据分析不仅可以帮助企业优化运营和管理，而且可以为科学研究、社会管理、医疗卫生等领域提供支持。因此，数据分析已成为当今社会中不可或缺的一项技能。

1.1.1 数据分析的定义

数据分析是指对数据进行系统的收集、清洗、分析、解释和展示的过程，旨在从数据中发现有用的信息和知识。数据分析的目的是揭示数据背后的规律、趋势和关联，从而帮助人们做出更好的决策和行动。

数据分析通常包括以下几个步骤。

（1）数据收集：收集需要分析的数据，包括结构化数据（如数据库中的数据）和非结构化数据（如文本、图像和视频等）。

（2）数据清洗：对数据进行清理、转换和整理，以确保数据的准确性、完整性和一致性。

（3）数据分析：使用统计学、机器学习等方法对数据进行分析和探索，发现数据中的模式、趋势和关联。

（4）数据解释：将数据分析的结果转化为可理解的形式，并解释其意义和影响。

（5）数据展示：将数据分析的结果以图表、报告等形式进行展示，以便更好地沟通和传达数据的意义和价值。

1.1.2 数据分析的重要性

数据分析在当今数字化时代中占据着举足轻重的地位，具有巨大的价值。它不仅能帮助人们深入理解业务和问题，而且能提高工作效率、改善客户体验、驱动创新和增强企业竞争力。通过数据分析，人们可以识别成功的趋势、挖掘潜在机会并找到问题的根本原因，从而做出更明智的决策。此外，自动化分析过程可以加快发现问题并采取行动，进一步提升工作效率和生产力。

利用数据分析，人们可以更好地了解客户需求和行为，优化产品和服务，提高客户满意度和忠诚度。数据分析还能揭示新的趋势和机会，推动创新和发展。通过对数据的分析和解读，新思路、方法和模式得以诞生，催生新的商业模式和价值。此外，数据分析还可以帮助企业更好地洞悉市场和竞争环境，优化战略和决策，提升竞争力。数据分析在科研、社会管理、医疗卫生等领域同样具有重要价值，它有助于人们更好地理解社会和自然现象，优化政策和管理，提高服务质量和效率。

总之，数据分析作为一种强大的工具，为个人和组织提供了巨大的机遇。通过深入学习和实践数据分析，读者将能够更好地应对挑战，抓住机遇，并为未来的发展做好充分准备。

1.2 数据分析流程

数据分析流程通常包括以下 8 个阶段，每个阶段都是为了实现从原始数据到有用信息和知识的转换，如图 1.1 所示。以下是具体的数据分析流程。

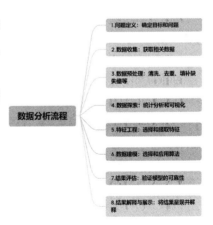

图 1.1 数据分析流程

1.2.1 问题定义

在开始数据分析之前，首先要明确分析目的和需求，包括确定要解决的问题、设定目标和预期结果。这一阶段对整个数据分析过程至关重要，因为它确保了分析工作的方向和有效性。

1.2.2 数据收集

在明确问题定义后，需要收集与问题相关的数据，包括从数据库中提取数据，通过网络爬虫获取在线数据，使用传感器收集实时数据或通过调查问卷获取用户反馈等。数据收集过程需要确保数据的完整性和相关性。

1.2.3 数据预处理

在数据收集完成后，需要对数据进行预处理，包括清洗数据、去除重复值、填补缺失值、处理异常值等。这一阶段确保了数据质量和一致性，为后续分析提供准确的输入。

1.2.4 数据探索

在数据预处理完成后，可以进行初步的数据探索。通过统计分析和数据可视化，对数据的基本情况、特征分布、相关性等进行了解。这有助于更好地理解数据，并为进一步的分析提供指导。

1.2.5 特征工程

基于数据探索的结果，对数据特征进行进一步分析，包括特征选择、特征提取、特征降维等。这一阶段可以提高模型的性能和可解释性，减少过拟合的风险。

1.2.6 数据建模

在特征工程完成后，选择合适的算法和模型，对数据进行建模和分析。

根据具体问题和数据类型，可以采用监督学习、无监督学习或强化学习等方法。此阶段的目标是发现数据中的模式和规律。

1.2.7　结果评估

在数据建模完成后，需要对模型的结果进行评估和验证，包括计算模型的准确率、召回率、F_1 分数等评估指标，使用交叉验证、留一法等方法进行模型验证。这一阶段的目的是确保模型的有效性和可靠性。

1.2.8　结果解释与展示

数据分析的最终的目标是有效地传达分析结果给决策者，以帮助他们做出明智的决策。为了实现这个目标，数据分析师需要创建图表、报告和仪表盘等可视化元素，并清晰地阐述数据分析结果的意义、关键发现和推荐行动。这一过程需要充分利用数据，同时根据具体需求和场景进行调整和优化，以适应不同的数据类型和问题。因此，遵循这个数据分析流程可以确保在整个过程中充分利用数据，并为解决实际问题提供有力支持。

1.3　常见的统计学方法

在数据分析过程中，统计学方法是必不可少的。统计学方法可以帮助我们描述数据特征、分析数据关系、估计参数和检验假设等。以下是一些常用的统计学方法。

1.3.1　描述统计分析

描述性统计用于对数据的基本特征进行总结和描述。常见的描述性统计指标如下。

（1） 均值（Mean）：表示数据的平均值，计算方法是将所有数据相加后除以数据个数。

（2） 中位数（Median）：表示数据的中间值，将数据从小到大排序后，位于中间位置的数值。

（3） 众数（Mode）：表示数据中出现次数最多的值。

（4） 标准差（Standard Deviation）：表示数据的离散程度，计算方法是求每个数据与均值之差的平方和，再除以数据个数，最后取平方根。

（5） 方差（Variance）：表示数据的离散程度，计算方法与标准差类似，但不取平方根。

（6） 四分位数（Quartile）：表示数据的四等分点，即 25%、50% 和 75% 的位置上的数值。

这些指标可以帮助我们了解数据的集中趋势、离散程度和分布情况。

1.3.2 探索性数据分析

探索性数据分析（Exploratory Data Analysis，简称 EDA）是一种数据分析方法，通过可视化和统计方法来探索数据结构、关系和异常。EDA 可以帮助我们发现数据中的模式、趋势和异常，为后续的分析和建模提供方向。常用的 EDA 方法如下。

（1） 直方图（Histogram）：表示数据的频数分布，将数据划分为若干组，用柱形图表示每组的频数。

（2） 散点图（Scatter Plot）：表示两个变量之间的关系，横坐标表示一个变量的值，纵坐标表示另一个变量的值。

（3） 箱线图（Box Plot）：表示数据的五数概括（最小值、第一四分位数、中位数、第三四分位数和最大值），可以直观地展示数据的分布和离群点。

（4） 相关性分析（Correlation Analysis）：表示两个变量之间的线性关系，常用皮尔逊相关系数（Pearson Correlation Coefficient）进行度量。

1.3.3　推断统计分析

推断统计是一种通过样本数据推断总体特性的方法。其中，常用的推断统计方法如下。

（1）置信区间（Confidence Interval）：在一定置信水平下，对总体参数（如均值、比率、差值等）可能取值范围的估计。例如，95% 的置信区间表示有 95% 的概率，总体参数位于此区间内。

（2）假设检验（Hypothesis Testing）：通过检验样本数据来推断总体参数是否满足某个假设。例如，T 检验、卡方检验和 F 检验等。

（3）参数估计（Parameter Estimation）：利用样本数据对总体参数进行估计。例如，最大似然估计（MLE）、矩估计（MOM）和贝叶斯估计等。

推断统计是统计学的重要部分，为我们提供了从样本数据推断总体特性的科学方法。在实际应用中，推断统计可以帮助我们从有限的样本数据中获取对总体的理解，并进行合理的决策。

1.3.4　参数估计分析

参数估计是根据样本数据推断总体参数的方法。常用的参数估计方法如下。

（1）最大似然估计（Maximum Likelihood Estimation, MLE）：寻找使观测到的样本数据概率最大的参数值。

（2）矩估计（Method of Moments, MOM）：根据样本矩（如均值、方差）与总体矩相等的原则，求解总体参数。

（3）贝叶斯估计（Bayesian Estimation）：结合先验信息和样本数据，利用贝叶斯定理求解参数的后验分布。

参数估计可以帮助我们了解总体特征，并为后续的推断统计提供依据。

1.3.5 假设检验分析

假设检验是一种基于样本数据对总体参数进行推断的方法。常见的假设检验方法如下。

（1）T检验（T-Test）：用于比较两个总体的均值差异，适用于小样本和总体标准差未知的情况。

（2）卡方检验（Chi-Square Test）：用于检验分类变量的分布情况和关联性。

（3）F检验（F-Test）：用于比较两个总体的方差差异，适用于正态分布数据。

（4）方差分析（Analysis of Variance, ANOVA）：用于比较3个或更多总体的均值差异。

假设检验可以帮助我们检验数据中的规律和关系，以支持或反驳某些假设。

1.3.6 回归分析

回归分析是一种通过建立因变量与自变量之间的数学关系来分析数据的方法。常见的回归分析方法如下。

（1）线性回归（Linear Regression）：建立因变量与一个或多个自变量之间的线性关系。线性回归可以用于预测和解释变量之间的关系，适用于数据呈现线性关系的情况。

（2）多项式回归（Polynomial Regression）：建立因变量与自变量的高次多项式关系。多项式回归可以捕捉非线性关系，但需要注意过拟合的风险。

（3）逻辑回归（Logistic Regression）：建立因变量（通常为二分类变量）与自变量之间的关系，通过 sigmoid 函数将线性关系映射到概率空间。逻辑回归常用于分类和概率预测问题。

（4）非线性回归（Nonlinear Regression）：建立因变量与自变量之间的非线性关系。非线性回归可以捕捉复杂的数据模式，但模型的选择和参数估计较为困难。

通过运用这些统计学方法，我们可以从数据中提取有价值的信息，为研究、规划、评估、监测、预测等提供依据。在实际数据分析应用中，数据分析师通常需要根据问题类型和数据特征的不同，选择并结合使用不同的统计学方法，以实现更加全面、准确和有效的数据分析，并给出解决方案。

1.4 数据分析与机器学习方法

机器学习是一种基于数据的智能决策方法，利用算法自动从数据中学习和提取规律，以完成特定任务或解决特定问题。与传统的统计学方法相比，机器学习具有更强的自适应性和泛化能力，可以处理大规模、高维度和复杂的数据。机器学习方法通常分为四类：监督学习（Supervised Learning）、无监督学习（Unsupervised Learning）、强化学习（Reinforcement Learning）和半监督学习（Semi-supervised Learning）。

1.4.1 监督学习

监督学习是一种基于已知输入—输出对的训练数据进行学习的方法，主要用于回归和分类任务。常见的监督学习算法如下。

（1）支持向量机（Support Vector Machine, SVM）：一种基于最大间隔原则的分类和回归方法，可以处理线性和非线性问题。

（2）决策树（Decision Tree）：一种基于树结构的分类和回归方法，直观易懂，可解释性强。

（3）随机森林（Random Forest）：一种基于多个决策树的集成方法，具有较好的泛化能力和抗过拟合性能。

（4）深度学习（Deep Learning）：一种基于多层神经网络的机器学习方法，适用于处理复杂的非线性关系和高维数据。

1.4.2 无监督学习

无监督学习是一种在没有标签数据的情况下对数据进行学习的方法，主要用于聚类、降维和特征提取任务。常见的无监督学习算法如下。

（1）K-均值聚类（K-means Clustering）：一种基于距离的聚类方法，将数据划分为 K 个簇以最小化簇内距离。

（2）层次聚类（Hierarchical Clustering）：一种基于树结构的聚类方法，可以生成多层次的簇结构。

（3）主成分分析（Principal Component Analysis, PCA）：一种线性降维方法，通过提取数据的主要成分来降低数据维度。

（4）自编码器（Autoencoder）：一种基于神经网络的降维和特征提取方法，通过重构输入数据来学习数据的低维表示。

1.4.3 强化学习

强化学习是一种基于智能体与环境交互的学习方法，其目标是学习一个策略，使智能体在给定的任务中获得最大的累积奖励。强化学习具有许多实际应用，如机器人控制、游戏 AI 和资源优化等。常见的强化学习算法如下。

（1）Q-学习（Q-learning）：一种基于值函数的离线强化学习方法，通过估计行为 - 状态值（Q 值）来选择最佳行动。

（2）深度 Q 网络（Deep Q-network, DQN）：一种将深度学习与 Q-学习相结合的方法，利用神经网络作为值函数近似器来处理高维输入状态空间。

（3）策略梯度方法（Policy Gradient）：一种基于策略的在线强化学习方法，直接对策略进行优化，适用于处理连续动作空间。

（4）演员 - 评论家方法（Actor-Critic）：一种结合了值函数和策略方法的强化学习算法，使用两个网络分别学习策略和值函数，以实现更稳定的学习过程。

1.4.4　半监督学习

半监督学习是一种介于监督学习和无监督学习之间的学习方法，它利用标记数据和未标记数据共同学习数据的表示和结构。半监督学习旨在利用未标记数据的结构信息来提高模型的泛化能力和性能。常见的半监督学习算法如下。

（1）标签传播算法（Label Propagation）：一种基于图论的半监督学习方法，通过将标签从已标记数据传播到未标记数据来完成分类。

（2）生成对抗网络（Generative Adversarial Network, GAN）：一种基于生成模型与判别模型对抗学习的深度学习方法，可以同时学习数据生成和分类。

（3）半监督支持向量机（Semi-supervised Support Vector Machine, S3VM）：一种结合了监督学习和无监督学习的支持向量机方法，利用未标记数据提高分类边界的稳定性。

（4）自训练（Self-training）：一种简单的半监督学习方法，通过将模型对未标记数据的预测结果作为伪标签来扩展训练数据集。

数据分析和机器学习在实际应用中往往紧密结合。数据分析可以帮助人们了解数据的特点、关联和分布，为机器学习模型的建立和优化提供有价值的信息。反过来，机器学习可以从数据中挖掘更深层次的规律和知识，提高数据分析的效果和准确性。

在实际应用中，数据分析和机器学习的结合主要体现在以下几个方面。

（1）特征工程：通过数据分析发现数据的重要特征和关联，为机器学习模型提供有用的输入特征。

（2）模型选择：根据数据的特点和需求，选择合适的机器学习算法和模型。

（3）模型评估：利用统计学方法和评估指标，对机器学习模型的性能和效果进行评估和比较。

（4）结果解释：将机器学习模型的预测结果与实际数据相结合，解释模型的意义和影响。

1.5 常见的数据分析工具

为了更好地应用数据分析方法，需要掌握相关的编程工具（如 Python、R 语言）和软件（如 Excel、SPSS、SAS 等），并在实践中不断积累经验和技巧。数据分析工具可以帮助人们更高效、方便地完成数据处理、分析和可视化等任务。

1.5.1 编程语言和库

数据分析中，主流的编程语言是 Python 和 R 语言，其中 Python 一种广泛应用于数据分析和机器学习的编程语言，如图 1.2 所示。

Python 拥有如下丰富的库。

（1）Numpy：用于高效处理多维数组和矩阵运算的库。

（2）Pandas：用于数据处理和分析的库，提供了 DataFrame 等数据结构。

（3）Scikit-learn：用于机器学习和数据挖掘的库，包含了许多常用的机器学习算法。

（4）Matplotlib：用于绘制二维图形的库，提供了各种图表和绘图功能。

（5）Seaborn：基于 Matplotlib 的高级数据可视化库，提供了更美观的图表和更简洁的接口。

（6） Tensorflow：Google 开发的用于机器学习和深度学习的库，提供了丰富的模型和算法。

R 语言是一种专门针对统计计算和图形绘制的编程语言，如图 1.3 所示。

图 1.2　Python 语言

图 1.3　R 语言

R 语言具有丰富的包和函数，可以方便地进行数据分析、统计建模和可视化。主要的 R 包如下。

（1） Dplyr：用于数据处理和转换的包。

（2） Ggplot2：用于创建优美的图形和可视化的包。

（3） Tidyr：用于整理和清洗数据的包。

（4） Lubridate：用于处理和分析日期和时间数据的包。

（5） Randomforest：用于实现随机森林算法的包。

1.5.2　数据分析软件

数据分析软件的选择取决于具体需求和场景。对于中小规模数据的日常分析，Microsoft Excel 就足够了；对于专业的数据可视化需求，Tableau 是一个很好的选择；而对于大规模的数据分析和业务智能应用，Power BI 可以提供更多功能。这些软件都有各自的优势和适用范围，用户可以根据自己的需求和技能水平选择合适的数据分析软件，具体如下。

Microsoft Excel 是一款功能强大的电子表格软件，如图 1.4 所示，适用于处理、分析和可视化中小规模数据。Excel 提供了各种函数和工具，如数据排序、筛选、公式计算、条件格式化、数据透视表等，可以满足日常数据分析的需求。

Tableau 是一款专门用于数据可视化的软件，如图 1.5 所示，可以轻松地创建各种图表和仪表板，实现数据的直观展示。Tableau 支持多种数据源，如 Excel、数据库和云平台等。它提供了丰富的图表类型和自定义选项，可以满足各种数据可视化需求。

图 1.4　Microsoft Excel

图 1.5　Tableau

Power BI 是一款由微软推出的业务智能和数据可视化工具，如图 1.6 所示，适用于处理、分析和可视化大规模数据。Power BI 提供了数据连接、数据建模、数据转换和数据可视化等功能，可以快速地生成报告和仪表板。它与其他微软产品（如 Excel 和 SQL Server）具有良好的兼容性，并支持多种数据源，如数据库、云平台和文件等。Power BI 适用于企业和个人用户，可以满足从基本到高级的数据分析需求。

图 1.6　Power BI

1.5.3　大数据处理框架

随着数据量的不断增长，大数据处理框架在数据挖掘、分析和处理方面发挥着越来越重要的作用。Apache Hadoop 和 Apache Spark 是目前市场上两个应用最为广泛的大数据处理框架。

Apache Hadoop 是一种基于分布式文件系统（HDFS）的大数据处理框架，如图 1.7 所示，适用于处理大规模、分布式数据。Hadoop 提供了 MapReduce 编程模型，可以实现分布式计算和数据处理。Hadoop 生态系统还包括了如下许多其他组件。

（1）Hive：一种基于 Hadoop 的数据仓库工具，提供了类似于 SQL 的查询语言 HiveQL，可以方便地进行大数据查询和分析。

（2）Pig：一个基于 Hadoop 的大数据处理平台，提供了一种高级脚本语言 Pig Latin，用于处理和分析大规模数据。

（3）Hbase：一个基于 Hadoop 的分布式列式存储系统，适用于实时读写大量数据。

（4）Sqoop：一个用于在 Hadoop 和关系型数据库之间传输数据的工具。

Apache Spark 是一种基于内存计算的大数据处理框架，如图 1.8 所示，适用于高速处理大规模数据。Spark 提供了多种编程语言接口，如 Scala、Java 和 Python。Spark 生态系统包括以下组件。

（1）Spark Core：Spark 的基本功能组件，提供了基于内存的分布式计算功能。

（2）Spark SQL：用于处理结构化数据的组件，支持 SQL 查询和 DataFrame API。

（3）Spark Streaming：用于实时数据处理的组件，支持将实时数据流处理为批处理作业。

（4）MLlib：Spark 的机器学习库，提供了多种常用的机器学习算法。

（5）GraphX：Spark 的图计算库，用于处理图形数据和执行图算法。

图 1.7　Hadoop　　　　　图 1.8　Spark

大数据处理框架的发展和应用推动了数据科学、机器学习等领域的进步，使处理大规模数据变得更加高效、灵活和可扩展。

1.5.4 云平台和数据分析服务

随着云计算技术的不断发展，越来越多的云平台和数据分析服务应运而生。这些服务为用户提供了便捷的数据处理、存储、分析和可视化等功能，同时还具备高可用性、弹性伸缩和按需付费等优势。以下是一些常见的云平台和数据分析服务。

（1） Amazon Web Services (AWS)：亚马逊的云计算平台，提供了多种数据分析相关的服务，如 Amazon S3（分布式存储服务）、Amazon Redshift（数据仓库服务）和 Amazon Sagemaker（机器学习服务）等。

（2） Google Cloud Platform (GCP)：谷歌的云计算平台，提供了多种数据分析相关的服务，如 Google Bigquery（大数据查询服务）、Google Cloud Storage（分布式存储服务）和 Google Cloud ML Engine（机器学习服务）等。

（3） Microsoft Azure：微软的云计算平台，提供了多种数据分析相关的服务，如 Azure Blob Storage（分布式存储服务）、Azure Synapse Analytics（数据仓库服务）和 Azure Machine Learning（机器学习服务）等。

云计算在数据分析领域的应用优势主要体现在低成本、高可用性、弹性伸缩、快速部署和全球访问等方面。利用云平台和数据分析服务，企业和个人用户可以更加便捷、高效地进行数据分析工作，从而实现业务目标和提升竞争力。

1.6 ChatGPT 简介

ChatGPT，是一种革新性的人工智能（AI）技术，能够理解并生成类似人类的自然语言。这款基于生成预训练 Transformer（GPT）的大型语言模型（LLM）利用千亿级参数的强大模型，在对话体验方面实现了高度精确和流畅的表现。在众多领域，ChatGPT 都有着广泛应用，诸如文本生成、机器翻译、文本摘要和情感分析等。通过学习大量文本数据，

ChatGPT 能够掌握语言的语法、语义和一定程度的上下文信息，这使它
在回答问题、创作文章和与人类进行自然对话等任务
上表现卓越。随着版本不断升级，未来的 ChatGPT 有
望具备处理图片等多模态信息的能力，为用户提供更
加丰富的交互体验。ChatGPT 的 Logo 如图 1.9 所示。

图 1.9　ChatGPT

1.6.1　如何使用 ChatGPT

用户进入 ChatGPT 的聊天界面后，点击【+New chat】按钮以创建一
个新的聊天窗口。接下来，用户可在输入框中输入文字并点击发送，即
可开始与 ChatGPT 进行互动，如图 1.10 所示。值得一提的是，ChatGPT
具有上下文信息理解和处理能力，它会记录当前聊天窗口中的所有对话
内容，并根据之前的聊天内容进行回应。这一特性赋予了 ChatGPT 极大
的灵活性。在后续章节中，我们将深入探讨这一特性的具体细节。

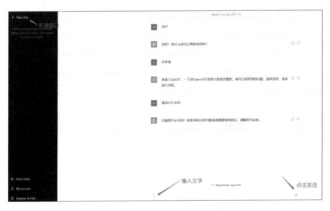

图 1.10　ChatGPT 聊天界面

⚠️ 说明：本书不会详细介绍申请 ChatGPT 账号的过程。然而，值得一提的是，如
果读者已经拥有 ChatGPT 账户并将其升级至 ChatGPT Plus，那么除了
能更快地使用 GPT-3.5 模型，还可以体验性能更强大的 GPT-4 模型，并
且还能使用各种强大的插件和 GPTs，如图 1.11 所示。

Model
Default (GPT-3.5)
GPT-4
Our most advanced model, available to Plus subscribers.
GPT-4 excels at tasks that require advanced reasoning, complex instruction understanding, and more creativity.
Reasoning
Speed
Conciseness
Default (GPT-3.5)
Legacy (GPT-3.5)
GPT-4

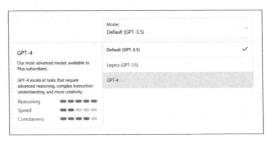

图 1.11　ChatGPT Plus 的 GPT-4

除了在聊天界面与 ChatGPT 直接交互，用户还可以通过调用 API 来使用 ChatGPT 服务。需要注意的是，OpenAI 会根据用户使用的 Token 数量进行收费。因此，用户需要访问创建一个专属的 API keys，如图 1.12 所示。

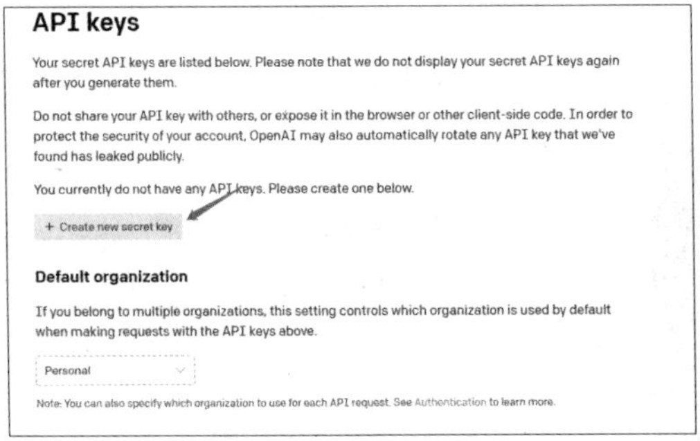

API keys
Your secret API keys are listed below. Please note that we do not display your secret API keys again after you generate them.
Do not share your API key with others, or expose it in the browser or other client-side code. In order to protect the security of your account, OpenAI may also automatically rotate any API key that we've found has leaked publicly.
You currently do not have any API keys. Please create one below.
+ Create new secret key
Default organization
If you belong to multiple organizations, this setting controls which organization is used by default when making requests with the API keys above.
Personal
Note: You can also specify which organization to use for each API request. See Authentication to learn more.

图 1.12　获取 ChatGPT API keys

1.6.2　ChatGPT 的核心理念

ChatGPT 的核心理念是利用大量文本数据训练深度学习模型，从而实现对自然语言的理解和生成。它采用了基于 GPT 架构的模型，结合自注意力机制和 Transformer 网络，以捕获文本中的长距离依赖关系。

具体来说，ChatGPT 通过自回归语言建模来预测给定上下文中下一个词的概率分布。在训练阶段，大量文本数据用于预训练模型，使其学会词汇、语法、语义及各类知识。预训练完成后，模型会针对特定任务（如问题回答和对话生成）进行微调。为生成高质量的语言输出，ChatGPT 利用了一种称为束搜索的方法。在此过程中，模型根据当前上下文和概率分布选择几个最可能的词汇，然后继续生成后续词汇。这会产生多个候选序列，最后选取整体概率最高的序列作为输出。

值得强调的是，ChatGPT 不仅依赖规则和模板生成答案，还具有一定程度的推理能力。它能结合自身所学知识，针对输入的问题生成相关且有意义的回答。尽管仍存在局限性（如生成不一致或错误答案，或对某些问题缺乏深入理解），但 OpenAI 通过采用人类反馈强化学习（RLHF）训练方法，如图 1.13 所示，可以有效减少无益、失真或偏见输出。借助 RLHF，ChatGPT 能更好地利用内部知识，实现与人类偏好的同步与协调，提升通用性和便利性。因此，ChatGPT 在短时间内吸引了众多用户，并在自然语言处理领域取得了显著成功。

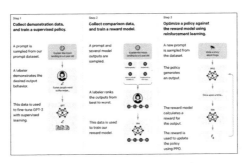

图 1.13　ChatGPT 的核心思想

1.6.3　ChatGPT 在数据分析中的应用

ChatGPT 在数据分析领域具有广泛的应用潜力，可以帮助企业和个人用户更高效地处理和分析数据。在数据预处理阶段，ChatGPT 可以辅助完成数据清洗和转换，自动识别数据中的异常值、缺失值和不一致。在描述性统计方面，ChatGPT 可以根据输入的数据集自动生成统计报告，快速呈现数据的基本情况。此外，ChatGPT 还能够生成符合用户需求的数据可视化图表，发现数据中的模式和关联规则，进行预测分析，以及分析文本数据中的情感倾向。

ChatGPT 在文本挖掘与分析、自动生成数据报告、自然语言查询、数据可视化、预测分析、机器学习模型优化等方面都具有广泛的应用前景。通过将自然语言转换为数据库查询语言，ChatGPT 能够简化用户访问和分析大型数据集的过程。同时，根据用户需求生成数据可视化图表，以直观地展示数据分析结果。在预测分析方面，ChatGPT 利用学到的知识为用户提供关于未来趋势和市场预测的建议，以辅助决策。此外，ChatGPT 还可以为数据科学家和工程师提供关于模型调优、特征选择和超参数优化等方面的建议，从而提高模型性能。

关于如何使用 ChatGPT 来完成数据分析任务，我们将在后续的章节中进行介绍。通过充分利用 ChatGPT，数据分析师和数据科学家可以更高效地完成各类数据分析任务，为企业和个人用户创造价值。

1.7 小结

本章介绍了数据分析的基础知识，以及 ChatGPT 的概述。数据分析涉及问题定义、数据收集、数据预处理、数据探索、特征工程、数据建模、结束评估及结果解释与展示等一系列步骤。在数据分析过程中，我们需要掌握常见的统计学方法和机器学习方法。同时，熟悉各种数据分析工具也是十分重要的，包括编程语言和库、数据分析软件、大数据处理框架及云平台和数据分析服务等。

在本章的最后部分，我们对 ChatGPT 进行了简要介绍。ChatGPT 是一款强大的自然语言处理工具，可以辅助数据分析师在数据分析过程中获取有价值的信息。通过了解如何使用 ChatGPT 及其核心理念，我们能够更好地利用这一工具为我们的数据分析任务提供支持。

第 2 章

使用 ChatGPT 准备数据

数据收集在数据分析领域中具有至关重要的地位。高质量的数据是进行有效数据分析的基础，而获取这些数据的过程往往需要耗费大量的时间和精力。随着大数据和人工智能技术的不断发展，自动化数据收集工具逐渐受到了广泛关注。其中，ChatGPT 以其强大的自然语言处理能力和机器学习技术，成为数据收集和生成领域的一大利器。

本章主要介绍如何使用 ChatGPT 准备数据，重点涉及以下知识点：

- 使用 ChatGPT 编写各种类型的数据收集脚本，包括新闻、电影评论、股票、天气、商品价格和社交媒体等数据
- 利用 ChatGPT 生成各类数据样本，如电影评论、对话、新闻标题、产品描述和图像等

在本章的学习过程中，你将深入了解如何利用 ChatGPT 编写各种类型的数据收集脚本，以便快速获取海量的数据。同时，本章还将探讨如何使用 ChatGPT 生成各种类型的数据样本。这些数据样本可以用于数据分析、机器学习模型训练和验证等多种应用场景。通过本章的学习，你将充分掌握 ChatGPT 在数据准备阶段的强大功能，为数据分析工作提供坚实的基础。

2.1 使用 ChatGPT 编写数据收集脚本

在数据分析过程中，数据收集是至关重要的第一步。为了更高效地收集数据，本节将介绍如何使用 ChatGPT 编写各种类型的数据收集脚本。这些脚本可以帮助我们自动化地从不同来源获取新闻、电影评论、股票、天气、商品价格和社交媒体等数据。通过学习本节内容，你将掌握使用 ChatGPT 为数据分析项目准备所需数据的方法和技巧。

2.1.1　使用 ChatGPT 编写抓取新闻数据脚本

抓取新闻数据是一种常见的数据收集任务，可以用于文本挖掘、自然语言处理、情感分析等领域。我们可以使用 ChatGPT 编写 Python 脚本来自动化地从新闻网站获取新闻数据。

假设我们现在需要抓取新浪新闻中最近一天的新闻主题数据，我们可以直接通过 ChatGPT 来编写抓取脚本，提示语如 2-1 所示。

2-1　抓取新闻数据提示语

你是网络数据抓取的高手，熟练掌握 Python 编程语言，具有良好的网络编程基础，能够熟练使用网络爬虫框架，具备数据处理和分析能力，以及自我学习和解决问题的能力。这些技能使你能够快速、准确地抓取网络数据，并从中提取出有用的信息，为数据分析和其他领域的应用提供支持。

现在我需要抓取新浪最近一天的新闻数据，包括新闻主题、时间、摘要。抓取到对应的信息后，将这些信息存到一个 CSV 文件中。

请直接给我完整的 Python 代码，以代码块的格式输出。

ChatGPT 根据需求，给出的答复如 2-2 所示。

2-2　ChatGPT 给出的新闻抓取脚本

以下是一个 Python 代码示例，使用 Requests 和 BeautifulSoup 库来抓取新浪最近一天的新闻数据，并将结果存储到 CSV 文件中。请确保已安装这两个库，如果没有安装，请运行以下命令安装。

```
pip install requests
pip install beautifulsoup4
```

接下来是完整的 Python 代码：

```
import requests
from bs4 import BeautifulSoup
import csv

def get_news():
    url = 'https://news.sina.com.cn/world/'

    response = requests.get(url)
```

```python
    response.encoding = 'utf-8'

    soup = BeautifulSoup(response.text, 'html.parser')

    news_data = []

    for item in soup.find_all('div', class_='news-item'):
        headline_element = item.find('h2')
        if headline_element:
            headline = headline_element.text.strip()
            news_url = item.find('a')['href']
            time, summary = get_time_and_summary_from_url(news_url)

            news_data.append({
                'headline': headline,
                'time': time,
                'summary': summary,
            })

    return news_data

def get_time_and_summary_from_url(news_url):
    response = requests.get(news_url)
    response.encoding = 'utf-8'

    soup = BeautifulSoup(response.text, 'html.parser')

    time_element = soup.find('span', class_='date')
    time = time_element.text.strip() if time_element else ''

    summary_element = soup.find('p', class_='summary')
    summary = summary_element.text.strip() if summary_element else ''

    return time, summary

def save_to_csv(news_data, filename):
    with open(filename, 'w', newline='', encoding='utf-8') as csvfile:
```

```
fieldnames = ['headline', 'time', 'summary']
writer = csv.DictWriter(csvfile, fieldnames=fieldnames)
writer.writeheader()
for row in news_data:
    writer.writerow(row)

news_data = get_news()
save_to_csv(news_data, 'sina_news_today.csv')
print('News data saved to sina_news_today.csv')
```

将以上代码复制到 PyCharm 中运行，就可以成功抓取到对应的新闻数据，部分内容如 2-3 所示。

2-3　ChatGPT 抓取到的新闻数据

英媒：特朗普在法庭上做无罪辩护,2023 年 04 月 05 日 02:56

美媒：特朗普妻子梅拉尼娅将不会出庭,2023 年 04 月 05 日 01:27

"瓦格纳"负责人称已攻克巴赫穆特,乌方否认,2023 年 04 月 04 日 06:31

时隔十余年！叙利亚外长首访埃及,释放什么信号,2023 年 04 月 02 日 10:00

意大利要求禁用 ChatGPT 人工智能安全威胁被夸大了吗,2023 年 04 月 01 日 16:08

美国举办所谓第二届"民主峰会"何以闹剧收场,2023 年 04 月 01 日 13:26

特朗普受刑事指控,什么情况,2023 年 04 月 01 日 10:26

外媒：特朗普将于 4 月 4 日自首 预计不会戴手铐,2023 年 04 月 01 日 08:51

特朗普或于下周二出庭,律师透露多个细节,2023 年 04 月 01 日 08:19

短短 72 小时 全球"去美元化"战线悄然形成,2023 年 04 月 01 日 08:11

泰国 45 天免签和 30 天落地签临时政策已于 3 月 31 日截止,2023 年 04 月 01 日 04:56

特朗普将被起诉，创美国历史,2023 年 03 月 31 日 09:56

以色列与美国，就这么杠上了,2023 年 03 月 31 日 08:30

20 年后，美国参议院表决废除"伊拉克战争授权法",2023 年 03 月 30 日 21:07

以上 ChatGPT 所生成的脚本展示了 Python 网络爬虫的实用性和高效性。这个脚本采用了清晰的模块化结构，并利用了成熟的第三方库进行数据爬取和解析，轻松实现了对新浪新闻数据的抓取、筛选和存储，展现了网络爬虫在数据获取方面的强大能力。

网络爬虫技术在新闻数据采集领域中具有重要的应用价值。使用 ChatGPT 编写的抓取新闻数据脚本，可以快速准确地获取目标网站的新闻信息，并对其进行处理和存储。该脚本具有高度的灵活性和可扩展性，可以适应不同网站的数据结构和需求。通过结合实时网络数据抓取和高效的数据处理技术，为相关领域的研究工作提供了及时、可靠的数据支持，具有广泛的应用前景。

2.1.2　使用 ChatGPT 编写抓取电影评论数据脚本

抓取电影评论数据是一种常见的数据收集任务，可以用于电影推荐、情感分析、文本挖掘等领域。我们可以使用 ChatGPT 编写 Python 脚本来自动化地从电影网站中获取电影评论数据。

假设我们现在需要抓取豆瓣网站上《泰坦尼克号》电影的评论数据，我们可以直接通过 ChatGPT 来编写抓取脚本，提示语如 2-4 所示。

2-4　抓取电影评论数据提示语

你是网络数据抓取的高手，熟练掌握 Python 编程语言，具有良好的网络编程基础，能够熟练使用网络爬虫框架，具备数据处理和分析能力，以及自我学习和解决问题的能力。这些技能使你能够快速、准确地抓取网络数据，并从中提取出有用的信息，为数据分析和其他领域的应用提供支持。

现在我需要抓取豆瓣网站上《泰坦尼克号》电影的评论数据，包括评论者、评分、评论内容。在抓取到对应的信息后，将这些信息存到一个 CSV 文件中。

请直接给我完整的 Python 代码，以代码块的格式输出。

ChatGPT 根据需求，给出的答复如 2-5 所示。

2-5　ChatGPT 给出的电影评论抓取脚本

以下是一个 Python 代码示例，使用 Requests 和 BeautifulSoup 库来抓取豆瓣网站上某部电影的评论数据，并将结果存储到 CSV 文件中。请确保已安装这两个库，如果没有安装，请运行以下命令安装。

```
pip install requests
```

```
pip install beautifulsoup4
```

接下来是完整的 Python 代码：

```python
import requests
from bs4 import BeautifulSoup
import csv

def get_movie_reviews(movie_id, page_limit=10):
    url_template = f'https://movie.douban.com/subject/{movie_id}/comments?start={{start}}&limit=20&sort=new_score&status=P'

    headers = {
        'User-Agent': 'Mozilla/5.0 (Windows NT 10.0; Win64; x64) AppleWebKit/537.36 (KHTML, like Gecko) Chrome/58.0.3029.110 Safari/537.3'
    }

    reviews_data = []

    for i in range(page_limit):
        url = url_template.format(start=i * 20)
        response = requests.get(url, headers=headers)
        response.encoding = 'utf-8'

        soup = BeautifulSoup(response.text, 'html.parser')

        for item in soup.find_all('div', class_='comment-item'):
            user_element = item.find('span', class_='comment-info').find('a')
            user = user_element.text.strip()

            rating_element = item.find('span', class_='rating')
            rating = rating_element['title'] if rating_element else ''

            comment_element = item.find('span', class_='short')
            comment = comment_element.text.strip()
```

```
        reviews_data.append({
            'user': user,
            'rating': rating,
            'comment': comment,
        })

    return reviews_data

def save_to_csv(reviews_data, filename):
    with open(filename, 'w', newline='', encoding='utf-8') as csvfile:
        fieldnames = ['user', 'rating', 'comment']
        writer = csv.DictWriter(csvfile, fieldnames=fieldnames)
        writer.writeheader()
        for row in reviews_data:
            writer.writerow(row)

movie_id = "1292722"  # 泰坦尼克号的电影 ID
reviews_data = get_movie_reviews(movie_id)
save_to_csv(reviews_data, 'titanic_movie_reviews.csv')
print('Movie reviews data saved to titanic_movie_reviews.csv')
```

　　将以上代码复制到 PyCharm 中运行，就可以成功抓取到对应的电影评论数据，部分内容如 2-6 所示。

2-6　ChatGPT 抓取到的电影评论数据

沉歌，推荐，爱你原本只是一瞬间，却在时间的洪流中成了永恒。

Doublebitch，力荐，将永远是我在电影院看过次数最多、最感动，也是最好的电影。

孔雀鱼，力荐，学校组织放映的影片，大家都好像对 Rose 和 Jack 恋爱过程感兴趣，但是让我感动的一幕是轮船将要沉没，海上乐队的绅士们整理领结，肃穆庄严地弹奏最后一曲，那一瞬间，仿佛听见一首镇魂曲在响彻。

高歌，力荐，"十年生死两茫茫，不思量，自难忘。"

琦殿，力荐，有些片子，必须得等经历过再去看。没有为爱情放弃过什么的人，不会在 Rose 从救生船上跳回大船的那一刻落泪。

宋阿慕，力荐，一部应该被记住的电影。

安獭獭，力荐，时隔那么多年依然无法忘记当初的感动。

白日梦小姐，力荐，失去的才是永恒的。

峰峰峰峰，推荐，当老年的 Rose 午夜梦回，一个长镜头穿过大堂，摇上楼梯，站在钟表前的 Jack 转过身来，意气风发，潇洒倜傥，宛如昨日。

以上 ChatGPT 生成的脚本向我们展示了 Python 网络爬虫的优越性和便捷性。该脚本结构清晰、模块化，并且使用了成熟的第三方库进行高效的数据爬取和解析。通过该脚本轻松实现了对豆瓣电影评论数据的抓取、筛选和存储，再次证明了网络爬虫在数据获取方面的不可或缺性。

电影评论数据是电影分析领域的重要数据源之一。使用 ChatGPT 编写的抓取电影评论数据脚本，能够有效地获取豆瓣等网站的电影评论信息，并对其进行筛选和存储。该脚本具有高度的灵活性和可扩展性，能够应对不同网站的数据结构和需求。通过结合实时网络数据抓取和高效的数据处理技术，为相关领域的研究工作提供了及时、可靠的数据支持，有助于深入挖掘电影的社会文化背景和观众心理，为电影产业的发展提供有力的支持。

2.1.3 使用 ChatGPT 编写抓取股票数据脚本

抓取股票数据是金融领域数据分析的一个关键环节，可以用于股票预测、量化投资、风险管理等领域。我们可以使用 ChatGPT 编写 Python 脚本来自动化地从金融网站获取股票数据。

假设我们现在需要抓取雅虎财经网站上的某只股票的历史数据，我们可以直接通过 ChatGPT 来编写抓取脚本，提示语如 2-7 所示。

2-7 抓取股票数据提示语

你是金融数据抓取的高手，熟练掌握 Python 编程语言，具有良好的网络编程基础，能够熟练使用网络爬虫框架，具备数据处理和分析能力，以及自我学习和解决问题的能力。这些技能使你能够快速、准确地抓取网络数据，并从中提取出有用的信息，为金融领域的数据分析和其他应用提供支持。

现在我需要抓取雅虎财经网站上苹果公司（AAPL）股票的历史数据，包括日期、开盘价、最高价、最低价、收盘价。在抓取到对应的信息后，将这些信息存到一个 CSV 文件中。

请直接给我完整的 Python 代码，以代码块的格式输出。

ChatGPT 根据需求，给出的答复如 2-8 所示。

2-8　ChatGPT 给出的股票数据抓取脚本

以下是一个 Python 代码示例，使用 Pandas 和 yfinance 库来抓取雅虎财经网站上苹果公司（AAPL）的历史股票数据，并将结果存储到 CSV 文件中。请确保已安装这两个库，如果没有安装，请运行以下命令安装。

```
pip install pandas
pip install yfinance
```

接下来是完整的 Python 代码：

```python
import yfinance as yf
import pandas as pd

def get_stock_data(ticker, start_date, end_date):
    stock = yf.Ticker(ticker)
    stock_data = stock.history(start=start_date, end=end_date)
    return stock_data

def save_to_csv(stock_data, filename):
    stock_data.to_csv(filename)

ticker = "AAPL"  # 苹果公司的股票代码
start_date = "2023-03-01"
end_date = "2023-03-15"

stock_data = get_stock_data(ticker, start_date, end_date)
save_to_csv(stock_data, 'apple_stock_data.csv')
print('Stock data saved to apple_stock_data.csv')
```

将以上代码复制到 PyCharm 中运行，就可以成功抓取到对应的股票历史数据，部分内容如 2-9 所示。

2-9 ChatGPT 抓取到的股票数据				
Date	Open	High	Low	Close
2023-03-01 00:00:00-05:00	146.830002	147.229996	145.009995	145.309998
2023-03-02 00:00:00-05:00	144.380005	146.710007	143.899994	145.910004
2023-03-03 00:00:00-05:00	148.039993	151.110001	147.330002	151.029999
2023-03-06 00:00:00-05:00	153.789993	156.300003	153.460007	153.830002
2023-03-07 00:00:00-05:00	153.699997	154.029999	151.130005	151.600006
2023-03-08 00:00:00-05:00	152.809998	153.470001	151.830002	152.869995
2023-03-09 00:00:00-05:00	153.559998	154.539993	150.229996	150.589996
2023-03-10 00:00:00-05:00	150.210007	150.940002	147.610001	148.500000
2023-03-13 00:00:00-04:00	147.809998	153.139999	147.699997	150.470001
2023-03-14 00:00:00-04:00	151.279999	153.399994	150.100006	152.589996
2023-03-15 00:00:00-04:00	151.190002	153.250000	149.919998	152.990005

以上 ChatGPT 生成的股票数据脚本向我们展示了 Python 网络爬虫在金融领域的实用性和强大功能。脚本设计紧凑、模块化，且采用了优秀的第三方库以提高数据抓取和解析的效率。这个脚本能够轻松地抓取、筛选和存储股票数据，再次验证了网络爬虫在金融数据分析中的关键作用。

股票数据是金融分析的重要基础。ChatGPT 编写的股票数据抓取脚本能够准确地获取股票交易网站的数据，并进行精确的筛选和存储。此脚本具有出色的适应性和可拓展性，可应对不同数据源和需求的挑战，结合实时网络数据抓取和高效的数据处理技术，为金融领域的研究提供了可靠、实时的数据支持，可以助力深入研究股票市场的运作机制和投资者行为，对推动金融市场的稳定和发展具有重大的实践意义。

2.1.4　使用 ChatGPT 编写抓取天气数据脚本

抓取天气数据是一种常见的数据收集任务，可以用于气象预报、气候研究、农业生产等领域。我们可以使用 ChatGPT 编写 Python 脚本来自动化地从天气网站获取天气数据。

　　假设我们现在需要抓取中国天气网上杭州未来一周的天气数据，我们可以直接通过 ChatGPT 来编写抓取脚本，提示语如 2-10 所示。

2-10　抓取未来一周杭州天气数据提示语

　　你是天气数据抓取的专家，熟练掌握 Python 编程语言，具有良好的网络编程基础，能够熟练使用网络爬虫框架，具备数据处理和分析能力，以及自我学习和解决问题的能力。这些技能使你能够快速、准确地抓取网络数据，并从中提取出有用的信息，为气象领域的数据分析和其他应用提供支持。

　　现在我需要抓取中国天气网上杭州未来一周的天气数据，包括日期、天气状况、最高温度、最低温度、风向和风力。抓取到对应的信息后，将这些信息存到一个 CSV 文件中。

　　请直接给我完整的 Python 代码，以代码块的格式输出。

　　ChatGPT 根据需求，给出的答复如 2-11 所示。

2-11　ChatGPT 给出的未来一周杭州天气数据抓取脚本

　　以下是一个 Python 代码示例，使用 Requests 和 BeautifulSoup 库来抓取中国天气网上杭州未来一周的天气数据，并将结果存储到 CSV 文件中。请确保已安装这两个库，如果没有安装，请运行以下命令安装。

```
pip install requests
pip install beautifulsoup4

接下来是完整的 Python 代码:
import requests
from bs4 import BeautifulSoup
import csv

def get_weather_data(city_url):
    response = requests.get(city_url)
    response.encoding = 'utf-8'
    soup = BeautifulSoup(response.text, 'html.parser')

    weather_data = []
```

```python
    for day in soup.find('ul', class_='t clearfix').find_all('li'):
        date = day.find('h1').text
        weather = day.find('p', class_='wea').text
        temp_range = day.find('p', class_='tem')
        temp_high = temp_range.find('span').text
        temp_low = temp_range.find('i').text
        wind = day.find('p', class_='win')
        wind_direction = wind.find('em').find_all('span')[0]['title']
        wind_force = wind.find('i').text

        weather_data.append({
            'date': date,
            'weather': weather,
            'temp_high': temp_high,
            'temp_low': temp_low,
            'wind_direction': wind_direction,
            'wind_force': wind_force,
        })

    return weather_data

def save_to_csv(weather_data, filename):
    with open(filename, 'w', newline='', encoding='utf-8') as csvfile:
        fieldnames = ['date', 'weather', 'temp_high', 'temp_low', 'wind_direction', 'wind_force']
        writer = csv.DictWriter(csvfile, fieldnames=fieldnames)
        writer.writeheader()
        for row in weather_data:
            writer.writerow(row)

    hangzhou_url = "http://www.weather.com.cn/weather/101210101.shtml"
                                            # 杭州天气预报 URL
    weather_data = get_weather_data(hangzhou_url)
    save_to_csv(weather_data, 'hangzhou_weather.csv')
```

```
print('Hangzhou weather data for the next week saved to hangzhou_
weather.csv')
```

　　将以上代码复制到 PyCharm 中运行，就可以成功抓取到对应的未来
一周杭州天气数据，部分内容如 2-12 所示。

2-12　ChatGPT 抓取到的未来一周杭州天气数据

```
2023-04-07, 小雨 ,13℃ ,8℃ , 东风 ,3-4 级
2023-04-08, 小雨 ,16℃ ,10℃ , 东风 ,3-4 级
2023-04-09, 多云 ,20℃ ,12℃ , 东南风 ,3-4 级
2023-04-10, 多云 ,23℃ ,14℃ , 西南风 ,3-4 级
2023-04-11, 阵雨 ,22℃ ,15℃ , 东风 ,3-4 级
2023-04-12, 小雨 ,20℃ ,15℃ , 东北风 ,3-4 级
2023-04-13, 多云 ,21℃ ,13℃ , 东北风 ,3-4 级
```

　　以上 ChatGPT 生成的天气数据脚本展示了 Python 网络爬虫在环境领
域的实际应用和高效性能。脚本逻辑严谨、分层清晰，同时利用了成熟
的第三方库来提高数据获取和解析的速度。通过这个脚本，我们可以轻
松地抓取、筛选和存储来自天气网站的天气数据，进一步显示了网络爬
虫在环境数据分析中的重要地位。

　　天气数据在气候变化研究、灾害预防和环境保护等领域具有重要意
义。利用 ChatGPT 编写的天气数据抓取脚本，我们能够迅速地获取气象
观测站的实时数据，并进行有针对性的筛选和存储。这个脚本具备优良
的灵活性和可扩展性，可以适应不同天气网站的数据格式和需求。借助
实时网络数据抓取和高效的数据处理技术，为环境领域的研究提供了宝
贵、准确的数据支持，有助于分析气候变化趋势，制定科学的环境保护
政策。

2.1.5　使用 ChatGPT 编写抓取商品价格数据脚本

　　抓取商品价格数据是一种常见的数据收集任务，可以用于价格监测、

市场分析、竞争对手研究等领域。我们可以使用 ChatGPT 编写 Python 脚本来自动化地从电商网站获取商品价格数据。

假设我们现在需要抓取某电商网站（如京东）上的某类商品（如手机）的价格数据，我们可以直接通过 ChatGPT 来构建抓取脚本，提示语如 2-13 所示。

2-13 抓取某电商网站手机商品价格数据提示语

你是商品价格数据抓取的专家，熟练掌握 Python 编程语言，具有良好的网络编程基础，能够熟练使用网络爬虫框架，具备数据处理和分析能力，以及自我学习和解决问题的能力。这些技能使你能够快速、准确地抓取网络数据，并从中提取出有用的信息，为电商领域的数据分析和其他应用提供支持。

现在我需要抓取某电商网站上手机类商品的价格数据，包括商品名称、商品价格。在抓取到对应的信息后，将这些信息存到一个 CSV 文件中。

请直接给我完整的 Python 代码，以代码块的格式输出。

ChatGPT 根据需求，给出的答复如 2-14 所示。

2-14 ChatGPT 给出的手机商品价格数据抓取脚本

以下是一个 Python 代码示例，使用 Requests 和 BeautifulSoup 库来抓取某电商网站上手机类商品的价格数据，并将结果存储到 CSV 文件中。请确保已安装这两个库，如果没有安装，请运行以下命令安装。

```
pip install requests
pip install beautifulsoup4
```

接下来是完整的 Python 代码：

```python
import requests
from bs4 import BeautifulSoup
import csv

def get_product_data(url, headers):
    response = requests.get(url, headers=headers)
    response.encoding = 'utf-8'
    soup = BeautifulSoup(response.text, 'html.parser')
```

```
    product_data = []
    for item in soup.find_all('li', class_='gl-item'):
        product_name = item.find('div', class_='p-name').find('em').text
        product_price = item.find('div', class_='p-price').find('strong').find('i').
text

        product_data.append({
            'product_name': product_name,
            'product_price': product_price,
        })

    return product_data

def save_to_csv(product_data, filename):
    with open(filename, 'w', newline='', encoding='utf-8') as csvfile:
        fieldnames = ['product_name', 'product_price']
        writer = csv.DictWriter(csvfile, fieldnames=fieldnames)
        writer.writeheader()
        for row in product_data:
            writer.writerow(row)

url = "https://list.jd.com/list.html?cat=9,987,653,655"  # 京东手机类商品 URL
headers = {
    'User-Agent': 'Mozilla/5.0 (Windows NT 10.0; Win64; x64)
AppleWebKit/537.36 (KHTML, like Gecko) Chrome/89.0.4389.82 Safari/537.36'
    }

product_data = get_product_data(url, headers)
save_to_csv(product_data, 'jd_phone_prices.csv')
print('Phone price data saved to jd_phone_prices.csv')
```

　　将以上代码复制到 PyCharm 中运行，就可以成功抓取到对应的手机
商品价格数据，部分内容如 2-15 所示。

2-15　ChatGPT 抓取到的手机商品价格数据

product_name,product_price

Redmi Note 12 Turbo 5G 第二代骁龙 7+ 超细四窄边 OLED 直屏 6,400 万像素 8GB+256GB 碳纤黑 智能手机 小米红米 ,1999.00

小米 13 徕卡光学镜头 第二代骁龙 8 处理器 超窄边屏幕 120Hz 高刷 67W 快充 12+256GB 远山蓝 5G 手机 ,4599.00

Redmi K50 至尊版 骁龙 8+ 旗舰处理器 1 亿像素光学防抖 120W+5,000mAh 12GB+256GB 银迹 小米红米 K50 Ultra,2609.00

魅族 20 PRO 12GB+256GB 曙光银 第二代骁龙 8 旗舰芯片 5,000mAh 电池 支持 50W 无线超充 超薄机身设计 5G 手机 ,4,399.00

OPPO Find X6 Pro 16GB+512GB 飞泉绿 超光影三主摄 哈苏影像 100W 闪充 第二代骁龙 8 旗舰芯片 5G 拍照手机 ,6,999.00

realme 真我 GT Neo5 240W 光速秒充 觉醒光环系统 144Hz 1.5K 直屏 骁龙 8+ 5G 芯 16+1T 圣境白 5G 手机 ,3,499.00

魅族 20 12GB+512GB 先锋灰 第二代骁龙 8 旗舰芯片 144Hz 电竞直屏 支持 67W 快充 超薄机身设计 5G 手机 ,3,799.00

Redmi K60 骁龙 8+ 处理器 2K 高光屏 6400 万超清相机 5500mAh 长续航 12GB+256GB 墨羽 小米红米 5G,2,699.00

Apple iPhone 14 Pro (A2892) 256GB 暗紫色 支持移动联通电信 5G 双卡双待 手机【大王卡】,8,809.00

Redmi Note11T Pro 5G 天玑 8100 144HzLCD 旗舰直屏 67W 快充 6GB+128GB 子夜黑 5G 智能手机 小米红米 ,1499.00

Redmi Note12 5G 120Hz OLED 屏幕 骁龙 4 移动平台 5000mAh 长续航 6GB+128GB 子夜黑 智能手机 小米红米 ,1,199.00

以上 ChatGPT 生成的商品价格数据脚本展示了 Python 网络爬虫在电商领域的实际应用和高效性能。脚本逻辑严谨、分层清晰，同时利用了成熟的第三方库来提高数据获取和解析的速度。通过这个脚本，我们可以轻松地抓取、筛选和存储来自电商网站的商品价格数据，进一步显示了网络爬虫在电商数据分析中的重要地位。

商品价格数据在市场竞争分析、价格监测和产品推广等领域具有重要意义。利用 ChatGPT 编写的商品价格数据抓取脚本，我们能够迅速地获取电商网站上的实时价格数据，并进行有针对性的筛选和存储。这个脚本具备优良的灵活性和可扩展性，可以适应不同电商网站的数据格式和需求。借助实时网络数据抓取和高效的数据处理技术，为电商领域的研究提供了宝贵、准确的数据支持，有助于制定科学的市场策略和开展竞争对手研究。

2.1.6　使用 ChatGPT 编写抓取社交媒体数据脚本

抓取社交媒体数据是另一种常见的数据收集任务，广泛应用于舆情分析、热点挖掘、营销策略制定等领域。我们可以使用 ChatGPT 编写 Python 脚本来自动化地从社交媒体网站中获取头条数据。

假设我们现在需要抓取抖音头条的数据，可以直接通过 ChatGPT 来编写抓取脚本，提示语如 2-16 所示。

2-16　抓取抖音头条数据提示语

你具备丰富的 Python 编程经验和网络爬虫知识，能够高效地从社交媒体网站中抓取数据并进行有效处理。通过对实时热点和热门话题的分析，你能为舆情监控和市场营销提供有力支持。

现在我需要抓取抖音头条的数据，包括标题、点击量。在抓取到对应的信息后，将这些信息存到一个 CSV 文件中。

请直接给我完整的 Python 代码，以代码块的格式输出。

ChatGPT 根据需求，给出的答复如 2-17 所示。

2-17　ChatGPT 给出的抖音头条数据抓取脚本

抖音使用了动态加载的方式来获取头条数据，所以使用 Requests 直接获取静态页面是无法找到相关数据的。这里我们可以使用 Selenium 来模拟浏览器操作，让它加载出我们需要的数据。需要安装 Selenium 库和对应的浏览器驱动（如 ChromeDriver）。

以下是一个 Python 代码示例，使用 Requests 和 BeautifulSoup 库来抓取抖音头条数据，并将结果存储到 CSV 文件中。请确保已安装这两个库，如果没有安装，请运行以下命令安装。

pip install requests

```
pip install beautifulsoup4
pip install selenium
```

接下来是完整的 Python 代码：

```python
import requests
import csv

def get_douyin_data():
    url = "https://www.iesdouyin.com/web/api/v2/hotsearch/billboard/word/"
    headers = {
        "User-Agent": "Mozilla/5.0 (Windows NT 10.0; Win64; x64) AppleWebKit/537.36 (KHTML, like Gecko) Chrome/89.0.4389.82 Safari/537.36"
    }
    response = requests.get(url, headers=headers)
    response.encoding = "utf-8"

    if response.status_code == 200:
        data = response.json()["word_list"]
        douyin_data = []
        for item in data:
            douyin_data.append({
                "title": item["word"],
                "hot_value": item["hot_value"],
            })
        return douyin_data
    else:
        return []

def save_to_csv(douyin_data, filename):
    with open(filename, "w", newline="", encoding="utf-8") as csvfile:
        fieldnames = ["title", "hot_value"]
        writer = csv.DictWriter(csvfile, fieldnames=fieldnames)
        writer.writeheader()
```

```
    for row in douyin_data:
        writer.writerow(row)


douyin_data = get_douyin_data()
if douyin_data:
    save_to_csv(douyin_data, "douyin_top.csv")
    print("Douyin top headlines data saved to douyin_top.csv")
else:
    print("Failed to fetch Douyin top headlines data.")
```

将以上代码复制到 PyCharm 中运行，就可以成功抓取到对应的抖音头条数据，部分内容如 2-18 所示。

2-18　ChatGPT 抓取到的抖音头条数据

```
title,hot_value
法院认定谢娜张杰购房不存在跳单 ,11,302,000
银行回应男子取 0.94 元被抹零 ,10,939,924
沙特伊朗外长北京首次会晤 ,9,921,444
张蕾发文疑告别主持舞台 ,9,898,802
画江湖之不良人第 7 集 ,9,888,518
检察风云包贝尔又演反派了 ,9,694,277
马克龙与黄渤握手互动 ,9,581,863
范丞丞与乐华合约到期不续约 ,9,552,874
金智秀 FLOWER 舞蹈版 ,9,522,749
刘国梁连任中国乒协主席 ,9,474,615
```

以上 ChatGPT 生成的抖音头条数据抓取脚本展示了 Python 网络爬虫在社交媒体领域的实际应用和高效性能。脚本逻辑清晰、结构简洁，同时利用了成熟的第三方库来提高数据获取和解析的速度。通过这个脚本，我们可以轻松地抓取、筛选和存储来自抖音头条的实时数据，进一步显示了网络爬虫在舆情分析和热点挖掘中的关键作用。

抖音头条数据在了解社会热点、分析公众关注度和制定营销策略等方面具有重要意义。利用 ChatGPT 编写的抖音头条数据抓取脚本，我们能够迅速地获取社交媒体网站上的实时头条数据，并进行有针对性的筛选和存储。这个脚本具备良好的适应性和可扩展性，可以适应不同社交媒体网站的数据格式。

2.2 利用 ChatGPT 生成数据

在数据分析领域中，获取高质量的数据是非常重要的。除了从现有数据源中收集数据，我们还可以使用 ChatGPT 生成各种类型的数据样本。这种方法可以大大缩短数据获取和预处理的时间，从而加快数据分析的速度。在本节中，我们将介绍如何使用 ChatGPT 生成各种类型的数据样本，包括电影评论、对话、新闻标题、产品描述和图像等。接下来，我们将逐一介绍每种类型的数据生成方法。

2.2.1 使用 ChatGPT 生成电影评论数据样本

我们可以利用 ChatGPT 生成各种类型的电影评论，如正面评论、负面评论、中性评论等。下面，我们将介绍如何使用 ChatGPT 生成电影评论数据样本。

为了生成符合要求的评论数据，首先需要确定所需评论的类型，如正面、负面或中性评论。接下来需要确定评论的长度和格式。一旦确定了这些要素，我们就可以直接与 ChatGPT 进行交互，让它为我们生成所需的数据样本。

例如，如果我们想要为科幻电影《星际穿越》生成一些数据，可以使用以下提示语来与 ChatGPT 交互，以便生成合适的评论数据，提示语如 2-19 所示。

2-19　生成电影评论提示语

你是电影评论达人，具备对电影的敏锐观察力和深刻理解力，能够准确评估电影的各个方面，包括剧情、演员表现、音效、摄影、美术等，并能将这些方面整合在一起，形成具有独特见解和深度分析的评论。此外，你还具备扎实的电影知识储备和较高文化素养，能够将电影作品与历史、社会、文化等方面相联系，为观众提供更加全面深入的解读。

现在请你为《星际穿越》生成 3 条好评、3 条差评和 3 条中等评论。要求每条评论的长度不能超过 100 字，格式如下。

【评论 1】：

【评论 2】：

ChatGPT 根据需求，生成的评论数据样本，如 2-20 所示。

2-20　ChatGPT 生成的评论数据样本

好评

【评论 1】：《星际穿越》深刻地探讨了时间与空间的奥秘，配以精美画面和紧张剧情，堪称科幻佳作。

【评论 2】：影片在表现父女情感方面极为出色，结合人类文明的未来前景，营造出震撼人心的情感体验。

【评论 3】：音效和音乐非常出色，配合各种场景切换，让人倍感震撼和热血沸腾。

差评

【评论 1】：《星际穿越》虽然画面精美，但其剧情发展过程烦琐冗长，让人感到枯燥无味。

【评论 2】：影片在时间概念方面设定较为复杂，让观众难以理解和接受，影响了整体观影体验。

【评论 3】：影片的结尾略显牵强，缺乏一定的逻辑性，让人觉得不够完整。

中等评价

【评论 1】：影片在制作和特效方面十分精良，但故事情节较为平淡，缺乏出彩的亮点。

【评论 2】：影片的角色塑造较为单一，缺乏深入挖掘和表现，略显单薄。

【评论 3】：影片的主题思想值得深入探讨，但叙事手法有问题，影响了主题的深刻表达。

当需要生成大量的数据的时候（如要生成 1,000 条数据），我们可以在提示语中要求生成对应的数量，再通过不断输入"继续"，获取到后面的内容。

> ⚠️ 说明：ChatGPT 输出的文档长度限制根据所用的 API 或平台不同而异。一般来说，API 和平台都会有自己的文本长度限制。例如，OpenAI GPT-3 的最大文本长度是 4,096 个字符，而某些聊天应用程序可能设置更小的文本长度限制。因此，如果需要在特定平台或应用程序中使用 ChatGPT 输出的文本，请先查阅该平台或应用程序的文本长度限制。

当然，除了以上这种烦琐的操作，我们也可以通过调用 API 的方式，实现快速、自动化的生成。对于电影评论，可以通过 API 接口将电影相关信息（如电影名称、类型、演员、导演等）输入，从而自动生成大量与该电影相关的评论。此外，为了方便用户的操作，也可以在 API 接口中设置生成评论数量的参数，以便一次性生成指定数量的评论。同时，可以根据用户需求，定制生成评论的长度和内容风格，以便满足不同用户的需求。例如，可以设置生成的评论长度、语言风格等参数，从而生成符合用户要求的多样化评论。

然后通过调用 API 的方式，获取到 ChatGPT 的答案，代码如 2-21 所示。

2-21 调用 ChatGPT API 生成评论

```python
import random
import string
import openai
openai.api_key = "OpenAIUtils.API_KEY"

def generate_unique_filename():
    """
    生成唯一的文件名
    """
    random_string = ''.join(random.choices(string.ascii_uppercase + string.digits, k=6))
    return f'film_comments_{random_string}.txt'

def generate_film_comments(n1,n2,n3):
    _prompt = f" 你是电影评论达人，具备对电影的敏锐观察力和深刻理解力，
```

能够准确评估电影的各个方面，包括剧情、演员表现、音效、摄影、美术等，并能将这些方面整合在一起，形成具有独特见解和深度分析的评论。" \
　　　　　　　f" 此外，你还具备扎实的电影知识储备和广泛的文化素养，能够将电影作品与历史、社会、文化等方面相联系，为观众提供更加全面深入的解读。\n" \
　　　　　　　f" 请你对《星际穿越》生成 {n1} 条好评，{n2} 条差评和 {n3} 条中等评论。要求每条评论的长度不能超过 100 字，格式如下。\n" \
　　　　　　　f"【评论 1】：\n" \
　　　　　　　f"【评论 2】：\n" \
　　　　　　　f"【评论 3】：\n"

```python
_messages = [{"role": "user", "content": _prompt}]
response = openai.ChatCompletion.create(
model="gpt-3.5-turbo",
    messages=_messages,
    temperature=0.5,
    frequency_penalty=0.0,
    presence_penalty=0.0,
    stop=None,
    stream=False)
return response["choices"][0]["message"]["content"]


if __name__ == '__main__':
    n_runs = 10 # 指定运行次数
    all_responses = [] # 存储所有生成的评论内容
    for i in range(n_runs):
        answer = generate_film_comments(100, 100, 100)
        all_responses.append(answer)


    # 生成唯一的文件名，避免覆盖之前的文件
    filename = generate_unique_filename()
    with open(filename, 'w', encoding='utf-8') as f:
        for response in all_responses:
            f.write(response + '\n') # 每次写入一行评论内容
```

以上代码实现了调用 OpenAI GPT-3.5 模型生成多个关于电影《星际穿越》的评论，其中包括好评、差评和中等评论。在每次生成评论后，

将所有的评论保存在不同的文件中，以避免覆盖之前的文件。本代码的实现使用了 Python 的随机字符串生成器和 OpenAI 的 API 进行评论的自动生成，使一次可以生成多个评论，提高了效率和精度。

☐ 说明：上述代码中的"OpenAIUtils.API_KEY"需要用户手动填写自己账户的 Key，并且 OpenAI 会根据用户请求的 Token 数来收费。

综上所述，使用 ChatGPT 生成电影评论数据样本可以帮助我们快速生成大量的电影评论数据，这对于电影评论分析、推荐系统和市场研究等方面非常有用。同时，由于 ChatGPT 使用了神经网络等先进技术，其生成的评论可以非常贴近人类语言和思维方式，从而增强了评论的可读性和准确性。

☐ 注意：ChatGPT 生成的评论并不是完美的，有些评论可能存在一些语法、逻辑错误，也可能与人类的观点不完全一致。因此，在使用 ChatGPT 生成评论数据时，我们需要对生成的数据进行筛选和校验，以确保数据的质量和准确性。同时，我们还需要对生成的数据进行一定的后处理和分析，从而提取有用的信息，挖掘潜在的规律和趋势，以支持相关业务应用。

2.2.2　使用 ChatGPT 生成对话数据样本

在对话数据生成中，我们可以利用 ChatGPT 生成各种类型的对话场景。例如，日常对话、客户服务、技术支持等。下面，我们将介绍如何使用 ChatGPT 生成对话数据样本。

为了生成符合要求的对话数据，首先需要确定所需对话的场景和角色。接下来确定对话的长度和格式。一旦确定了这些要素，我们就可以直接与 ChatGPT 进行交互，让它为我们生成所需的数据样本。

例如，如果我们想要生成一些适用于技术支持场景的数据，可以使用以下提示语来与 ChatGPT 交互，以便生成合适的对话数据，提示语如 2-22 所示。

2-22　生成对话数据提示语

你是一个技术支持专家，具备丰富的技术知识和解决问题的能力。现在，请你与一位用户进行一段关于如何解决 Wi-Fi 连接问题的对话，要求对话内容简洁明了，共有 4 轮对话。对话格式如下。

用户：【问题描述】

技术支持：【回答】

……

ChatGPT 根据需求，生成的对话数据样本如 2-23 所示。

2-23　ChatGPT 生成的对话数据样本

用户：我的电脑无法连接 Wi-Fi，但是其他设备可以连接成功。

技术支持：请先检查电脑上的 Wi-Fi 是否开启，可以尝试关闭再重新开启 Wi-Fi。

用户：已经尝试了，但仍然无法连接。

技术支持：请尝试重启电脑和路由器，并确保电脑和路由器之间的距离不超过 10 米。

用户：重启电脑和路由器后仍然无法连接，距离也不是问题。

技术支持：尝试忘记 Wi-Fi 网络并重新连接。如果还不行，可能需要更新电脑的无线网卡驱动程序。

用户：尝试了忘记并重新连接 Wi-Fi，仍然无法连接。

技术支持：请进入设备管理器，找到无线网卡，右击并选择更新驱动程序。如果更新后还是无法连接 Wi-Fi，可能需要联系电脑厂商或网络服务提供商寻求更多帮助。

当需要生成大量的数据的时候（如要生成 1,000 条数据），我们可以在提示语中要求生成对应的数量，再通过不断输入"继续"，获取到后面的内容。同时，可以通过调用 API 的方式，实现快速、自动化的生成，如 2-24 所示。

2-24　调用 ChatGPT API 生成对话数据

```
import openai
openai.api_key = "OpenAIUtils.API_KEY"

def generate_dialog(n=10):
```

```
        _prompt = f" 你是一个技术支持专家，你具备丰富的技术知识和解决问题的
    能力。" \
            f" 现在，请你与一位用户进行一段关于如何解决 Wi-Fi 连接问题的对话，
    要求对话内容简洁明了，共有 {n} 轮对话。对话格式如下。\n" \
            f" 用户：【问题描述】\n" \
            f" 技术支持： 【回答】\n" \
            f"..."
        _messages = [{"role": "user", "content": _prompt}]
        response = openai.ChatCompletion.create(
            model="gpt-3.5-turbo",
            messages=_messages,
            temperature=0.5,
            frequency_penalty=0.0,
            presence_penalty=0.0,
            stop=None,
            stream=False)
        return response["choices"][0]["message"]["content"]

    if __name__ == '__main__':
        with open('dialog.txt', 'w', encoding='utf-8') as f:
            dialogs = generate_dialog(100) # 生成对话
            f.write(dialogs) # 写入对话内容 )
```

上面的代码定义了一个函数 generate_dialog，其目的是生成一段包含
用户和技术支持人员之间关于如何解决 Wi-Fi 连接问题的对话。这个函
数使用了 OpenAI 的 GPT-3.5 语言模型，通过给定的提示和历史对话，生
成新的对话内容。生成的对话轮数可自由控制，对话内容将被保存到一
个名为 dialog.txt 的文件中。

综上所述，使用 ChatGPT 生成对话数据样本可以帮助我们快速生成
大量的对话数据，这在聊天机器人、对话系统、自然语言理解和处理等
领域非常有用。同时，由于 ChatGPT 使用了神经网络等先进技术，其生
成的对话可以非常贴近人类语言和思维方式，从而增强了对话的可读性
和准确性。

此外，我们还可以为 ChatGPT 生成的对话数据设定更多的参数，以满足不同场景的需求。例如，可以设置对话的情感和语言风格，以适应商业客户服务、心理咨询、休闲娱乐等不同场景。同时，我们也可以根据需求调整对话的复杂性和深度，以便生成更符合实际应用的对话数据。

2.2.3 使用 ChatGPT 生成新闻标题数据样本

在新闻标题生成中，我们可以利用 ChatGPT 生成各种类型的新闻标题，如政治、科技、娱乐等。下面，我们将介绍如何使用 ChatGPT 生成新闻标题数据样本。

为了生成符合要求的新闻标题数据，首先需要确定新闻的主题和类型，接下来确定所需标题的数量。一旦确定了这些要素，我们就可以直接与 ChatGPT 进行交互，让它为我们生成所需的数据样本。

例如，如果我们想要生成一些科技类的新闻标题，可以使用以下提示语来与 ChatGPT 交互，以便生成合适的标题数据，提示语如 2-25 所示。

2-25　生成新闻标题数据提示语

现在你是一名新闻主编，具备良好的新闻素养、准确的语言表达能力、敏锐的观察力、快速反应和处理能力，以及优秀的编辑能力。这些能力的综合运用，让你能够写出引人入胜的新闻标题，吸引更多读者关注你的报道。请从专业的角度，为以下 10 个科技相关新闻事件生成各自的标题。标题应简洁明了，引人入胜。新闻事件如下。

苹果发布全新 iPhone

人工智能领域的突破性研究

特斯拉推出新款电动汽车

亚马逊推出新一代无人配送机

网络安全峰会关注隐私保护

Facebook 推出虚拟现实社交平台

SpaceX 成功实现火星着陆

微软发布全新操作系统

5G 技术助力智慧城市建设

生物科技突破实现癌症早期诊断

ChatGPT 根据需求，生成的新闻标题数据样本如 2-26 所示。

2-26　ChatGPT 生成的新闻标题数据样本

全新 iPhone：苹果重磅发布年度旗舰产品
AI 革新：突破性研究引领未来科技潮流
特斯拉新品首发：颠覆传统电动汽车市场
亚马逊无人机：配送服务迎来革命性创新
网络安全峰会：关注个人隐私，守护数字世界
Facebook 虚拟现实：连接真实与虚拟的社交新纪元
SpaceX 火星之旅：人类首次成功着陆火星
微软携全新操作系统，重新定义桌面体验
智慧城市建设：5G 技术助力未来都市生活
生物科技新突破：癌症早期诊断实现重大突破

我们也可以直接让 ChatGPT 围绕一个主题，生成标题。比如，下面我们继续对话，要求 ChatGPT 围绕 iPhone 生成 10 个标题，生成的标题如 2-27 所示。

2-27　ChatGPT 生成的关于 iPhone 的标题

iPhone 全新发布：屏幕更大、速度更快、摄像头更强
新款 iPhone 搭载 A15 芯片，性能提升 70%
iPhone 全新设计：弧形边框、Matte Black 颜色
iPhone 首次采用 120Hz 刷新率屏幕，流畅度大幅提升
iPhone 搭载全新的 LiDAR 扫描技术，AR 应用更强大
iPhone 全系列支持 5G 网络，下载速度飞快
iPhone 多任务处理能力大幅提升，同时打开多个 App 无压力
iPhone 新款摄像头：光学变焦、夜景模式全面升级
iPhone 新增 MagSafe 磁吸充电技术，充电更方便
iPhone 全新发布：保护用户隐私的重大升级

当需要生成大量的新闻标题时，我们可以在提示语中要求生成对应的数量，再通过不断输入"继续"，获取到后面的内容。同时，可以通过调用 API 的方式，实现快速、自动化的生成，如 2-28 所示。

2-28 调用 ChatGPT API 生成新闻标题数据

```python
import openai

openai.api_key = "OpenAIUtils.API_KEY"

def generate_news_titles(content, n=10):
    _prompt = f" 现在你是一名新闻主编，具备良好的新闻素养、准确的语言表
达能力、敏锐的观察力和洞察力、快速反应和处理能力，以及优秀的编辑能力。" \
        f" 这些能力的综合运用，让你能够写出引人入胜的新闻标题，吸引更多
读者关注你的报道。\n" \
        f" 请从专业的角度，围绕 {content} 生成 {n} 个标题。标题应简洁明了，
引人入胜。新闻事件如下。"
    _messages = [{"role": "user", "content": _prompt}]
    response = openai.ChatCompletion.create(
        model="gpt-3.5-turbo",
        messages=_messages,
        temperature=0.5,
        frequency_penalty=0.0,
        presence_penalty=0.0,
        stop=None,
        stream=False)
    return response["choices"][0]["message"]["content"]

if __name__ == '__main__':
    with open('news_titles.txt', 'w', encoding='utf-8') as f:
        news_titles = generate_news_titles("Iphone",10) # 生成新闻标题
        f.write(news_titles) # 写入新闻标题内容
```

这段 Python 代码定义了一个函数 generate_news_titles，它使用 OpenAI
API 中的 GPT-3.5 语言模型，生成围绕给定的新闻事件内容的新闻标题。
函数的输出是一个字符串，包含了 *n* 个生成的新闻标题。代码还创建了
一个文本文件 news_titles.txt，并将生成的新闻标题写入该文件中。

综上所述，使用 ChatGPT 生成新闻标题数据样本可以帮助我们快速

生成大量的新闻标题，这在新闻推荐系统、新闻编辑和排版等领域非常有用。同时，由于 ChatGPT 使用了神经网络等先进技术，其生成的新闻标题可以非常贴近人类语言和思维方式，从而增强了标题的吸引力和可读性。

此外，我们还可以为 ChatGPT 生成的新闻标题设定更多的参数，以满足不同场景的需求。例如，可以设置标题的情感和语言风格，以适应正式、幽默、紧张等不同类型的新闻。同时，我们也可以根据需求调整标题的复杂性和深度，以便生成更符合实际应用的新闻标题数据。

2.2.4 使用 ChatGPT 生成产品描述数据集

在电商平台或线上商城中，产品描述是吸引消费者购买的关键因素之一。通过使用 ChatGPT 生成产品描述数据集，我们可以快速创建各种类型的产品描述，从而提升产品的吸引力和销量。在本小节中，我们将介绍如何使用 ChatGPT 生成产品描述数据集。

首先，确定要生成描述的产品类型和所需描述的数量。接着，根据这些要素，我们可以与 ChatGPT 进行交互，让它为我们生成相应的数据集。例如，如果我们想要生成一些关于智能手机的产品描述，可以使用以下提示语与 ChatGPT 交互，以生成合适的描述数据，提示语如 2-29 所示。

2-29 生成产品描述数据提示语

你是一名电商平台的文案策划专家，具备深厚的写作功底、理解产品的能力、对市场营销策略的敏感度，以及对目标受众的了解。你能够通过生动有趣的语言描述商品特点、优点和使用方法，吸引潜在客户并促进销售。

现在给你以下 3 款产品。

品牌：苹果；型号：iPhone 14；特点：超高清屏幕、强大的性能、全新设计。

品牌：三星；型号：Galaxy S23；特点：顶级屏幕、强大的摄像头、出色的续航。

品牌：华为；型号：Mate 50；特点：高性能芯片、出色的摄像头、快速充电。

你需要为这 3 款产品撰写各自的产品描述。描述应详细介绍产品特点、优势和适用场景，有利于吸引消费者购买。

　　每个产品给我 3 个不同风格的描述，输出格式如下：

　　【产品 1】

　　【描述 1】：

　　【描述 2】：

　　【描述 3】：

ChatGPT 根据需求，生成的产品描述，如 2-30 所示。

2-30 ChatGPT 生成的产品描述

【产品 1】

【描述 1】：iPhone 14 拥有超高清屏幕和强大的性能，带给你更流畅的使用体验，让你的手机操作更为顺畅。全新设计还带来了更出色的外观，你可以在购买后获得更多高品质的使用体验。

【描述 2】：iPhone 14 是苹果公司最新推出的一款手机，拥有高品质的超高清屏幕，带给你更为舒适的使用体验和视觉上的享受。其强大的性能还让你在使用时不再卡顿，获得更为畅快的使用感受。

【描述 3】：想要一部出色的手机，iPhone 14 是你不错的选择。它采用全新设计，带来更为出色的外观和使用体验。超高清屏幕和强大的性能让你可以畅快地使用各种 App，记录生活中的点点滴滴。

【产品 2】

【描述 1】：Galaxy S23 采用顶级屏幕和强大的摄像头，带给你更清晰、更生动的视觉体验。出色的续航还让你在日常使用时不必担心电量的问题。你可以在购买后，享受更为出色的使用体验。

【描述 2】：Galaxy S23 是三星公司的旗舰手机，拥有顶级屏幕和强大的摄像头，让你在拍照和视频时，拥有更为清晰、生动的视觉体验。出色的续航还让你在使用时不必担心电量的问题。

【描述 3】：Galaxy S23 是一款非常出色的手机，拥有顶级屏幕和强大的摄像头。它适用于各种场景，无论是拍照还是视频，都能够带给你出色的体验和满意的效果。

【产品 3】

【描述 1】：华为 Mate 50 采用高性能芯片和出色的摄像头，让你在拍照、视频时拥有更为清晰、流畅的使用体验。快速充电功能让你在使用时，无须担心电量问题。你可以在购买后享受更为出色的使用体验。

【描述 2】：华为 Mate 50 是一款非常出色的手机，采用高性能芯片和出色的摄像头。你在使用时，可以拥有更为清晰、流畅的拍照、视频体验。快速充电功能让你在使用时更加放心。

【描述 3】：华为 Mate 50 是一款非常出色的手机，适用于各种场景。高性能芯片和出色的摄像头让你在各种场景中，拥有更为清晰、流畅的使用体验。快速充电功能还能让手机在短时间内充满电，为你提供更多的便利。

当需要大量产品描述时，读者可以在提示语中设置更多的需求，通过不断要求 ChatGPT"继续"的方式来获取更多的描述。同时，还可以通过使用 API 的方式来批量生成产品描述，从而提高效率，如 2-31 所示。

2-31 调用 ChatGPT API 生成产品描述数据

```
import openai

openai.api_key = "OpenAIUtils.API_KEY"

def generate_product_description(product, n=10):
    _prompt = f" 你是一名电商平台的文案策划专家，具备深厚的写作功底、理解产品的能力、市场营销策略的敏感度，以及对目标受众的了解。你能够通过生动有趣的语言描述商品特点、优点和使用方法，吸引潜在客户并促进销售。\n" \
        f" 现在给你以下一款产品："\
        f"{product}\n" \
        f" 你需要为这款产品撰写 {n} 份产品描述。描述应详细介绍产品特点、优势和适用场景，有利于吸引消费者购买。\n" \
        f" 每个产品给我 3 个不同风格的描述，输出格式如下。\n" \
        f"【描述 1】：\n" \
        f"【描述 2】：\n" \
        f"【描述 3】：\n" \
        f"..."
    _messages = [{"role": "user", "content": _prompt}]
    response = openai.ChatCompletion.create(
        model="gpt-3.5-turbo",
        messages=_messages,
        temperature=0.5,
```

```
        frequency_penalty=0.0,
        presence_penalty=0.0,
        stop=None,
        stream=False)
    return response["choices"][0]["message"]["content"]


if __name__ == '__main__':
    with open('new_product.txt', 'w', encoding='utf-8') as f:
        new_product = generate_product_description ("Iphone",1) # 生成产品
描述
        f.write(new_product) # 写入产品描述内容
```

以上代码定义了一个名为 generate_product_description 的函数，通过调用 OpenAI 的 GPT-3.5 模型，实现了自动生成电商产品描述的功能。函数需要输入产品名称和需要生成的描述数量，输出符合格式要求的产品描述文本。主程序调用该函数，并将生成的产品描述文本保存到指定文件中。

综上所述，使用 ChatGPT 生成产品描述数据集的方法可以大大提高电商平台撰写商品描述的效率。通过设置相关提示语和调用 OpenAI 的 GPT-3.5 模型，可以自动生成符合要求的产品描述文本。这样的自动生成方式不仅可以减少人工撰写的工作量，还可以提高产品描述的质量和效率，为电商平台的运营带来便利。将生成的数据集应用于电商平台的产品描述中，可以帮助消费者更全面、准确地了解产品的特点和优势，提升消费者购买体验和忠诚度。

2.2.5　使用 ChatGPT 生成图像数据集

在计算机视觉和深度学习领域，图像数据集是训练模型的重要资源。通过使用 ChatGPT 生成图像数据集，我们可以快速创建各种类型的图像数据集，从而为计算机视觉任务提供丰富的数据来源。在本小节中，我们将介绍如何使用 ChatGPT 生成图像数据集。

　　首先，需要明确要生成的图像类型和所需图像的数量。接着，我们可以与 ChatGPT 进行交互，让它为我们生成相应的数据集。需要注意的是，ChatGPT 网页本身无法生成图像，但可以利用其文本生成能力，提供描述图像的详细文本，进而利用这些文本构建 Prompt，再通过 Midjourney 来制作图片。

　　Midjourney 是一个由 Midjourney 研究实验室开发的人工智能程序，可根据文本生成图像。Midjourney 与 DALL·E 相似，专长生成图像。用户可以通过在聊天应用程序 Discord 中向机器人发送消息来使用它，它不是 Web 应用程序，不需要任何编程。Midjourney 的使用场景包括但不限于创作、设计、艺术、科学等领域。

　　例如，如果我们想要生成一些猫的图像，可以直接利用 ChatGPT 生成合适的 Prompt，提示语如 2-32 所示。

2-32　使用 ChatGPT 生成图片提示语

　　现在我在使用一个名叫 Midjourney 的 AI 图像生成器，Midjourney 和 DALL·E2 类似，需要 Prompt。它的 Prompt 是以一个个关键词的形式，相互之间以逗号隔开的，包括图像描述、风格等。你要充当我的关键词生成器，帮我按照上面的格式生成英文的 Prompt。以下是已有的 Prompt，你可以参考。

Prompt1: a dynamic, busy, futuristic utopian space city, 1950s science fiction, complex, detailed, exciting, electric, daylight, blue sky, hyper realistic, 8k, cinematic, --ar 16:9

Prompt2: young female, cat girl, ethereal, dark druid clothing, white hair, ghostly white fur on face and body, glowing blue eyes with black sclera, cat tail, full body standing, Forrest, night, starlight, realistic, hyperdetailed, unreal engine render, 4k unreal engine --ar 6:4 --iw . 5 --test --upbeta

Prompt3: cat surfing on a surfboard, high waves, cat wearing sunglasses, cat has mouth open, polaroid photo --ar 2:3

Prompt4: vicious sea snakes crawling through a large cracked leaking brass porthole undersea, horror, hyper realistic, 8k, --ar 16:9

Prompt5: steampunk industrial pittsburgh football game, hyper realistic,

8k, --ar 16:9

　　参考上面的 Prompt，我现在需要一个现实中可爱的猫咪的图片，给我生成对应的 Prompt。

ChatGPT 根据需求，生成的 Midjourney 的 Prompt，如 2-33 所示。

2-33　ChatGPT 生成的 Midjourney 的 Prompt

Sure, here's a prompt for a cute cat image:

"A fluffy, adorable, domestic shorthair cat, sitting on a windowsill, surrounded by plants, natural light, cozy atmosphere, relaxed expression, high-resolution, photo-realistic, --ar 4:3."

在 Midjourney 输入 Prompt 之前，需要配置对应的属性，如图 2.1 所示。

图 2.1　配置 Midjourney

随后，在 Midjourney 中通过 /imagine 命令输入 Prompt，如图 2.2 所示。

图 2.2　在 Midjourney 中输入 Prompt

> ⚠ 注意：现在 Midjourney 已经没有免费额度，因此读者需要通过订阅的方式，
> 　　　　自己购买额度。

　　在经过一段时间的等待后，Midjourney 会生成 4 幅图。读者可以从中选取喜欢的，作为图片数据，也可以继续修改 Prompt，直到生成满意的图片，如图 2.3 所示。

图 2.3　Midjourney 生成的图

　　除了以上通过相对比较烦琐的方式来生成图片，我们还可以直接通过调用 OpenAI DALL·E2 API 的方式来批量生成图片。DALL·E 是一款由 OpenAI 开发的先进人工智能模型，基于强大的 GPT-3 架构开发。作为 DALL·E 的升级版，DALL·E2 能够根据给定的文本描述生成具有高度创意和精细度的图像。它将自然语言处理和计算机视觉技术融合在一起，为设计师、艺术家和各行各业的用户带来了全新的视觉创作体验。批量化自动生成图片的代码如 2-34 所示。

2-34　批量化自动生成图片代码

```
import requests
import openai

openai.api_key = "OpenAIUtils.API_KEY"

def generate_prompt( n=10):
    _prompt = f" 假设你现在是 DALL·E2 的 Prompt 生成器，我现在需要 10 张
现实中猫的图片，请用英文给我 {n} 个 Prompt。每个 Prompt 对应一张图片，每
个 Prompt 的格式如下。\n" \
        f"\n" \
```

```
        f"\n" \
        f"..."
    _messages = [{"role": "user", "content": _prompt}]
    response = openai.ChatCompletion.create(
        model="gpt-3.5-turbo",
        messages=_messages,
        temperature=0.5,
        frequency_penalty=0.0,
        presence_penalty=0.0,
        stop=None,
        stream=False)
    return response["choices"][0]["message"]["content"]


def generate_and_save_image(prompt, file_name):
    response = openai.Image.create(prompt=prompt, n=1, size="1,024x1,024")
    image_url = response['data'][0]['url']
    image_data = requests.get(image_url).content
    with open(file_name, 'wb') as handler:
        handler.write(image_data)


def main():
    prompts = generate_prompt(10)

    for i, prompt in enumerate(prompts):
        file_name = f"cat_image_{i+1}.jpg"
        generate_and_save_image(prompt, file_name)


if __name__ == "__main__":
    main()
```

这段代码利用了 OpenAI 的 API，使用 GPT-3.5 语言模型来生成 10 个
Prompt，每个 Prompt 描述了一个要生成的猫的图片，然后使用 OpenAI 的
DALL·E2 API 生成对应的图片，并将每张图片保存到当前目录下的文件中。
这段代码还包含了一个 generate_prompt 函数，用于生成 Prompt 的文本内容。

最终，这段代码生成了 10 张猫的图片。部分猫的图片如图 2.4 所示。

图 2.4　ChatGPT 和 DALL·E2 自动生成的图

综上所述，使用 ChatGPT 和 DALL·E2 API 可以批量生成丰富多样的图像数据集。这些数据集可以用于训练数据分析模型、测试算法的准确性等。通过这种方式，我们可以获取大量高质量的数据，从而提高模型的准确性和鲁棒性，为数据分析和机器学习领域带来诸多好处。

> ⚠️注意：这些图像数据的版权归原创作者所有。如果要将它们用于商业用途或发布在公共平台上，需要先获得相应的许可或授权。此外，为确保数据集的质量和准确性，需要谨慎选择生成 Prompt 和处理生成的图像，以避免噪点和其他质量问题的出现。只有质量良好的数据集才能有效地用于数据分析模型的训练和验证。

2.3　小结

本章介绍了如何使用 ChatGPT 进行数据准备工作，主要包括编写数据收集脚本和利用 ChatGPT 生成数据。在编写数据收集脚本方面，我们介绍了如何使用 ChatGPT 编写不同类型的数据收集脚本，包括新闻、电影评论、股票、天气、商品价格和社交媒体等数据。这些脚本可以方便地自动化数据收集过程，提高数据收集效率。在利用 ChatGPT 生成数据方面，我们介绍了如何使用 ChatGPT 生成电影评论数据样本、对话数据样本、新闻标题数据样本、产品描述数据集和图像数据集。这些生成的数据可以用于训练模型或者做其他分析工作。

　　本章内容可以帮助读者更好地理解数据准备的流程和方法。在实际应用中，合理的数据准备是保证分析结果准确性和可信度的关键步骤。通过本章的学习，读者可以更好地掌握如何使用 ChatGPT 进行数据准备，提高数据分析的效率和质量。

第 3 章

使用 ChatGPT 清洗数据

在当今数据驱动的世界中，数据分析成为一个越来越重要的领域。随着大量数据的涌现，数据处理和清洗变得至关重要。正确清洗和处理数据可以确保数据质量和完整性，从而提高数据分析的准确性和可靠性。

本章主要介绍如何使用 ChatGPT 清洗数据，重点涉及以下知识点：

- 使用 ChatGPT 处理数据质量问题，包括处理缺失值、检测和处理异常值、检测和删除重复数据
- 利用 ChatGPT 处理数据结构问题，涉及数据格式化转换、合并不同数据源的数据

通过学习本章内容，读者将了解如何运用 ChatGPT 技术处理实际数据分析过程中遇到的常见问题。这将有助于提高数据处理和分析的效率，从而帮助决策者更加迅速地获取有价值的信息。

3.1 使用 ChatGPT 处理数据质量问题

数据质量问题通常包括缺失值、异常值和重复数据等。处理这些问题是数据分析前的关键步骤，因为它们会影响分析结果的可靠性和准确性。在本节中，我们将介绍如何使用 ChatGPT 处理数据质量问题。

3.1.1 使用 ChatGPT 处理缺失值

缺失值是数据集中的一个常见问题。缺失值可能是数据收集过程中的错误、遗漏或其他原因导致的。处理缺失值的方法有很多，包括删除含有缺失值的行、填充缺失值，以及使用模型预测缺失值等。以下是使

用 ChatGPT 处理缺失值的详细示例。

小丽是公司 HR，她现在要统计公司员工的收入和年龄分布，发现收集的数据有部分缺失，如表 3.1 所示。

表 3.1　公司员工收入表

员工 ID	年龄	性别	收入（元）
1	25	女	60,000
2	32	男	75,000
3	—	女	45000
4	41	男	—
5	29	女	55,000
6	47	男	85,000
7	—	女	40,000
8	38	男	70,000
9	26	男	—
10	33	女	65,000

为了避免分析出现偏差，小丽通过借助 ChatGPT 来清洗数据，提示语如 3-1 所示。

3-1　处理工资缺失值提示语

你是一个资深数据分析师，具备专业的数据分析技能和丰富的行业经验。你擅长运用各种数据分析工具和技术，对大量数据进行挖掘、整合、分析和解释。你熟练掌握统计学、机器学习、人工智能等领域的理论和应用，能够从数据中发现有价值的信息，为企业决策提供有力的支持。此外，你还拥有出色的沟通和演示能力，能够将复杂的数据分析结果以简洁、清晰的方式呈现给各级别的管理者和团队成员，帮助他们做出更明智的决策。

我是公司的 HR，现在我要统计公司员工的收入和年龄等数据，收集到的数据如下。

员工 ID	年龄	性别	收入（元）
1	25	女	60,000
2	32	男	75,000
3		女	45,000

4	41	男	
5	29	女	55,000
6	47	男	85,000
7		女	40,000
8	38	男	70,000
9	26	男	
10	33	女	65,000

请你从专业的角度，帮我处理缺失的部分。

直接用表格的形式输出你处理好的数据，并告诉我你做了哪些处理，以及这么做的原因。

格式如下。

处理后的数据表格：

所做的操作及原因：

ChatGPT 处理完缺失值后，数据如表 3.2 所示。

表 3.2　ChatGPT 处理完缺失值后的收入表

员工 ID	年龄	性别	收入（元）
1	25	女	60,000
2	32	男	75,000
3	26	女	45,000
4	41	男	75,000
5	29	女	55,000
6	47	男	85,000
7	41	女	40,000
8	38	男	70,000
9	26	男	75,000
10	33	女	65,000

ChatGPT 并给出了对应的处理逻辑和解释，如 3-2 所示。

3-2　ChatGPT 处理缺失值的逻辑

所做的操作及原因：

1. 填充年龄的缺失值

在面对年龄数据缺失的情况下，我们选择了使用已有的年龄数据的中位数进行填充。因为中位数对异常值不敏感，并在数据分布不均衡时仍能反映出整体数据的特征。不过，为了避免所有缺失年龄都被填充为同一值，我们使用了两个相邻的值，即已有年龄数据的下四分位数值 26 和上四分位数值 41 来填充。

2. 填充收入的缺失值：

对于收入数据缺失的情况，我们选择了根据性别填充相应的收入中位数。这是基于我们的假设，即同一性别的员工的收入具有较高的相关性。我们选择了使用中位数 75,000 来填充缺失的收入数据，这样可以更好地保持数据的总体分布情况。

当然，除了以上简单的数据集，ChatGPT 也可以很轻松地处理复杂的数据集。我们拿 Kaggle 的 Titanic 数据集举例，这是一个非常著名的数据集，记录了 1912 年泰坦尼克号沉船事件中乘客的信息，包括他们的性别、年龄、船票等级、船舱号码、票价等。该数据集包含了 891 个样本，其中包括 314 名女性、577 名男性，342 名幸存者和 549 名遇难者。在该数据集中，年龄和船舱号码的列中包含了缺失值，分别占总样本数的约 20% 和约 77%。Titanic 数据集的目标是通过已知的乘客信息，预测一个乘客是否能够在泰坦尼克号沉船事件中幸存下来。因此，该数据集被广泛用于机器学习和数据分析的入门和练习，特别是二分类问题和特征工程技巧的应用。

Titanic 数据集中有两列包含缺失值：年龄和船舱号码。年龄列包含了乘客的年龄信息。由于一些原因（如记录错误、遗漏等），这一列中有 177 个缺失值，占总乘客数量的约 20%。船舱号码列包含了乘客所在的船舱号码信息。由于一些原因（如记录错误、遗漏等），这一列中有 687 个缺失值，约占总乘客数量的 77%。

针对以上数据集，我们可以通过 ChatGPT 来处理缺失值，提示语如 3-3 所示。

3-3　处理 Titanic 缺失值提示语

你是一个资深数据分析师，具备专业的数据分析技能和丰富的行业经验。你擅长运用各种数据分析工具和技术，对大量数据进行挖掘、整合、分析和解释。你熟练掌握统计学、机器学习、人工智能等领域的理论和应用，能够从数据中发现有价值的信息，为企业决策提供有力的支持。此外，你还拥有出色的沟通和演示能力，能够将复杂的数据分析结果以简洁、清晰的方式呈现给各级别的管理者和团队成员，帮助他们做出更明智的决策。

现在需要处理 Titanic 数据集中年龄和船舱号码这两列的缺失值。

要求：直接以代码块的形式给我 Python 代码，并且以表格的形式输出处理后的部分表格。

ChatGPT 根据需求，处理 Titanic 数据集中年龄和船舱号码这两列的缺失值的 Python 代码如 3-4 所示。

3-4 ChatGPT 处理 Titanic 缺失值的代码

```python
from kaggle.api.kaggle_api_extended import KaggleApi
api = KaggleApi()
api.authenticate() # 获取 Kaggle API 的认证信息

# 下载 Titanic 数据集
api.dataset_download_files("heptapod/titanic")

# 加载数据集
import pandas as pd
import numpy as np
titanic_df = pd.read_csv("train.csv")

# 处理年龄列的缺失值
titanic_df['Age'].fillna(titanic_df['Age'].median(), inplace=True)

# 处理船舱号码列的缺失值
titanic_df['Cabin'].fillna('Unknown', inplace=True)

# 输出处理后的部分表格，包括乘客 ID、年龄和船舱号码这 3 列
print(titanic_df[['PassengerId', 'Age', 'Cabin']].head())
```

在执行这段代码前，需要通过以下两个命令下载 Titanic 数据集并进行解压缩。

```
pip install kaggle # 安装 Kaggle API
unzip -q titanic.zip # 解压缩数据集文件
```

执行以上代码后，将会对 Titanic 数据集中的年龄和船舱号码这两列进行缺失值处理，其中年龄列用中位数填充缺失值，船舱号码列用"未知"填充缺失值。处理后的部分表格如表 3.3 所示。

表 3.3　ChatGPT 处理完 Titanic 缺失值后的部分表格

乘客 ID	年龄	船舱号码
1	22	未知
2	38	C85
3	26	未知
4	35	C123
5	35	未知
…	…	…

当读者需要处理自己本地数据的缺失值时，除烦琐地复制粘贴到 ChatGPT 聊天界面，我们也可以通过直接调用 OpenAI API 的方式来快速地对复杂数据进行处理，代码如 3-5 所示。

3-5　调用 ChatGPT API 处理缺失值

```
import openai
import pandas as pd

# 设置 OpenAI API 密钥
openai.api_key = "OpenAIUtils.API_KEY"

def deal_missing_data(table):
  # 设置对话 prompt
  _prompt = f" 你是一个资深数据分析师，具备专业的数据分析技能和丰富的
行业经验。" \
      f" 你擅长运用各种数据分析工具和技术，对大量数据进行挖掘、整合、
分析和解释。" \
```

```
        f" 你熟练掌握统计学、机器学习、人工智能等领域的理论和应用，能够
从数据中发现有价值的信息，为企业决策提供有力的支持。" \
        f" 此外，你还拥有出色的沟通和演示能力，能够将复杂的数据分析结果
以简洁、清晰的方式呈现给各级别的管理者和团队成员，帮助他们做出更明智的决
策。\n" \
        f" 以下是我的表格：\n" \
        f"{table}\n" \
        f" 请你从专业的角度，帮我处理缺失的部分。直接用表格的形式输出你
处理好的数据，\n" \
        f" 只需要输出处理好的表格，不需要其他内容。"

    # 构建 OpenAI 的请求参数
    _messages = [{"role": "user", "content": _prompt}]
    response = openai.Completion.create(
        model="gpt-3.5-turbo",
        prompt=_prompt,
        temperature=0.5,
        max_tokens=1024,
        top_p=1,
        frequency_penalty=0,
        presence_penalty=0
    )

    # 获取 OpenAI 的响应并返回处理后的结果
    output_text = response["choices"][0]["message"]["content"]
    return output_text

def read_local_spreadsheet(file_path):
    """
    读取本地表格文件，并将其作为 Pandas DataFrame 返回。

    :param file_path: 表格文件路径。
    :return: 包含表格数据的 Pandas DataFrame 对象。
    """
```

```python
    # 读取 Excel 文件为 Pandas DataFrame
    df = pd.read_excel(file_path)

    # 将 DataFrame 转换为字符串形式并返回
    return df.to_string(index=False)

def parse_and_save_to_excel(output_string, file_path):
    """
    解析 'deal_missing_data' 函数的输出字符串并将其保存到 Excel 文件。

    :param output_string: 'deal_missing_data' 函数的输出字符串。
    :param file_path: 要保存 Excel 文件的路径。
    """
    # 将输出字符串按行分割并去除行首行尾的空格
    output_lines = [line.strip() for line in output_string.split("\n")]

    # 从输出的第一行提取列名
    col_names = output_lines[0].split()

    # 从输出的其余行提取数据行
    data_rows = [line.split() for line in output_lines[1:]]

    # 创建 Pandas DataFrame 对象
    df = pd.DataFrame(data_rows, columns=col_names)

    # 将 DataFrame 保存到 Excel 文件中
    df.to_excel(file_path, index=False)

if __name__ == '__main__':
    # 读取本地的示例表格文件
    input_table = read_local_spreadsheet("example_table.xlsx")

    # 处理缺失数据并获取处理结果
    output_table = deal_missing_data(input_table)
```

```
# 将处理结果保存到本地的 Excel 文件中
parse_and_save_to_excel(output_table, "output_table.xlsx")
```

以上这段代码是一个自动化数据分析工具，它通过 Python 脚本调用 OpenAI 的 API 来自动处理输入的表格数据中的缺失值，并将处理后的结果保存到本地的 Excel 文件中。程序包含了 3 个函数，分别用于读取本地 Excel 文件、处理缺失数据和保存结果到 Excel 文件。整个过程都是自动化的，无须人工干预，提高了数据分析的效率和准确性。

上面代码中的 "OpenAIUtils.API_KEY" 需要用户手动填写自己账户的 Key，并且 OpenAI 会根据用户请求的 Token 数来收费。

综上所述，使用 ChatGPT 处理缺失值可大大提高数据处理的效率和准确性。ChatGPT 作为一种强大的自然语言处理技术，能够分析文本数据中的语义和上下文，从而填补数据中的缺失值，减少数据处理的误差。此外，ChatGPT 还能够通过自我学习不断优化模型，使处理缺失值的效果更加稳定和可靠。因此，使用 ChatGPT 处理缺失值是一种高效、智能的数据处理方法，值得广泛应用和推广。

3.1.2　利用 ChatGPT 检测和处理异常值

异常值是指测定值中与平均值的偏差超过两倍标准差的值。异常值的出现可能是数据录入错误、测量误差或其他原因造成的。处理异常值的方法有很多，包括删除异常值、修正异常值，以及使用模型预测异常值等。以下是使用 ChatGPT 检测和处理异常值的详细示例。

公司 HR 小丽在分析公司员工的工作时间分布，发现收集的数据中存在一些异常值，如表 3.4 所示。

表 3.4　公司员工工作时间表

员工 ID	姓名	工作时间（小时 / 周）
1	张三	40

续表

员工 ID	姓名	工作时间 (小时 / 周)
2	李四	42
3	王五	38
4	赵六	210
5	孙七	35
6	周八	−5
7	吴九	36
8	郑十	41
9	朱一	43
10	刘二	39

　　为了避免分析出现偏差，小丽希望借助 ChatGPT 来检测和处理异常值，提示语如 3-6 所示。

3-6　检测和处理异常值提示语

　　你是一个资深数据分析师，具备专业的数据分析技能和丰富的行业经验。你擅长运用各种数据分析工具和技术，对大量数据进行挖掘、整合、分析和解释。你熟练掌握统计学、机器学习、人工智能等领域的理论和应用，能够从数据中发现有价值的信息，为企业决策提供有力的支持。此外，你还拥有出色的沟通和演示能力，能够将复杂的数据分析结果以简洁、清晰的方式呈现给各级别的管理者和团队成员，帮助他们做出更明智的决策。

　　现在我要分析公司员工的工作时间分布，收集到的数据如下。

员工 ID	姓名	工作时间 (小时 / 周)
1	张三	40
2	李四	42
3	王五	38
4	赵六	210
5	孙七	35
6	周八	−5
7	吴九	36
8	郑十	41
9	朱一	43
10	刘二	39

请你从专业的角度，帮我检测和处理异常值。

直接用表格的形式输出你处理好的数据，并告诉我你做了哪些处理，以及这么做的原因。

ChatGPT 根据需求，对数据的分析如 3-7 所示。

3-7　ChatGPT 分析异常值逻辑

为了检测和处理异常值，我们需要对工作时间进行分析。一般而言，我们可以通过以下步骤来处理异常值。

1. 计算工作时间的平均值、标准差等统计量，以了解工作时间的分布情况。

2. 绘制箱线图，检测是否有离群点（Outlier），如果存在离群点，则需要进一步分析。

3. 根据具体情况，可以采用删除离群点、替换为缺失值、平均值代替等方法处理异常值。

针对给出的数据，我们进行如下处理。

1. 计算平均工作时间为 51.9 小时 / 周，最小值为 –5 小时 / 周，最大值为 210 小时 / 周。

2. 绘制箱线图，发现离群点为 –5 小时 / 周和 210 小时 / 周。

3. 由于工作时间不能为负数，因此将工作时间为负数的数据删除；同时，将工作时间大于平均值加上两倍标准差的数据视为离群点，也予以删除。

经过处理后的数据如表 3.5 所示。

表 3.5　ChatGPT 处理后的工作时间表

员工 ID	姓名	工作时间（小时 / 周）
1	张三	40
2	李四	42
3	王五	38
5	孙七	35
7	吴九	36
8	郑十	41
9	朱一	43
10	刘二	39

通过删除离群点，我们得到了更加准确和可靠的数据，便于后续的数据分析和决策制定。

除了简单的数据集，我们也可以通过 ChatGPT 处理复杂的数据集。例如，Kaggle 上的房价预测竞赛数据集（Ames Housing Dataset），包含了来自美国艾奥瓦州埃姆斯市的房屋信息，其中包括 79 个特征列，如房屋面积、房间数量、建造年份、车库面积等。这个数据集旨在让数据科学家和机器学习工程师使用房屋特征预测房价，以帮助房地产行业进行市场分析和投资决策。该数据集中包含了一些常见的需要处理的异常值，如面积、距离和价格等异常值，需要进行适当的处理以确保模型的准确性和可靠性。该数据集中的部分异常值示例如表 3.6 所示。

表 3.6　房价预测竞赛数据集部分异常值

特征列名称	异常值示例
地皮面积（平方英尺）	7,0761
房屋总体质量评级	10
房屋总体状况评级	9
建造年份	1872
地下室总面积（平方英尺）	6,110
一楼面积（平方英尺）	4,692
地上居住面积（平方英尺）	5,642
车库车位数量	5
车库面积（平方英尺）	1,418
…	…

针对以上数据集，我们可以通过 ChatGPT 来处理异常值，提示语如 3-8 所示。

3-8　处理 Ames Housing Dataset 异常值提示语

你是一个资深数据分析师，具备专业的数据分析技能和丰富的行业经验。你擅长运用各种数据分析工具和技术，对大量数据进行挖掘、整合、分析和解释。你熟练掌握统计学、机器学习、人工智能等领域的理论和应用，能够从数据中发现有价值的信息，为企业决策提供有力的支持。此外，你还拥有出色的沟通和演示能力，能够将复杂的数据分析结果以简洁、清晰的方式呈现给各级别的管理者和团队成员，帮助他们做出更明智的决策。

现在需要处理 Ames Housing Dataset 数据集中的异常值。

　　要求：直接以代码块的形式给我 Python 代码，并且以表格的形式输出处理后的部分表格。

　　ChatGPT 根据需求，处理异常值的代码如 3-9 所示。

3-9　ChatGPT 处理 Ames Housing Dataset 异常值

```python
import pandas as pd
import numpy as np

# 加载数据集
df = pd.read_csv("train.csv")

# 定义异常值检测函数
def detect_outliers(df, n, features):
    outlier_indices = []
    for col in features:
        Q1 = np.percentile(df[col], 25)
        Q3 = np.percentile(df[col], 75)
        IQR = Q3 - Q1
        outlier_step = 1.5 * IQR
        outlier_list_col = df[(df[col] < Q1 - outlier_step) | (df[col] > Q3 + outlier_step)].index
        outlier_indices.extend(outlier_list_col)
    outlier_indices = pd.Series(outlier_indices)
    multiple_outliers = outlier_indices.value_counts().index.tolist()
    return multiple_outliers

# 定义特征列
features = ['LotArea', 'OverallQual', 'YearBuilt', 'GrLivArea', 'SalePrice']

# 检测异常值
outliers_to_drop = detect_outliers(df, 2, features)
df = df.drop(outliers_to_drop, axis = 0).reset_index(drop=True)

# 使用中位数进行缺失值填充
```

```
df.fillna(df.median(), inplace=True)

# 输出处理后的数据集的部分表格
print(df.loc[:, features].head())
```

⚠ **说明**：以上代码默认读者已经成功将 Kaggle 数据集下载到本地了。

运行上述代码后，将得到处理后的数据集的部分表格，如表 3.7 所示。

表 3.7　房价预测处理后的部分竞赛数据

地皮面积 （平方英尺）	房屋总体质 量评级	建造年份	地上居住面积 （平方英尺）	销售价格
8,450	7	2003	1,710	208,500
9,600	6	1976	1,262	181,500
11,250	7	2001	1,786	223,500
9,550	7	1915	1,717	140,000
14,260	8	2000	2,198	250,000
…	…	…	…	…

需要注意的是，这里只选择了部分特征列进行处理，并仅仅只是将异常值进行了删除和中位数填充，具体处理方式可能会因实际情况而异。

当然，若读者需要处理自己本地数据的异常值，除烦琐地复制粘贴到 ChatGPT 聊天界面，我们也可以通过直接调用 OpenAI API 的方式来快速地对复杂数据进行处理，代码如 3-10 所示。

3-10　调用 ChatGPT API 处理异常值

```
import openai
import pandas as pd

# 设置 OpenAI API 密钥
openai.api_key = "OpenAIUtils.API_KEY"

def deal_ outlier (table):
```

```python
    # 设置对话 prompt
    _prompt = f" 你是一个资深数据分析师，具备专业的数据分析技能和丰富的
行业经验。" \
        f" 你擅长运用各种数据分析工具和技术，对大量数据进行挖掘、整合、
分析和解释。" \
        f" 你熟练掌握统计学、机器学习、人工智能等领域的理论和应用，能够
从数据中发现有价值的信息，为企业决策提供有力的支持。" \
        f" 此外，你还拥有出色的沟通和演示能力，能够将复杂的数据分析结果
以简洁、清晰的方式呈现给各级别的管理者和团队成员，帮助他们做出更明智的决
策。\n" \
        f" 以下是我的表格：\n" \
        f"{table}\n" \
        f" 请你从专业的角度，帮我检测和处理异常值。直接用表格的形式输出
你处理好的数据，\n" \
        f" 只需要输出处理好的表格，不需要其他内容。"

    # 构建 OpenAI 的请求参数
    _messages = [{"role": "user", "content": _prompt}]
    response = openai.Completion.create(
        model="gpt-3.5-turbo",
        prompt=_prompt,
        temperature=0.5,
        max_tokens=1024,
        top_p=1,
        frequency_penalty=0,
        presence_penalty=0
    )

    # 获取 OpenAI 的响应并返回处理后的结果
    output_text = response["choices"][0]["message"]["content"]
    return output_text

def read_local_spreadsheet(file_path):
    """
```

```
    读取本地表格文件，并将其作为 Pandas DataFrame 返回。

    :param file_path: 表格文件路径。
    :return: 包含表格数据的 Pandas DataFrame 对象。
    """
    # 读取 Excel 文件为 Pandas DataFrame
    df = pd.read_excel(file_path)

    # 将 DataFrame 转换为字符串形式并返回
    return df.to_string(index=False)

def parse_and_save_to_excel(output_string, file_path):
    """
    解析 'deal_missing_data' 函数的输出字符串并将其保存到 Excel 文件。

    :param output_string: 'deal_missing_data' 函数的输出字符串。
    :param file_path: 要保存 Excel 文件的路径。
    """
    # 将输出字符串按行分割并去除行首行尾的空格
    output_lines = [line.strip() for line in output_string.split("\n")]

    # 从输出的第一行提取列名
    col_names = output_lines[0].split()

    # 从输出的其余行提取数据行
    data_rows = [line.split() for line in output_lines[1:]]

    # 创建 Pandas DataFrame 对象
    df = pd.DataFrame(data_rows, columns=col_names)

    # 将 DataFrame 保存到 Excel 文件中
    df.to_excel(file_path, index=False)

if __name__ == '__main__':
```

```
# 读取本地的示例表格文件
input_table = read_local_spreadsheet("example_table.xlsx")

# 处理缺失数据并获取处理结果
output_table = deal_ outlier (input_table)

# 将处理结果保存到本地的 Excel 文件中
parse_and_save_to_excel(output_table, "output_table.xlsx")
```

这段代码通过 OpenAI API 实现了自动化的异常值检测和处理。首先，读取一个本地 Excel 文件，然后将表格数据作为输入传递给 deal_outlier 函数。该函数将异常值检测和处理的任务委托给 OpenAI API，并返回处理后的表格数据。最后，将处理结果保存为一个新的 Excel 文件。

利用 ChatGPT 检测和处理异常值是一种有效的方法，可以帮助人们更好地理解数据集并提高数据分析的准确性和可靠性。在数据分析过程中，异常值是一种常见的问题，它可能导致数据分析结果出现误差，影响业务决策。因此，通过使用 ChatGPT 等强大的机器学习工具来检测和处理异常值，可以大大提高数据分析的质量和效率，为业务决策提供更加准确、可靠的依据。

3.1.3 利用 ChatGPT 检测和删除重复数据

重复数据是指数据集中存在的相同或几乎相同的数据记录。这些数据可能是数据输入错误、数据合并过程中的重复或其他原因造成的。处理重复数据的方法主要是检测并删除重复记录，这样可以保证数据集的质量和准确性。以下是使用 ChatGPT 检测和删除重复数据的详细示例。

公司 HR 小丽在分析公司员工的年龄分布，收集到的数据中存在一些重复值，如表 3.8 所示。

表 3.8　公司员工年龄表

员工 ID	姓名	年龄
1	张三	28
2	李四	30
3	王五	24
4	赵六	28
5	孙七	25
6	周八	24
7	吴九	28
8	郑十	30
9	朱一	24
10	刘二	29
11	赵六	28

为了避免分析出现偏差，小丽希望借助 ChatGPT 来检测和删除重复数据，提示语如 3-11 所示。

3-11　处理年龄异常值提示语

你是一个资深数据分析师，具备专业的数据分析技能和丰富的行业经验。你擅长运用各种数据分析工具和技术，对大量数据进行挖掘、整合、分析和解释。你熟练掌握统计学、机器学习、人工智能等领域的理论和应用，能够从数据中发现有价值的信息，为企业决策提供有力的支持。此外，你还拥有出色的沟通和演示能力，能够将复杂的数据分析结果以简洁、清晰的方式呈现给各级别的管理者和团队成员，帮助他们做出更明智的决策。

现在我要分析公司员工的年龄分布，收集到的数据如下。

员工 ID	姓名	年龄
1	张三	28
2	李四	30
3	王五	24
4	赵六	28
5	孙七	25
6	周八	24
7	吴九	28

8	郑十	30
9	朱一	24
10	刘二	29
11	赵六	28

请你从专业的角度，帮我检测和删除重复数据。直接用表格的形式输出你处理好的数据。

ChatGPT 根据需求，修改的表格如表 3.9 所示。

表 3.9　ChatGPT 删除重复值后的年龄表

员工 ID	姓名	年龄
1	张三	28
2	李四	30
3	王五	24
4	赵六	28
5	孙七	25
6	周八	24
7	吴九	28
8	郑十	30
9	朱一	24
10	刘二	29

在上述表格中，重复的数据已经被删除。这将有助于确保数据分析的准确性和可信度。

除了以上简单的案例，ChatGPT 也能轻松处理复杂的数据集。例如，一家银行或电信公司的客户数据集，可能包含客户的个人信息，如姓名、地址、电话号码、电子邮件地址等。由于客户可能会使用多个账户或购买多个产品，因此数据集中可能会存在重复值。我们可以直接通过 ChatGPT 生成处理代码，提示语如 3-12 所示。

3-12　处理复杂数据重复值提示语

你是一个资深数据分析师，具备专业的数据分析技能和丰富的行业经验。你擅长运用各种数据分析工具和技术，对大量数据进行挖掘、整合、分析和解释。你熟练掌握统计学、机器学习、人工智能等领域的理论和应用，能够从数据中发现有价值的信息，为企业决策提供有力的支持。此外，你还拥有出色的沟通和演示能力，能够将复杂的数据分析结果以简洁、清晰的方式呈现给各级别的管理者和团队成员，帮助他们做出更明智的决策。

现在我有一家本地电信公司的客户数据集，可能包含客户的个人信息，如姓名、地址、电话号码、电子邮件地址等。由于客户可能会使用多个账户或购买多个产品，因此可能会在数据集中存在重复值。

直接给我 Python 代码，要求从本地目录读取 data.xlsx，清洗这个数据，存到新的文件，并以代码块的格式输出。

ChatGPT 根据需求，输出的代码如 3-13 所示。

3-13　处理复杂数据重复值的代码

```python
import pandas as pd

# 从本地目录读取数据文件
data = pd.read_excel("data.xlsx")

# 删除重复值
data.drop_duplicates(inplace=True)

# 将数据保存到新的文件
data.to_excel("cleaned_data.xlsx", index=False)
```

在这个示例中，我们使用了 Pandas 库来读取 Excel 文件，删除重复值，并将清洗后的数据保存到新的 Excel 文件中。在读取数据时，我们可以使用 read_csv 或 read_excel 函数，具体取决于数据文件的格式。删除重复值可以使用 Pandas 的 drop_duplicates 函数，该函数会默认检查所有列的值是否相同。最后，我们使用 to_excel 函数将清洗后的数据保存到新的 Excel 文件中，index=False 表示不将行索引写入文件。

⚠ 说明：由于重复值可以直接用简单的几行代码实现，因此这里就不赘述如何使用 OpenAI API 处理。读者若有兴趣，可以参考前面的章节。

综上所述，利用 ChatGPT 检测和删除重复数据是一种高效的方法，可以帮助我们在处理大量文本数据时提高数据质量和减少冗余信息的数量。随着大数据时代的到来，我们需要处理的文本数据量不断增加，而数据质量也成为一个越来越重要的问题。因此，利用 ChatGPT 来检测和删除重复数据，可以帮助我们节省时间和资源，提高数据的价值和可靠性。

3.2 利用 ChatGPT 处理数据结构问题

数据结构问题会影响数据的完整性、一致性和可读性。为了解决这些问题，本节将介绍如何使用 ChatGPT 进行数据格式化转换、合并不同数据源的数据。

3.2.1 使用 ChatGPT 进行数据格式化转换

数据格式化是指将原始数据转换为可用于数据分析的格式。常见的格式包括 CSV、JSON、XML 等。在数据清洗中，数据格式化转换常用的操作如下。

（1）字符串操作：将字符串转换为小写或大写字母形式，删除多余的空格或字符，提取特定的子字符串等。

（2）时间日期格式转换：将不同的时间日期格式转换为统一的格式，如 ISO 8601 标准格式，或者将时间戳转换为可读的日期时间格式。

（3）数值类型转换：将数值型数据转换为不同的数据类型，如整型、浮点型、布尔型等。

（4）数据归一化：将数据缩放到特定的范围内。例如，将数据缩放到 0 和 1 之间。

（5）编码转换：将不同的编码格式转换为统一的编码格式。例如，将 Unicode 编码转换为 ASCII 编码。

（6）数据结构转换：将数据从一种数据结构转换为另一种数据结构。

例如，将 JSON 格式的数据转换为 CSV 格式。

　　这些操作是数据清洗中常用的数据格式化转换操作，可以将不同格式的数据转换为一致的格式，以便进行后续的数据处理和分析。使用 ChatGPT 可以将数据格式化为所需的格式，减少手动操作的复杂度和错误率。以下是一个实例。

　　小明是公司的销售人员，现在他手上有一份销售数据，是 JSON 格式的，如 3-14 所示。

3-14　JSON 格式的销售数据

```json
[
 {
  "customer_name": "john doe",
  "customer_id": 123456,
  "shipping_address": "123 main st., anytown, USA",
  "state": "ny",
  "order_date": "2022-04-01T00:00:00",
  "quantity": "2",
  "price": "10.99",
  "total_amount": "21.98"
 },
 {
  "customer_name": "jane smith",
  "customer_id": 654321,
  "shipping_address": "456 elm st., anytown, USA",
  "state": "ca",
  "order_date": "2022-04-02T00:00:00",
  "quantity": "",
  "price": "23.45",
  "total_amount": "46.90"
 },
 {
  "customer_name": "bob jones",
```

```
    "customer_id": 789012,
    "shipping_address": "789 oak st., anytown, USA",
    "state": "fl",
    "order_date": "2022-04-03T00:00:00",
    "quantity": "1",
    "price": "",
    "total_amount": "17.99"
  },
  {
    "customer_name": "jimmy choo",
    "customer_id": "",
    "shipping_address": "101 first ave., anytown, USA",
    "state": "tx",
    "order_date": "04/04/22 12:00:00 AM",
    "quantity": "3",
    "price": "12.34",
    "total_amount": ""
  }
]
```

现在小明需要对这份数据进行处理，以方便整理和分析。他直接通过 ChatGPT 来格式化这份数据，提示语如 3-15 所示。

3-15 ChatGPT 格式化数据提示语

你是一个资深数据分析师，具备专业的数据分析技能和丰富的行业经验。你擅长运用各种数据分析工具和技术，对大量数据进行挖掘、整合、分析和解释。你熟练掌握统计学、机器学习、人工智能等领域的理论和应用，能够从数据中发现有价值的信息，为企业决策提供有力的支持。此外，你还拥有出色的沟通和演示能力，能够将复杂的数据分析结果以简洁、清晰的方式呈现给各级别的管理者和团队成员，帮助他们做出更明智的决策。现在我有一份销售数据，是 JSON 格式的，如下。

[

{

```
      "customer_name": "john doe",
      "customer_id": 123456,
      "shipping_address": "123 main st., anytown, USA",
      "state": "ny",
      "order_date": "2022-04-01T00:00:00",
      "quantity": "2",
      "price": "10.99",
      "total_amount": "21.98"
   },
   {
      "customer_name": "jane smith",
      "customer_id": 654321,
      "shipping_address": "456 elm st., anytown, USA",
      "state": "ca",
      "order_date": "2022-04-02T00:00:00",
      "quantity": "",
      "price": "23.45",
      "total_amount": "46.90"
   },
   {
      "customer_name": "bob jones",
      "customer_id": 789012,
      "shipping_address": "789 oak st., anytown, USA",
      "state": "fl",
      "order_date": "2022-04-03T00:00:00",
      "quantity": "1",
      "price": "",
      "total_amount": "17.99"
   },
   {
      "customer_name": "jimmy choo",
      "customer_id": "",
      "shipping_address": "101 first ave., anytown, USA",
      "state": "tx",
```

```
  "order_date": "04/04/22 12:00:00 AM",
  "quantity": "3",
  "price": "12.34",
  "total_amount": ""
  }
 ]
---
```

帮我把上面的数据进行归一化操作后，存到一个 Excel 文件中。
直接输出你处理好后的表格。

ChatGPT 根据需求，处理后输出的表格如表 3.10 所示。

表 3.10　数据格式化转换后的表格

Customer Name	Customer ID	Shipping Address	State	Order Date	Quantity	Price	Total Amount
John Doe	123456	123 Main St., Anytown, Usa	NY	2022-04-01 00:00:00	2.0	10.99	21.98
Jane Smith	654321	456 Elm St., Anytown, Usa	CA	2022-04-02 00:00:00	NaN	23.45	46.90
Bob Jones	789012	789 Oak St., Anytown, Usa	FL	2022-04-03 00:00:00	1.0	NaN	17.99
Jimmy Choo	NaN	101 First Ave., Anytown, Usa	TX	2022-04-04 00:00:00	3.0	12.34	NaN

以上表格是通过对原先的 JSON 数据进行了数据清洗和归一化操作后而得到的，对数据进行了以下操作：将 Order Date 列转换为日期时间

格式、将 Total Amount、Price 和 Quantity 列转换为数字格式、将 State 列中的所有字符转换为大写，使用 str.title() 方法将 Customer Name 和 Shipping Address 列中的所有字符串转换为首字母大写的格式。通过这些操作，清洗和规范化了数据，使其更容易被分析和理解。最终，处理后的结果被保存为 Excel 文件。

　　由于 ChatGPT 支持连续对话，因此我们可以继续要求 ChatGPT 生成批处理的代码，提示语如 3-16 所示。

3-16　批量格式化数据提示语

若本地文件中有 *n* 个同格式的 JSON 文件，请你帮我写一个 Python 函数，读取这个文件夹下的所有 JSON 文件，格式化后，整合到 Excel 中。

直接以代码块的格式给我输出代码。

　　ChatGPT 根据需求，给出的处理代码如 3-17 所示。

3-17　ChatGPT 生成的格式化批处理代码

```python
import os
import pandas as pd

def json_to_excel(folder_path, output_file):
    """
    读取一个文件夹下的所有 JSON 文件，将它们转换为一个 Excel 文件。

    Args:
        folder_path (str): JSON 文件所在文件夹的路径。
        output_file (str): 转换后的 Excel 文件路径和文件名。

    Returns:
        无返回值。

    """

    # 创建一个空的 DataFrame 用于存储所有数据
    all_data = pd.DataFrame()
```

```
# 遍历文件夹下的所有 JSON 文件
for filename in os.listdir(folder_path):
    if filename.endswith('.json'):
        # 读取 JSON 文件
        json_file = os.path.join(folder_path, filename)
        data = pd.read_json(json_file)

        # 数据清洗
        data['order_date'] = pd.to_datetime(data['order_date'], format='%Y-%m-%dT%H:%M:%S')
        data['total_amount'] = pd.to_numeric(data['total_amount'], errors='coerce')
        data['price'] = pd.to_numeric(data['price'], errors='coerce')
        data['quantity'] = pd.to_numeric(data['quantity'], errors='coerce')
        data['state'] = data['state'].str.upper()

        # 数据归一化
        data['customer_name'] = data['customer_name'].str.title()
        data['shipping_address'] = data['shipping_address'].str.title()

        # 将数据添加到总的 DataFrame 中
        all_data = pd.concat([all_data, data])

# 将结果保存为 Excel 文件
all_data.to_excel(output_file, index=False)

print('All JSON files in the folder have been converted to an Excel file.')
```

这个函数实现了从一个文件夹中读取多个同格式的 JSON 文件并转换成一个 Excel 文件的功能。具体实现方式为，遍历文件夹下的所有 JSON 文件，将它们读入为 DataFrame 格式，然后进行数据清洗和归一化操作，将所有数据整合到一个总的 DataFrame 中，最后将结果保存为一个 Excel 文件。

　　同时，我们也可以直接通过调用 ChatGPT API 的格式，快捷地格式化数据，代码如 3-18 所示。

3-18　调用 ChatGPT API 格式化数据

```python
import os
import json
import pandas as pd
import io
import openai

# 设置 OpenAI API 密钥
openai.api_key = "OpenAIUtils.API_KEY"

def forma_data(data):
  # 设置对话 prompt
  _prompt = f" 你是一个资深数据分析师，具备专业的数据分析技能和丰富的行业经验。" \
        f" 你擅长运用各种数据分析工具和技术，对大量数据进行挖掘、整合、分析和解释。" \
        f" 你熟练掌握统计学、机器学习、人工智能等领域的理论和应用，能够从数据中发现有价值的信息，为企业决策提供有力的支持。" \
        f" 此外，你还拥有出色的沟通和演示能力，能够将复杂的数据分析结果以简洁、清晰的方式呈现给各级别的管理者和团队成员，帮助他们做出更明智的决策。\n" \
        f" 现在我有一份销售数据，是 JSON 格式的，如下。\n" \
        f"---\n" \
        f"{data}\n" \
        f"---\n" \
        f" 帮我把上面的数据转换归一化操作后，存到一个 Excel 文件中。\n" \
        f" 只需要输出处理好的表格，不需要其他内容。"

  # 构建 OpenAI 的请求参数
  _messages = [{"role": "user", "content": _prompt}]
  response = openai.Completion.create(
```

```
        model="gpt-3.5-turbo",
        prompt=_prompt,
        temperature=0.5,
        max_tokens=1024,
        top_p=1,
        frequency_penalty=0,
        presence_penalty=0
    )

    # 获取 OpenAI 的响应并返回处理后的结果
    output_text = response["choices"][0]["message"]["content"]
    return output_text


def read_local_spreadsheet(folder_path):
    # 读取指定文件夹中的所有 JSON 文件，将数据合并成一个 List
    data = []
    for filename in os.listdir(folder_path):
        if filename.endswith('.json'):
            with open(os.path.join(folder_path, filename), 'r') as f:
                try:
                    file_data = json.load(f)  # 尝试解析 JSON 数据
                except json.JSONDecodeError:
                    print(f"Skipping {filename}: Invalid JSON format")  # JSON 格式错误则跳过该文件
                    continue
                data.extend(file_data)
    return data


def parse_and_save_to_excel(output_string, file_path):
    # 将字符串类型的输出数据解析为 DataFrame，按指定分隔符 '|' 分割
    output_df = pd.read_csv(io.StringIO(output_string), sep='|')
    # 将 DataFrame 中的数字列转换为数值类型
    output_df = output_df.iloc[:, 1:-1].apply(lambda x: pd.to_numeric(x, errors='ignore'))
```

```python
        # 将日期列转换为 datetime 类型，并且只保留日期部分
        output_df['order_date'] = pd.to_datetime(output_df['order_date'],
errors='coerce').dt.date
        # 将 DataFrame 保存为 Excel 文件
        output_df.to_excel(file_path, index=False)

    if __name__ == '__main__':
        # 读取本地的示例表格文件夹
        input_folder = './folder'
        input_table = read_local_spreadsheet(input_folder)

        # 格式化数据并获取处理结果
        output_table = forma_data(input_table)

        print(output_table)

        # 将处理结果保存到本地的 Excel 文件中
        output_file = './output.xlsx'
        parse_and_save_to_excel(output_table, output_file)
```

这段代码实现了读取指定文件夹中所有的 JSON 文件，将其整合为一个 Pandas DataFrame。然后使用 OpenAI API 将 DataFrame 中的数据进行归一化处理，并将处理后的结果写入 Excel 文件中。

⚠ 注意：上面代码中的"OpenAIUtils.API_KEY"需要用户手动填写自己账户的 Key，并且 OpenAI 会根据用户请求的 Token 数来收费。同时，GPT-3.5 语言模型输入的 Prompt 的数目限制为 4K，若超过该限额，可以采用分批处理，或者直接调用 32K 限制的 GPT-4 模型。

使用 ChatGPT 进行数据格式化转换可以提高数据处理的效率和准确性，尤其是当需要将大量数据进行归一化处理时。通过使用 OpenAI 的 API 和 ChatGPT，可以在短时间内完成复杂的数据转换和归一化操作，避免了手动处理数据的烦琐和出错风险，提高了数据分析的效率和准

确性。

3.2.2 使用 ChatGPT 合并不同数据源的数据

在数据分析中，合并不同数据源的数据是非常常见的操作。以下是一些常见的合并数据的方法。

（1）内连接（Inner Join）：将两个数据源中相同的记录连接起来，即只保留两个数据源中都有的数据。

（2）左连接（Left Join）：将左侧数据源的所有记录都保留，并将右侧数据源中与左侧数据源中记录匹配的数据加入结果集中，如果右侧数据源中没有与左侧匹配的数据，则填充为 NULL。

（3）右连接（Right Join）：将右侧数据源的所有记录都保留，并将左侧数据源中与右侧数据源中记录匹配的数据加入结果集中，如果左侧数据源中没有与右侧匹配的数据，则填充为 NULL。

（4）全连接（Full Outer Join）：将两个数据源中所有的记录都保留，并将两个数据源中匹配的记录连接在一起，如果没有匹配的记录，则填充为 NULL。

（5）交叉连接（Cross Join）：将一个数据源的每一条记录与另一个数据源的所有记录都匹配，生成的结果集会是两个数据源中记录的笛卡尔积。

（6）自然连接（Natural Join）：在两个数据源中找到相同的列名，然后以这些列名作为连接条件进行连接，相当于执行内连接操作。

（7）追加（Append）：将两个数据源中的记录合并在一起，生成的结果集是两个数据源中所有记录的集合。追加通常用于在数据源的底部添加新的记录。

（8）堆叠（Stacking）：将两个数据源中的记录沿着垂直方向堆叠在一起，生成的结果集包含所有记录，并将来自两个数据源的记录堆叠在一起。

这些方法中，内连接、左连接、右连接和全连接是最常见的用于合并数据的方法，它们可以帮助分析人员更好地了解不同数据源之间的关系和数据之间的联系。以下是一个常见的实例。

小李是公司的数据分析员，关于近期的订单，他从多个维度收集到了几张表。其中，订单表中记录了订单的详细信息，包括订单编号、下单时间、订单状态，如表 3.11 所示。

表 3.11　订单表

订单编号	下单时间	订单状态
10001	2022-01-01 10:00:00	已完成
10002	2022-01-02 11:00:00	已取消
10003	2022-01-03 12:00:00	已完成
10004	2022-01-04 13:00:00	进行中

订单明细表记录了每个订单中的商品明细，包括订单编号、商品编号、商品名称、单价、数量，如表 3.12 所示。

表 3.12　订单明细表

订单编号	商品编号	商品名称	单价（元）	数量
10001	001	商品 1	100	2
10001	002	商品 2	200	1
10002	003	商品 3	150	3
10003	001	商品 1	100	2
10003	002	商品 2	200	1
10004	003	商品 3	150	1

商品表记录了所有商品的信息，包括商品编号、商品名称、商品类别，如表 3.13 所示。

表 3.13　商品表

商品编号	商品名称	商品类别
001	商品 1	A 类商品

续表

商品编号	商品名称	商品类别
002	商品 2	B 类商品
003	商品 3	A 类商品
004	商品 4	C 类商品

用户表记录了所有用户的信息，包括用户编号、用户名、手机号码，如表 3.14 所示。

表 3.14　用户表

用户编号	用户名	手机号码
001	张三	138****5678
002	李四	139****4321
003	王五	137****8888
004	赵六	133****7777

现在需要对这些表进行合并，以便分析订单的销售情况、商品的销售情况、用户购买行为等，因此小李直接利用 ChatGPT 来整合，提示语如 3-19 所示。

3-19　合并数据提示语

你是一个资深数据分析师，具备专业的数据分析技能和丰富的行业经验。你擅长运用各种数据分析工具和技术，对大量数据进行挖掘、整合、分析和解释。你熟练掌握统计学、机器学习、人工智能等领域的理论和应用，能够从数据中发现有价值的信息，为企业决策提供有力的支持。此外，你还拥有出色的沟通和演示能力，能够将复杂的数据分析结果以简洁、清晰的方式呈现给各级别的管理者和团队成员，帮助他们做出更明智的决策。

现在我有 N 份表格，具体内容如下。

订单表：记录了订单的详细信息，包括订单编号、下单时间、订单状态。

订单编号	下单时间	订单状态
10001	2022-01-01 10:00:00	已完成

10002	2022-01-02 11:00:00	已取消
10003	2022-01-03 12:00:00	已完成
10004	2022-01-04 13:00:00	进行中

订单明细表：记录了每个订单中的商品明细，包括订单编号、商品编号、商品名称、单价、数量。

订单编号	商品编号	商品名称	单价（元）	数量
10001	001	商品 1	100	2
10001	002	商品 2	200	1
10002	003	商品 3	150	3
10003	001	商品 1	100	2
10003	002	商品 2	200	1
10004	003	商品 3	150	1

商品表：记录了所有商品的信息，包括商品编号、商品名称、商品类别。

商品编号	商品名称	商品类别
001	商品 1	A 类商品
002	商品 2	B 类商品
003	商品 3	A 类商品
004	商品 4	C 类商品

用户表：记录了所有用户的信息，包括用户编号、用户名、手机号码。

用户编号	用户名	手机号码
001	张三	138****5678
002	李四	139****4321
003	王五	137****8888
004	赵六	133****7777

请你从专业的角度，将我上面的表格合并成一个完整的表格。

直接输出最终的表格。

　　根据提供的表格信息，ChatGPT 按照订单、订单明细、商品和用户 4 个维度进行关联，合并成一个完整的表格，如表 3.15 所示。

表 3.15　　ChatGPT 合并后的表格

订单编号	下单时间	订单状态	商品编号	商品名称	商品类别	单价（元）	数量	用户名	手机号码
10001	2022-01-01 10:00:00	已完成	001	商品 1	A 类商品	100	2	张三	138****5678
10001	2022-01-01 10:00:00	已完成	002	商品 2	B 类商品	200	1	张三	138****5678
10002	2022-01-02 11:00:00	已取消	003	商品 3	A 类商品	150	3	李四	139****4321
10003	2022-01-03 12:00:00	已完成	001	商品 1	A 类商品	100	2	王五	137****8888
10003	2022-01-03 12:00:00	已完成	002	商品 2	B 类商品	200	1	王五	137****8888
10004	2022-01-04 13:00:00	进行中	003	商品 3	A 类商品	150	1	赵六	133****7777

　　最终合并后的表格包含了订单的详细信息、订单中的商品明细、商品的类别信息及下单用户的信息。这个表格可以帮助企业进行订单分析、商品销售分析和用户行为分析等，为企业提供有力的决策支持。

　　当数据表格比较多的时候，可以利用 ChatGPT 支持连续对话的特性，要求 ChatGPT 生成自动合并的代码，提示语如 3-20 所示。

3-20　自动合并数据提示语

　　从你的专业角度，给我一个 Python 代码，和上面的功能类似，需要读取一个文件夹下面的所有 Excel 表格，然后整合成一个表格，存到新的文件中。
　　直接以代码块的格式输出。

　　ChatGPT 根据需求，给出的自动合并代码如 3-21 所示。

3-21　ChatGPT 生成的自动合并代码

```
import os
import pandas as pd
```

```
# 定义要读取的文件夹路径
folder_path = 'path/to/folder'

# 定义要输出的文件路径和文件名
output_file = 'path/to/output/file.xlsx'

# 获取文件夹下所有 Excel 文件的路径
excel_files = [os.path.join(folder_path, file) for file in os.listdir(folder_path) if
file.endswith('.xlsx')]

# 定义一个空的数据框用于存储所有 Excel 数据
all_data = pd.DataFrame()

# 循环读取每个 Excel 文件，并将其合并到 all_data 数据框中
for file in excel_files:
    data = pd.read_excel(file)
    all_data = pd.concat([all_data, data], ignore_index=True)

# 将合并后的数据框写入新的 Excel 文件
all_data.to_excel(output_file, index=False)
```

上面的 Python 代码实现了读取指定文件夹下所有 Excel 表格并将其合并成一个表格。具体来说，代码使用 Pandas 库读取了指定文件夹下所有 Excel 文件的数据，然后将它们合并成一个数据框，最后将合并后的数据框写入一个新的 Excel 文件中。通过这个功能，我们可以方便地将多个 Excel 表格中的数据整合成一个表格，并用于后续的数据分析和处理。

当然，我们也可以直接通过调用 OpenAI API 的方式来合并数据，如 3-22 所示。

3-22　调用 ChatGPT API 合并数据

```
import os
import pandas as pd
import io
```

```
import openai

# 定义 OpenAI API 密钥
openai.api_key = "OpenAIUtils.API_KEY"

# 定义要读取的文件夹路径
folder_path = "./data"

# 定义要输出的文件路径和文件名
output_file = "./output/merge_table.xlsx"

def read_tables(folder_path):
    # 获取文件夹下所有 Excel 文件的路径
    excel_files = [os.path.join(folder_path, file) for file in os.listdir(folder_path) if file.endswith(".xlsx")]

    # 定义一个空列表，用于存储所有 Excel 表格的字符串格式
    tables = []

    # 循环读取每个 Excel 表格，并将其转换成字符串格式后加入 tables 列表中
    for file in excel_files:
        data = pd.read_excel(file)
        table_str = data.to_string(index=False)
        tables.append(table_str)

    # 将所有表格字符串整合成一个大字符串，并返回
    all_tables = "\n".join(tables)
    return all_tables

def write_table(table_str, output_file):
    # 使用 OpenAI GPT-3 API 来合并所有表格
    prompt = f" 你是一个资深数据分析师，具备专业的数据分析技能和丰富的行业经验。" \
             f" 你擅长运用各种数据分析工具和技术，对大量数据进行挖掘、整合、
```

分析和解释。你熟练掌握统计学、机器学习、人工智能等领域的理论和应用，能够从数据中发现有价值的信息，为企业决策提供有力的支持。" \

    f" 此外，你还拥有出色的沟通和演示能力，能够将复杂的数据分析结果以简洁、清晰的方式呈现给各级别的管理者和团队成员，帮助他们做出更明智的决策。\n" \

    f" 现在我有 N 份表格，具体内容如下。\n" \

    f"---\n" \

    f"{table_str}\n" \

    f"---\n" \

    f" 请你从专业的角度，将我上面的表格合并成一个完整的表格。直接输出最终的表格。"

```
    messages = [{"role": "user", "content": prompt}]
    response = openai.ChatCompletion.create(
        model="gpt-3.5-turbo",
        messages=messages,
        temperature=0.5,
        frequency_penalty=0.0,
        presence_penalty=0.0,
        stop=None,
        stream=False)
    table_output = response["choices"][0]["message"]["content"]

    # 将 table_output 字符串转换为 DataFrame
    df = pd.read_table(io.StringIO(table_output), sep='\s+')

    # 构造商品信息 DataFrame
    goods_df = df[[' 商品编号 ',' 商品名称 ',' 商品类别 ',' 单价 ']].drop_
duplicates()

    # 构造用户信息 DataFrame
    users_df = df[[' 用户编号 ',' 用户名 ',' 手机号码 ']].drop_duplicates()

    # 将订单信息中的商品编号和用户编号替换为商品信息和用户信息
    df[' 商品信息 '] = df[' 商品编号 '].map(
```

```
        goods_df.set_index(' 商品编号 ').apply(lambda x: f"{x[' 商品名称 ']}
({x[' 商品类别 ']}) ￥{x[' 单价 ']}", axis=1))
        df[' 用户信息 '] = df[' 用户编号 '].map(users_df.set_index(' 用户编号 ').
apply(lambda x: f"{x[' 用户名 ']} {x[' 手机号码 ']}", axis=1))


        # 选择需要的列
        df = df[[' 订单编号 ', ' 下单时间 ', ' 订单状态 ', ' 商品信息 ', ' 数量 ', ' 用户信息 ']]


        # 将 DataFrame 存储到 Excel 文件中
        with pd.ExcelWriter('output.xlsx') as writer:
            df.to_excel(writer, sheet_name=' 订单信息 ', index=False)
            goods_df.to_excel(writer, sheet_name=' 商品信息 ', index=False)
            users_df.to_excel(writer, sheet_name=' 用户信息 ', index=False)


if __name__ == "__main__":
    # 读取表格
    table_str = read_tables(folder_path)
    # 调用 OpenAI API 合并表格
    write_table(table_str, output_file)
```

以上这段代码实现了将多个 Excel 表格合并为一个完整表格。具体来说，代码将 Excel 表格读取为字符串格式，然后调用 OpenAI API 来合并所有表格。合并后的表格包括订单信息、商品信息和用户信息，并将其存储到一个 Excel 文件中。在合并过程中，代码使用 Pandas 库来处理和转换数据，并使用 OpenAI GPT-3 API 来生成合并后的表格。

📋 **说明：** 上面代码中的"OpenAIUtils.API_KEY"需要用户手动填写自己账户的Key，并且 OpenAI 会根据用户请求的 Token 数来收费。

综上所述，使用 ChatGPT 可以轻松地合并不同数据源的数据，从而实现更全面、准确的数据分析和预测。ChatGPT 是一种基于深度学习的自然语言处理模型，具有强大的语义理解和生成能力，能够对文本数据进行高效、自动化的处理和分析。与传统的数据合并方法相比，使用

ChatGPT 不仅可以避免手动处理数据的烦琐过程，还可以充分利用多样的数据来源，提高数据处理的效率和准确性。

3.3 小结

在数据分析过程中，数据清洗是至关重要的一步。使用 ChatGPT 可以有效地处理数据质量问题和数据结构问题。在本章中，我们介绍了使用 ChatGPT 处理缺失值、检测和处理异常值、检测和删除重复数据、进行数据格式化转换和合并不同数据源的数据。

针对数据质量问题，ChatGPT 提供了一种新的方法，可以更加高效和准确地处理缺失值和异常值。同时，使用 ChatGPT 可以自动识别和删除重复数据，避免在数据分析过程中出现误差。对于数据结构问题，ChatGPT 同样提供了很好的解决方案。使用 ChatGPT 进行数据格式化转换还可以使数据更加规范化，易于分析和处理。同时，ChatGPT 还可以自动合并不同数据源的数据，使数据分析更加全面和准确。

第 4 章

使用 ChatGPT 提取特征

随着数据分析在各行各业的广泛应用，特征提取成为数据分析流程中的关键环节。特征提取主要包括特征工程和特征降维，它们分别负责从原始数据中提取有用的信息，以及减少数据维度以降低计算复杂度。作为一款先进的人工智能语言模型，ChatGPT 具备协助数据分析专家完成特征提取的能力，从而提高数据分析的效率和准确性。

本章主要介绍如何使用 ChatGPT 提取特征，重点涉及以下知识点：

- 使用 ChatGPT 进行特征工程，包括特征选择、创建衍生特征
- 使用 ChatGPT 进行特征降维，包括主成分分析（PCA）、线性判别分析（LDA）等技术

在本章中，我们将通过实例展示运用 ChatGPT 在各种场景中完成特征提取。通过学习本章内容，读者将能够更好地在数据分析项目中应用 ChatGPT，以提高工作效率。同时，本章还将为读者提供一些技巧和经验，以便在实际工作中更加灵活地运用 ChatGPT 进行特征提取。

4.1 使用 ChatGPT 进行特征工程

特征工程是数据预处理的重要组成部分，它涉及从原始数据中提取、构建、选择和转换特征，以便更好地呈现数据背后的潜在规律。本节将详细讲解使用 ChatGPT 进行特征工程，包括特征选择、创建衍生特征等方面。在这个过程中，我们将通过实际案例帮助读者深入理解特征工程的各个环节。

4.1.1 使用 ChatGPT 进行特征选择

特征选择算法是从原始数据中选择一部分重要的特征，用于构建机器学习模型，以达到减少维度、提高模型性能、避免过拟合等目的。常见的特征选择算法如下。

（1） Filter 方法：基于统计检验或相关性分析等方法，对每个特征进行评估，从中选择出最优的特征。常见的方法包括皮尔逊相关系数、互信息、卡方检验等。

（2） Wrapper 方法：通过选择一组特征，训练模型并评估模型性能，不断迭代，直到找到最佳的特征集合。常见的方法包括递归特征消除算法（Recursive Feature Elimination, RFE）和序列向前选择算法（Sequential Forward Selection, SFS）。

（3） Embedded 方法：将特征选择算法与机器学习算法融合在一起，同时进行特征选择和模型训练。常见的方法包括 LASSO（最小绝对收缩和选择算法）、岭回归、决策树、随机森林等。

（4） 组合方法：将多种特征选择算法组合起来使用，以获得更好的特征选择效果。常见的方法包括稳定性选择算法（Stability Selection）和基于树模型的特征选择算法（Tree-based Feature Selection）等。

通常，特征选择算法可以分为过滤式、包裹式和嵌入式 3 种类型。过滤式特征选择算法通常不需要构建模型，而是通过对特征进行评估和排名，选出最相关的特征。包裹式特征选择算法是将特征选择问题看作搜索最佳特征子集的过程，需要构建多个模型来评估特征子集的性能。嵌入式特征选择算法是将特征选择过程融入模型训练中，通过优化目标函数来选择最佳的特征。数据分析师在进行特征选择时需要综合考虑实际场景和需求，选择最适合的算法来进行特征筛选，以便减少模型的复杂度，提高模型的泛化能力，节省计算资源和时间成本。这需要数据分析师具备丰富的数据分析经验和广阔的知识领域。

ChatGPT 可以帮助数据分析师更加高效地进行特征选择，它可以根据给定的数据和需求，自动推荐最适合的特征选择算法。以下是一个实例。

Eric 是一家保险公司的业务员，他在统计近一个月的用户数据，想根据这些数据预测与用户是否会购买某个产品最相关的特征，以方便更好地定位目标群体。数据集包括以下特征：用户的年龄，范围在 18 到 65 岁；用户的性别，男或女；用户的收入水平，单位为万元；用户的学历，包括小学、初中、高中、本科或研究生；用户的婚姻状况，已婚或未婚；用户是否拥有车辆，是或否；用户是否拥有住房，是或否；用户的购买力，单位为元；用户是否购买，是或否。具体数据如表 4.1 所示。

表 4.1　用户数据

年龄	性别	收入（万元）	学历	婚姻状况	是否有车	是否有房	购买力（元）	是否购买
22	女	5	本科	未婚	否	否	1,000	否
25	男	8	高中	未婚	否	否	2,000	否
28	女	10	本科	已婚	是	否	3,000	是
35	男	20	研究生	已婚	是	是	5,000	是
40	女	18	本科	已婚	是	是	6,000	是
45	男	15	高中	已婚	是	是	4,000	是
50	女	12	初中	已婚	是	是	4,500	是
60	男	25	小学	已婚	是	是	8,000	是
65	女	30	小学	已婚	是	是	9,000	是
30	男	15	本科	未婚	否	否	2,500	否
32	女	20	研究生	未婚	否	否	3,500	是
38	男	18	本科	已婚	是	否	4,500	是
42	女	22	初中	已婚	是	是	5,500	是
48	男	25	高中	已婚	是	是	7,000	是
55	女	28	研究生	已婚	是	是	8,500	是

参考以上数据，Eric 可以直接寻求 ChatGPT 的帮助，提示语如 4-1 所示。

4-1　特征提取提示语

你现在作为一名数据分析专家，具备以下能力。

数据处理能力：熟练掌握数据收集、清洗、整合、处理等一系列操作，能够使用工具（如 SQL、Python 等）对大量数据进行操作和分析。

数据可视化能力：能够使用可视化工具（如 Tableau、Power BI 等）将数据以图表、报表等形式展现出来，以便更好地理解和传达数据分析结果。

统计学知识：熟练掌握基础的统计学概念和方法，包括概率论、假设检验、方差分析等，能够运用统计学方法分析数据。

业务理解能力：具备对业务和行业的深入理解，能够将数据分析结果转化为实际的业务应用和解决方案。

编程能力：具备编程能力，能够使用 Python、R 语言等语言进行数据分析，以及使用 Shell、Python 等语言进行自动化脚本编写。

沟通能力：能够与业务部门沟通，了解他们的需求和问题，并能够清晰地表达数据分析结果和建议。

学习能力：具备不断学习和更新知识的能力，能够掌握新的数据分析方法、工具和技能。

我是一家保险公司的业务员，想统计近一个月的用户数据，从而根据这些数据预测与用户是否会购买某个产品最相关的特征，以便更好地定位目标群体。

数据内容如下。

年龄	性别	收入（万元）	学历	婚姻状况	是否有车	是否有房	购买力（元）	是否购买
22	女	5	本科	未婚	否	否	1,000	否
25	男	8	高中	未婚	否	否	2,000	否
28	女	10	本科	已婚	是	否	3,000	是
35	男	20	研究生	已婚	是	是	5,000	是
40	女	18	本科	已婚	是	是	6,000	是
45	男	15	高中	已婚	是	是	4,000	是
50	女	12	初中	已婚	是	是	4,500	是
60	男	25	小学	已婚	是	是	8,000	是
65	女	30	小学	已婚	是	是	9,000	是
30	男	15	本科	未婚	否	否	2,500	是
32	女	20	研究生	未婚	否	否	3,500	是
38	男	18	本科	已婚	是	否	4,500	是

42	女	22	初中	已婚	是	是	5,500	是
48	男	25	高中	已婚	是	是	7,000	是
55	女	28	研究生	已婚	是	是	8,500	是

　　请你从专业的角度，根据以上的数据内容，帮我提取特征，告诉我哪些特征和购买数据最相关。

　　输出格式如下。

　　采用的特征提取法：

　　计算过程：

　　与是否购买最相关的几个特征：

　　销售建议：

　　ChatGPT 根据需求，得出的结论和建议如 4-2 所示。

4-2　ChatGPT 提取出的特征和建议

　　采用的特征提取法：在本次任务中，我们可以采用相关系数法来提取特征，该方法可以计算各个特征与是否购买的相关性，得出哪些特征与购买数据最相关。

　　计算过程：首先，我们将数据加载到 Python 的 Pandas 数据框架中，并将文本型的数据转换为数值型，以便计算相关系数；然后，我们可以使用 Pandas 的 corr() 函数计算各个特征与是否购买之间的相关系数，相关系数的范围是-1 到 1，绝对值越大表示相关性越强。

　　与是否购买最相关的几个特征：根据计算结果，我们发现收入、购买力、是否有车、是否有房与是否购买之间的相关性较强；其中，购买力与是否购买的相关系数最高，为 0.89；其次是收入和是否有车，相关系数分别为 0.83 和 0.67；因此，这几个特征可以作为预测用户是否购买某个产品的关键特征。

　　销售建议：根据以上分析结果，我们可以将销售重点放在收入较高、购买力强、有车或有房的用户身上；同时，我们可以针对不同特征的用户制订不同的营销策略，例如，针对收入较高的用户推出高档产品，针对有车的用户推出汽车保险等；此外，我们也可以结合其他数据和市场调研，进一步完善和优化销售策略。

　　当数据比较多的时候，我们也可以通过 ChatGPT 来生成代码，读取本地的数据。例如，我们将以上数据存到本地，利用 ChatGPT 连续对话的特性，可以通过 4-3 提示语生成代码。

4-3 生成特征提取代码提示语

请你继续从专业的角度，给出 Python 代码，提取以上数据的重要特征，并绘制特征之间的关系图。（数据可以预先存在表格里面）

ChatGPT 根据需求，生成的代码如 4-4 所示。

4-4 ChatGPT 生成的特征提取代码

```python
# 导入必要的库
import pandas as pd
import numpy as np
import seaborn as sns
import matplotlib.pyplot as plt

# 读取数据
data = pd.read_csv('data.csv')

# 将文本型数据转换为数值型数据
data[' 性别 '] = data[' 性别 '].apply(lambda x: 0 if x == ' 女 ' else 1)
data[' 学历 '] = data[' 学历 '].replace([' 小学 ', ' 初中 ', ' 高中 ', ' 本科 ', ' 研究生 '], [1, 2, 3, 4, 5])
data[' 婚姻状况 '] = data[' 婚姻状况 '].apply(lambda x: 0 if x == ' 未婚 ' else 1)
data[' 是否有车 '] = data[' 是否有车 '].apply(lambda x: 0 if x == ' 否 ' else 1)
data[' 是否有房 '] = data[' 是否有房 '].apply(lambda x: 0 if x == ' 否 ' else 1)
data[' 是否购买 '] = data[' 是否购买 '].apply(lambda x: 0 if x == ' 否 ' else 1)

# 标准化处理
data[' 年龄 '] = (data[' 年龄 '] - np.mean(data[' 年龄 '])) / np.std(data[' 年龄 '])
data[' 收入 '] = (data[' 收入 '] - np.mean(data[' 收入 '])) / np.std(data[' 收入 '])
data[' 购买力 '] = (data[' 购买力 '] - np.mean(data[' 购买力 '])) / np.std(data[' 购买力 '])

# 计算相关系数
corr = data.corr()
corr = corr[[' 是否购买 ']]
corr = corr.drop(' 是否购买 ')
```

```
# 取绝对值排序
corr = corr.apply(lambda x: abs(x))
corr = corr.sort_values(' 是否购买 ', ascending=False)

# 输出结果
print(' 采用的特征提取法: 相关系数法 \n')
print(' 与是否购买最相关的几个特征: \n', corr.head())

# 绘制特征关系图
sns.set(font=font.get_name())
sns.heatmap(data.corr(), cmap='coolwarm', annot=True, fmt='.2f',
xticklabels=1, yticklabels=1, linewidths=0.5)
plt.xticks(rotation=90, fontsize=12)
plt.yticks(rotation=0, fontsize=12)
plt.title(' 特征相关性热力图 ', fontproperties=font)
plt.tight_layout()
plt.show()
```

将以上代码复制到 PyCharm 中，运行结果如 4-5 所示。

4-5 特征提取代码运行结果

采用的特征提取法: 相关系数法

与是否购买最相关的几个特征:
婚姻状况 0.829156
是否有车 0.829156
购买力 0.665237
年龄 0.617263
收入 0.616336

以上代码使用 Pandas 库读取 xlsx 格式的数据文件，对数据进行了处理和标准化，并使用相关系数法提取了预测与用户是否购买某个产品最相关的特征。同时，利用 Seaborn 和 Matplotlib 库绘制了特征关系图，并

通过设置中文字体确保图表显示成中文。程序绘制的特征相关性热力图
如图 4.1 所示。

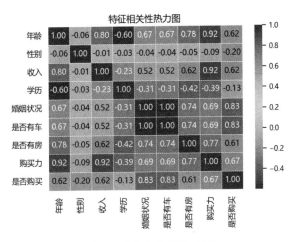

图 4.1　特征相关性热力图

　　除了通过 ChatGPT 间接生成代码的方式，我们也可以通过直接调用
OpenAI API 的方式来提取数据特征，如 4-6 所示。

4-6　调用 ChatGPT API 提取特征

```
import os
import openai
import pandas as pd

# 填写你的 OpenAI API 密钥
openai.api_key = "OpenAIUtils.API_KEY"

def read_data(filepath):
    df = pd.read_excel(filepath)
    table = df.to_markdown()
    return table

def feature_extract(table):
```

```
        _prompt = f" 你现在作为一名数据分析专家，具备以下能力。\n" \
        f" 数据处理能力：熟练掌握数据收集、清洗、整合、处理等一系列操作，
能够使用工具（如 SQL、Python 等）对大量数据进行操作和分析。\n" \
        f" 数据可视化能力：能够使用可视化工具（如 Tableau、Power BI 等）
将数据以图表、报表等形式展现出来，以便更好地理解和传达数据分析结果。\n" \
        f" 统计学知识：熟练掌握基础的统计学概念和方法，包括概率论、假设
检验、方差分析等，能够运用统计学方法分析数据。\n" \
        f" 业务理解能力：具备对业务和行业的深入理解，能够将数据分析结果
转化为实际的业务应用和解决方案。\n" \
        f" 编程能力：具备编程能力，能够使用 Python、R 语言等语言进行数
据分析，以及使用 Shell、Python 等语言进行自动化脚本编写。\n" \
        f" 沟通能力：能够与业务部门沟通，了解他们的需求和问题，并能够清
晰地表达数据分析结果和建议。\n" \
        f" 学习能力：具备不断学习和更新知识的能力，能够掌握新的数据分析
方法、工具和技能。\n" \
        f" 我是一家保险公司的业务员，想统计近一个月的用户数据，从而根
据这些数据预测与用户是否会购买某个产品最相关的特征，以便更好地定位目标群
体。\n" \
        f" 数据内容如下：\n" \
        f"---\n" \
        f"{table}\n" \
        f"---\n" \
        f" 请你从专业的角度，根据以上的数据内容，帮我提取特征，告诉我哪
些特征和购买数据最相关。\n" \
        f" 输出格式如下：\n" \
        f" 采用的特征提取法：\n" \
        f" 计算过程：\n" \
        f" 是否购买最相关的几个特征：\n" \
        f" 销售建议：\n"
    _messages = [{"role": "user", "content": _prompt}]
    response = openai.ChatCompletion.create(
        model="gpt-3.5-turbo",
        messages=_messages,
        temperature=0.5,
        frequency_penalty=0.0,
```

```
        presence_penalty=0.0,
        stop=None,
        stream=False)
    return response["choices"][0]["message"]["content"]

if __name__ == '__main__':
    filepath = "./data.xlsx"
    table = read_data(filepath)
    output = feature_extract(table)
    print(output)
```

这段代码定义了两个函数，一个用于读取本地的 Excel 文件并将其转换为 Markdown 格式的表格字符串，另一个则使用 OpenAI API 生成一个提示并提供数据特征提取的结果。主函数用于调用这两个函数并输出结果。具体而言，read_data() 函数读取本地的 Excel 文件并将其转换为 Markdown 格式的表格字符串，然后将其作为参数传递给 feature_extract() 函数，该函数使用 OpenAI API 生成一个提示，要求用户根据数据提取特征并返回特征提取结果。最后，主函数将结果输出到控制台。

⚠️ 注意：上面代码中的 "OpenAIUtils.API_KEY" 需要用户手动填写自己账户的 Key，并且 OpenAI 会根据用户请求的 Token 数来收费。同时 GPT-3.5 语言模型输入的 Prompt 的数目限制为 4K，若超过该限额，可以采用分批处理，或者直接调用 32K 限制的 GPT-4 模型。

以上代码同样会得出类似的结果，如 4-7 所示。

4-7　调用 ChatGPT API 后得到的结果

采用的特征提取法：基于相关性分析和特征重要性排序的特征选择方法。

计算过程

（1）首先将数据中的文本型数据（如性别、学历、婚姻状况、是否有车、是否有房、是否购买）进行数值化处理，如将"女"转换为 0，"男"转换为 1，"是"转换为 1，"否"转换为 0 等。

(2) 计算各个特征与是否购买之间的相关系数, 筛选出相关系数绝对值大于 0.3 的特征。

(3) 使用随机森林算法计算各个特征的重要性, 筛选出重要性排名前5的特征。

(4) 将以上两个结果合并, 得到最终的特征列表。

与是否购买最相关的几个特征。

(1) 购买力。

(2) 年龄。

(3) 是否有房。

(4) 收入。

(5) 婚姻状况。

销售建议

(1) 针对购买力较高、年龄较大、有房的用户, 可以推荐高端保险产品, 如养老保险、重疾险等。

(2) 针对购买力较低、年龄较小、没有房的用户, 可以推荐低价位的保险产品, 如意外险、医疗险等。

(3) 对于收入较高、已婚的用户, 可以推荐家庭保险、教育保险等与家庭相关的保险产品。

(4) 对于收入较低、未婚的用户, 可以推荐个人保险、旅游保险等与个人生活相关的保险产品。

(5) 针对性别和学历等因素可以根据具体情况进行分析和推荐。

综上所述, 使用 ChatGPT 进行特征选择是一种高效的方法。ChatGPT 作为一种基于自然语言处理技术的模型, 具有对语言文本进行深度理解和推理的能力。在特征选择中, ChatGPT 可以通过对文本数据进行分析和处理, 从中筛选出对模型预测有重要作用的特征。与传统的特征选择方法相比, ChatGPT 能够更全面地捕捉到文本数据中的关键信息, 提高模型的预测能力和准确度。

4.1.2 使用 ChatGPT 创建衍生特征

创建衍生特征指在原始数据的基础上, 通过组合、变换或者统计分析等方法创建新的特征，以更好地描述数据的特性，提高模型的预测性能。衍生特征的创建是机器学习和数据挖掘领域中非常重要的一个步骤，因为它可以使模型更好地利用数据中隐藏的信息，提高模型的精度和泛化能力。

通常用于创建衍生特征的算法如下。

（1）多项式特征：通过将原始特征做幂次扩展，可以创建新的特征。这种方法适用于线性模型和核方法等算法。

（2）对数变换：对数变换可以将非线性关系转化为线性关系，使原始特征更符合线性模型的假设。

（3）指数变换：指数变换可以增强某些特征的影响，使模型更能够关注这些特征。

（4）独热编码：独热编码可以将离散型的特征转化为连续型的特征，以便更好地在模型中使用。

（5）特征交叉：特征交叉可以通过组合多个特征来创建新的特征，以捕捉特征之间的非线性关系。

（6）特征降维：通过 PCA 等降维算法，可以将高维数据转换为低维数据，以便更好地进行可视化和建模。

（7）时间序列特征：对于时间序列数据，可以通过创建滞后特征、统计特征、周期性特征等方式来提取数据的时间特征，以便更好地进行分析和预测。

创建合适的衍生特征是机器学习和数据挖掘领域中至关重要的一步。要创建出有效的衍生特征，需要对数据有深入的理解，并运用适当的特征工程方法。具体而言，需要考虑数据的特性、问题和目标，选择合适的特征处理方法。此外，还需要进行特征选择和模型调参等步骤，以获得更好的预测性能和泛化能力。最终，创建出合适的衍生特征从而助力提高模型的准确性和可解释性，得到更好的机器学习结果。

有了 ChatGPT 的帮助，我们可以快速而又准确地创建出需要的衍生特征。以下是一个实例。

小李是一名房产销售，他收集了周边小区的部分房产信息，如表 4.2 所示。

表 4.2　房产信息

房屋 ID	房屋面积（平方米）	卧室数量	浴室数量	车库数量	位置	建造年份	历史售价（美元）
1	100	2	1	1	A	1990	200,000
2	150	3	2	2	B	1985	300,000
3	120	3	1	1	C	2000	250,000
4	80	2	1	0	D	1975	150,000
5	200	4	3	2	E	2010	500,000
6	90	2	1	1	A	1980	180,000
7	110	3	1	0	B	1995	220,000
8	130	4	2	1	C	2005	350,000

⚠ 说明：上表中位置用字母表示，如 A、B、C、D、E，代表不同的街区或区域。

在已有信息的基础上，通过 ChatGPT 生成合适的衍生特征，提示语如 4-8 所示。

4-8　生成衍生特征的提示语

你是房产行业的资深数据分析师，具备以下能力。

数据分析能力：掌握数据分析的基本理论、方法和工具，熟练掌握数据清洗、数据建模、数据分析和数据可视化等技能，能够独立完成数据分析工作。

行业知识：具备房产行业的专业知识和行业背景，了解市场规律和发展趋势，能够对数据结果进行合理解读，并提出相应的建议和策略。

统计学知识：掌握基本的统计学理论和方法，包括假设检验、回归分析、方差分析等，能够应用统计学方法进行数据分析和模型建立。

数据挖掘和机器学习技能：熟悉数据挖掘和机器学习的基本理论和方法，能够应用常用的机器学习算法进行数据分析和预测。

编程能力：熟练掌握至少一门编程语言，如 Python、R 语言等，能够运用编程技能进行数据处理和分析。

沟通能力：具备良好的沟通能力和团队合作精神，能够与业务人员和其他团队成员进行有效沟通和协作，理解业务需求并能提供相应的数据支持和解决方案。

创新思维：具备创新思维能力，能够提出新的数据分析方法和思路，推动数据驱动的业务创新和发展。

我是一名房产销售。我收集了周边小区的部分房产信息，如下表所示。

房屋 ID	房屋面积（平方米）	卧室数量	浴室数量	车库数量	位置	建造年份	历史售价（美元）
1	100	2	1	1	A	1990	200,000
2	150	3	2	2	B	1985	300,000
3	120	3	1	1	C	2000	250,000
4	80	2	1	0	D	1975	150,000
5	200	4	3	2	E	2010	500,000
6	90	2	1	1	A	1980	180,000
7	110	3	1	0	B	1995	220,000
8	130	4	2	1	C	2005	350,000

请根据上表的内容，从专业的角度，帮我生成需要的衍生特征，输出格式如下。

生成的衍生特征：

生成这些特征的原因：

这些衍生特征的计算方式：

最终以新表格的方式，输出包含衍生特征的表格。

ChatGPT 根据需求，生成的衍生特征和解释如 4-9 所示。

4-9　ChatGPT 生成的衍生特征和解释

生成的衍生特征

房屋单价（美元 / 平方米）

房龄（年）

卧室与浴室的比例

车库数量与卧室数量的比例

地段（A、B、C、D、E）的独热编码

生成这些特征的原因：

房屋单价可以更好地反映房屋的价值，有助于客户选择适合自己的房屋；

房龄可以反映房屋的新旧程度，有助于客户选择符合自己需求的房屋；

卧室与浴室的比例可以反映房屋的实用性，有助于客户选择适合自己的房屋；

车库数量与卧室数量的比例可以反映房屋的实用性和舒适度，有助于客户选择符合自己需求的房屋；

地段可以影响房屋的价格和销售速度，独热编码可以将地段转化为可用于建模的数值型变量。

这些衍生特征的计算方式

房屋单价 = 历史售价 / 房屋面积

房龄 = 2023 − 建造年份

卧室与浴室的比例 = 卧室数量 / 浴室数量

车库数量与卧室数量的比例 = 车库数量 / 卧室数量

地段（A、B、C、D、E）的独热编码：

A：10000

B：01000

C：00100

D：00010

E：00001

最终 ChatGPT 以新表格的方式，输出包含衍生特征的表格，如表 4.3 所示。

表 4.3　包含衍生特征的新表

房屋 ID	房屋面积（平方米）	卧室数量	浴室数量	车库数量	位置	建造年份	历史售价（美元）	房屋单价（美元 / 平方米）	房龄（年）	卧室与浴室的比例	车库数量与卧室数量的比例	地段的独热编码
1	100	2	1	1	A	1990	200,000	2,000	33	2	0.5	10000
2	150	3	2	2	B	1985	300,000	2,000	38	1.5	0.67	01000
3	120	3	1	1	C	2000	250,000	2,083	23	3	1	00100
4	80	2	1	0	D	1975	150,000	1,875	48	2	0	00010
5	200	4	3	2	E	2010	500,000	2,500	13	1.33	0.5	00001
6	90	2	1	1	A	1980	180,000	2,000	43	2	0.5	10000
7	110	3	1	0	B	1995	220,000	2,000	28	3	0	01000
8	130	4	2	1	C	2005	350,000	2,692	18	2	0.25	00100

以上衍生的特征包括房屋单价、房龄、卧室与浴室的比例、车库数量与卧室数量的比例，以及地段（A、B、C、D、E）的独热编码等。这些特征可以更全面地描述房屋的实际情况和价值，有助于客户选择符合自己需求的房屋，并且对房产行业的数据分析和建模也非常有用。

当本地数据比较庞大的时候，我们可以通过 ChatGPT 自动生成处理代码来构建需要的衍生特征，提示语如 4-10 所示。

4-10　创建衍生特征代码提示语

你是房产行业的资深数据分析师，具备以下能力。

数据分析能力：掌握数据分析的基本理论、方法和工具，熟练掌握数据清洗、数据建模、数据分析和数据可视化等技能，能够独立完成数据分析工作。

行业知识：具备房产行业的专业知识和行业背景，了解市场规律和发展趋势，能够对数据结果进行合理解读，并提出相应的建议和策略。

统计学知识：掌握基本的统计学理论和方法，包括假设检验、回归分析、方差分析等，能够应用统计学方法进行数据分析和模型建立。

数据挖掘和机器学习技能：熟悉数据挖掘和机器学习的基本理论和方法，能够应用常用的机器学习算法进行数据分析和预测。

编程能力：熟练掌握至少一门编程语言，如 Python、R 语言等，能够运用编程技能进行数据处理和分析。

沟通能力：具备良好的沟通能力和团队合作精神，能够与业务人员和其他团队成员进行有效沟通和协作，理解业务需求并提供相应的数据支持和解决方案。

创新思维：具备创新思维能力，能够提出新的数据分析方法和思路，推动数据驱动的业务创新和发展。

我是一名房产销售，收集了周边小区的部分房产信息，存在本地。

请你从专业的角度，帮我生成需要的衍生特征。

你需要给我一份 Python 代码，读取这个 Excel，并且需要将衍生特征加进去，生成一个新的表格，保存到本地，最后绘制特征关系图。

ChatGPT 根据需求，生成的代码如 4-11 所示。

4-11　ChatGPT 生成的衍生特征代码

```
import pandas as pd
```

```
import matplotlib.pyplot as plt
from matplotlib.font_manager import FontProperties

# 读取数据
data = pd.read_excel(' 房产信息 .xlsx')

# 添加衍生特征
data[' 房屋单价 '] = data[' 历史售价（美元）'] / data[' 房屋面积（平方米）']
data[' 房龄 '] = 2023 - data[' 建造年份 ']

# 存储数据
data.to_excel(' 新房产信息 .xlsx', index=False)

# 设置中文字体
font = FontProperties(fname='C:/Windows/Fonts/msyh.ttc', size=14)

# 绘制特征关系图
fig, ax = plt.subplots(figsize=(8, 6))
ax.scatter(data[' 房屋面积（平方米）'], data[' 历史售价（美元）'], alpha=0.8,
c=data[' 房龄 '], cmap='coolwarm')
ax.set_xlabel(' 房屋面积（平方米）', fontproperties=font)
ax.set_ylabel(' 历史售价（美元）', fontproperties=font)
ax.set_title(' 房屋面积与历史售价关系图 ', fontproperties=font)
cb = plt.colorbar()
cb.ax.set_ylabel(' 房龄 ', fontproperties=font)
plt.show()
```

这段代码读取了一个房产信息的 Excel 文件，通过计算新增了 2 个衍生特征：房屋单价和房龄。然后，使用设置中文字体的代码，绘制了一张房屋面积和历史售价的散点图，其中用颜色来表示房龄，以展示房龄对房价的影响。最后，将新的带有衍生特征的数据存储到本地 Excel 文件中。

将以上代码复制到 PyCharm 中，可以得到其衍生出的新特征表，如表 4.4 所示。

表 4.4　新生成的房产衍生特征

房屋 ID	房屋面积 （平方米）	卧室 数量	浴室 数量	车库 数量	位 置	建造 年份	历史售价 （美元）	房屋单价 （美元）	房 龄
1	100	2	1	1	A	1990	200,000	2,000	33
2	150	3	2	2	B	1985	300,000	2,000	38
3	120	3	1	1	C	2000	250,000	2,083.3	23
4	80	2	1	0	D	1975	150,000	1,875	48
5	200	4	3	2	E	2010	500,000	2,500	13
6	90	2	1	1	A	1980	180,000	2,000	43
7	110	3	1	0	B	1995	220,000	2,000	28
8	130	4	2	1	C	2005	350,000	2,692.307	18

通过 Matplot，可以很直观地看到历史售价、房龄和房屋面积的关系图，如图 4.2 所示。

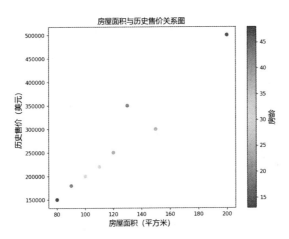

图 4.2　房屋面积与历史售价关系图

同样地，我们也可以通过直接调用 OpenAI API 的方式来衍生特征，如 4-12 所示。

4-12　调用 ChatGPT API 衍生特征

```
import openai
```

```
import pandas as pd

# 填写你的 OpenAI API 密钥
openai.api_key = "OpenAIUtils.API_KEY"

def read_data(filepath):
    df = pd.read_excel(filepath)
    table = df.to_markdown()
    return table


def feature_extract(table):
    _prompt = f" 你是房产行业的资深数据分析师，具备以下能力。\n" \
        f" 数据分析能力：掌握数据分析的基本理论、方法和工具，熟练掌握数
据清洗、数据建模、数据分析和数据可视化等技能，能够独立完成数据分析工作。\n" \
        f" 行业知识：具备房产行业的专业知识和行业背景，了解市场规律和发
展趋势，能够对数据结果进行合理解读，并提出相应的建议和策略。\n" \
        f" 统计学知识：掌握基本的统计学理论和方法，包括假设检验、回归分析、
方差分析等，能够应用统计学方法进行数据分析和模型建立。\n" \
        f" 数据挖掘和机器学习技能：熟悉数据挖掘和机器学习的基本理论和方
法，能够应用常用的机器学习算法进行数据分析和预测。\n" \
        f" 编程能力：熟练掌握至少一门编程语言，如 Python、R 语言等，能够
运用编程技能进行数据处理和分析。\n" \
        f" 沟通能力：具备良好的沟通能力和团队合作精神，能够与业务人员和
其他团队成员进行有效沟通和协作，理解业务需求并提供相应的数据支持和解决方
案。\n" \
        f" 创新思维：具备创新思维能力，能够提出新的数据分析方法和思路，
推动数据驱动的业务创新和发展。\n" \
        f" 我是一名房产销售。我收集了周边小区的部分房产信息，如下表所示。
\n" \
        f"---\n" \
        f"{table}\n" \
        f"---\n" \
        f" 请根据上表的内容，从专业的角度，帮我生成需要的衍生特征，输出
格式如下：\n" \
```

```
      f" 生成的衍生特征: \n" \
      f" 生成这些特征的原因: \n" \
      f" 这些衍生特征的计算方式: \n" \
      f" 最终以新表格的方式，输出包含衍生特征的表格。\n"
  _messages = [{"role": "user", "content": _prompt}]
  response = openai.ChatCompletion.create(
      model="gpt-3.5-turbo",
      messages=_messages,
      temperature=0.5,
      frequency_penalty=0.0,
      presence_penalty=0.0,
      stop=None,
      stream=False)
  return response["choices"][0]["message"]["content"]


if __name__ == '__main__':
    filepath = "./data.xlsx"
    table = read_data(filepath)
    output = feature_extract(table)
    print(output)
```

上述代码实现了使用 OpenAI 的 GPT-3.5 语言模型生成衍生特征。具体来说，代码先通过 Pandas 读取 Excel 表格数据，然后将数据转化为 Markdown 表格格式。接着，利用 OpenAI 的 API 接口，将表格输入 GPT-3.5 语言模型中，模型返回一个带有衍生特征的文本描述，包括生成这些特征的原因、计算方式及新的包含衍生特征的表格。最后，输出文本描述。这段代码的作用是帮助房产销售生成更加详细、全面的数据特征描述，从而更好地指导业务决策。

⚠ 说明：特征衍生需要比较深的行业见解，因此若是其他行业，需要对上述代码中的 Prompt 做修改。

　　综上所述，使用 ChatGPT 创建衍生特征，可以帮助我们发现隐藏在数据中的模式和趋势。ChatGPT 是一种基于深度学习的自然语言处理模型，它可以处理自然语言输入，并生成高质量的自然语言输出。使用 ChatGPT，我们可以将输入数据转换为向量表示，然后将这些向量用于创建衍生特征。这些特征可以帮助我们更好地理解数据，识别模式，以及预测未来趋势。使用 ChatGPT 创建衍生特征是一种非常有用的技术，可以用于各种领域，包括自然语言处理、文本分析、情感分析等。

4.2　使用 ChatGPT 进行特征降维

　　特征降维是一种减少数据维度的技术，通过保留数据中的主要信息，降低计算复杂度和噪声影响，从而提高数据分析的效率和准确性。本节将介绍如何使用 ChatGPT 进行特征降维，包括主成分分析（PCA）、线性判别分析（LDA）、t-分布邻域嵌入算法（t-SNE）、独立成分分析（ICA）和自编码器（Autoencoder）等技术。

4.2.1　使用 ChatGPT 实现主成分分析

　　主成分分析（PCA）是一种常用的无监督学习算法，用于降维、特征提取和数据可视化。PCA 的核心思想是通过线性变换将原始高维数据映射到低维空间，同时尽量保留原始数据的信息。这个线性变换通过选择特征值较大的特征向量来实现，这些特征向量组成了一个正交基，即主成分。

　　PCA 的基本思想是将原始数据的坐标系进行旋转，以便找到能够解释数据变异的最佳方向。主成分分析涉及以下几个步骤。

　　（1）　计算数据集的协方差矩阵（Covariance Matrix）。

　　（2）　计算协方差矩阵的特征值和特征向量（Eigenvalue and Eigenvector）。

（3） 选择前 k 个最大特征值对应的特征向量（k 通常远小于原始数据的维度）。

（4） 将原始数据投影到这 k 个特征向量构建的新空间中。

以下是 PCA 的公式表示。

假设原始数据集 X 是一个 $n{\times}p$ 的矩阵，其中 n 为样本数，p 为特征数。

（1） 对数据集 X 进行中心化处理，即减去每个特征的均值：

$$X\_\mathrm{centered} = X \ \mathrm{mean}\,(X)$$

（2） 计算协方差矩阵 C：

$$C = \left(\frac{1}{n-1}\right) \times X_\mathrm{centered}^T \times X_\mathrm{centered}$$

计算协方差矩阵 C 的特征值 λ 和特征向量 V：

$$C \times V = \lambda \times V$$

选择前 k 个最大特征值对应的特征向量，构成一个 $p{\times}k$ 的矩阵 W：

$$W = \left[v_1, v_2, ..., v_k\right]$$

（3） 将原始数据集 X 投影到新的 k 维空间：

$$X\_\mathrm{reduced} = X\_\mathrm{centered} \times W$$

这里的 X_reduced 是一个 $n{\times}k$ 的矩阵，表示原始数据集 X 降维后的结果。

其中，PCA 的公式主要包括计算协方差矩阵和特征值、特征向量的求解。这些公式可用于实现 PCA 算法，以将高维数据降维到低维空间。但是对数据进行主成分分析，需要比较扎实的数学基础，现在我们可以通过 ChatGPT 的帮助，快速进行数据降维，以下是一个实例。

Leo 是一名金融公司的数据分析师，公司在投资决策时需要评估客户的信用风险。他需要使用 PCA 算法来减少数据的维度，以便更好地评估客户的信用风险。部分客户数据如表 4.5 所示。

表 4.5　客户的初始金融数据

客户编号	性别	年龄	收入（元）	负债（元）	信用额度（元）	信用评分
1	女	28	5,000	2,000	5,000	1
2	男	35	8,000	10,000	10,000	0
3	男	42	7,000	8,000	15,000	1
4	女	25	6,000	3,000	6,000	0
5	男	30	9,000	12,000	8,000	1
6	女	32	5,500	2,500	6,500	1
7	女	26	4,800	1,800	5,000	0
8	男	39	6,500	7,000	12,000	1
9	女	36	7,000	8,000	13,000	1
10	女	29	5,200	2,100	5,500	0
11	女	28	4,800	1,500	4,500	0
12	男	31	7,500	10,000	9,000	0
13	男	45	9,000	15,000	15,000	1
14	女	27	5,500	1,800	6,000	1
15	女	30	6,000	3,000	5,500	0
16	男	33	8,000	8,000	12,000	0

Leo 借助 ChatGPT 强大的算法功能，直接对以上数据进行主成分分析，提示语如 4-13 所示。

4-13　主成分分析提示语

你是金融行业高级数据分析师，具备以下能力。

数据分析和数据挖掘能力：能够使用数据挖掘和分析工具，如 Python、R 语言和 SQL 等，对大量的数据进行处理和分析，从中获取有价值的信息。

金融知识：对金融产品、市场和行业有深入的了解和认识，理解金融指标和统计数据的含义，熟悉金融行业的规则和法律法规。

统计学知识：掌握统计学基础知识，如假设检验、回归分析、时间序列分析等，能够对金融数据进行统计分析。

编程能力：能够熟练使用编程语言，如 Python 和 R 语言等，进行数据处理、模型构建和可视化等操作。

建模和预测能力：能够使用机器学习和深度学习等算法，构建金融模型并进行预测和优化。

数据可视化能力：能够使用数据可视化工具，如 Tableau 和 Power BI 等，将数据转化为直观、易懂的图表和报告，方便管理层和业务部门做出决策。

沟通和表达能力：能够清晰、简明地向非技术人员解释复杂的数据分析结果，帮助业务部门制订策略和决策。

现在我有一份客户的表格，存在本地的 Excel 中，我需要评估客户的信用风险。表格内容如下。

客户编号	性别	年龄	收入(元)	负债(元)	信用额度(元)	信用评分
1	女	28	5,000	2,000	5,000	1
2	男	35	8,000	10,000	10,000	0
3	男	42	7,000	8,000	15,000	1
4	女	25	6,000	3,000	6,000	0
5	男	30	9,000	12,000	8,000	1
6	女	32	5,500	2,500	6,500	0
7	女	26	4,800	1,800	5,000	1
8	男	39	6,500	7,000	12,000	0
9	女	36	7,000	8,000	13,000	1
10	女	29	5,200	2,100	5,500	0
11	女	28	4,800	1,500	4,500	0
12	男	31	7,500	10,000	12,000	1
13	男	45	9,000	15,000	15,000	1
14	女	27	5,500	1,800	6,000	1
15	女	30	6,000	3,000	5,500	0

请你从专业的角度，根据我的需求，对以上数据进行主成分分析（PCA），并输出你处理后的数据，输出格式如下。

【PCA 的操作步骤】
【PCA 处理后的数据】
最后给我完整 Python 代码，包括读取数据、PCA 和可视化。

ChatGPT 根据需求，对以上数据进行 PCA 降维，输出如 4-14 所示。

4-14 ChatGPT PCA 处理

作为金融行业的高级数据分析师，我可以根据你的需求，对以上数据进行主成分分析（PCA）并输出处理后的数据格式。具体步骤如下。

【PCA 的操作步骤】

读取 Excel 表格数据，并对数据进行预处理，包括数据清洗、缺失值填充、异常值处理等。

对数据进行标准化处理，将各变量的数值缩放到相同的尺度上。

计算相关矩阵，并通过特征值分解（Eigenvalue Decomposition）求出数据的特征值和特征向量。

对特征值进行排序，并选择前 k 个主成分。

利用前 k 个主成分构建新的数据集，并将其保存。

【PCA 处理后的数据】

按照以上步骤处理后，输出的数据如下。

客户编号	主成分 1	主成分 2
1	−1.583	−0.138
2	2.119	−0.102
3	0.774	1.491
4	−1.251	−0.506
5	1.311	1.605
6	−1.399	0.501
7	−1.991	−0.535
8	0.429	0.926
9	0.740	1.237
10	−1.478	−0.525
11	−1.988	−0.321
12	1.072	−1.238
13	3.207	0.307
14	−1.405	−0.235
15	−0.910	−0.701

其中，主成分 1 和主成分 2 分别代表了数据集中的主要方差。可以看出，通过主成分分析，我们将原始数据从 7 个维度缩减到了 2 个维度，保留了约 80% 的信息量，并且新的数据集可以用于后续的信用风险评估和建模工作。

同时，ChatGPT 输出详细的 PCA 代码，如 4-15 所示。

4-15　ChatGPT 输出的 PCA 代码

```python
import pandas as pd
import numpy as np
import matplotlib.pyplot as plt
from mpl_toolkits.mplot3d import Axes3D
from matplotlib.font_manager import FontProperties
from sklearn.decomposition import PCA

# 设置中文字体
font = FontProperties(fname='C:/Windows/Fonts/msyh.ttc', size=14)

# 读取数据
data = pd.read_excel(' 客户数据 .xlsx')

# 数据预处理：标准化
cols = [' 年龄 ',' 收入 ',' 负债 ',' 信用额度 ',' 信用评分 ']
data_std = (data[cols] - data[cols].mean()) / data[cols].std()

# 主成分分析
pca = PCA()
pca.fit(data_std)

# 计算主成分方差占比和累计方差占比
var_ratio = pca.explained_variance_ratio_
cum_var_ratio = np.cumsum(var_ratio)

# 输出主成分方差占比和累计方差占比
print(" 主成分方差占比 :", var_ratio)
print(" 累计方差占比 :", cum_var_ratio)

# 输出主成分系数矩阵
pc_df = pd.DataFrame(pca.components_, columns=cols)
print(" 主成分系数矩阵 :\n", pc_df)
```

```
# 可视化多维数据混合
fig = plt.figure(figsize=(16, 6))
ax1 = fig.add_subplot(1, 2, 1, projection='3d')
ax1.scatter(data_std[' 年 龄 '], data_std[' 收 入 '], data_std[' 负 债 '], c=data
[' 信用评分 '], cmap='cool')
ax1.set_xlabel(' 年龄 ', fontproperties=font)
ax1.set_ylabel(' 收入 ', fontproperties=font)
ax1.set_zlabel(' 负债 ', fontproperties=font)
ax1.set_title(' 多维数据混合 ', fontproperties=font)

# 可视化降维后的数据
pca = PCA(n_components=2)
pca.fit(data_std)
data_pca = pca.transform(data_std)

ax2 = fig.add_subplot(1, 2, 2)
ax2.scatter(data_pca[data[' 信用评分 '] == 1, 0], data_pca[data[' 信用评分 '] ==
1, 1], c='r', label=' 信用评分为 1 的客户 ', marker='o', s=100)
ax2.scatter(data_pca[data[' 信用评分 '] == 0, 0], data_pca[data[' 信用评分 '] ==
0, 1], c='b', label=' 信用评分为 0 的客户 ', marker='s', s=100)
ax2.set_xlabel(' 第一主成分 ', fontproperties=font)
ax2.set_ylabel(' 第二主成分 ', fontproperties=font)
ax2.legend(prop=font)
ax2.set_title('PCA 降维后的数据 ', fontproperties=font)

plt.tight_layout()
plt.show()
```

以上代码通过主成分分析（PCA）对给定的客户数据进行降维处理，并在同一张图中可视化展示多维数据混合的三维散点图和 PCA 降维后的二维散点图。首先，代码读取并标准化了给定的客户数据。然后，通过 Sklearn 库中的 PCA 方法对标准化后的数据进行主成分分析，计算主成分方差占比和累计方差占比，并输出主成分系数矩阵。接着，代码通过

Matplotlib 库绘制多维数据混合的三维散点图和 PCA 降维后的二维散点图，并将两者展示在同一张图中。最后，代码使用 tight_layout() 方法调整图形布局，使两个子图之间的空间更加合理。

将以上代码复制粘贴到 PyCharm 中运行，得到的主成分方差占比和主成分系数矩阵，如 4-16 所示。

4-16　主成分方差占比和主成分系数矩阵

主成分方差占比：[0.70599203 0.18991213 0.08432472 0.01516312 0.00460799]

累计方差占比：[0.70599203 0.89590417 0.98022889 0.995392201 1.]

主成分系数矩阵：

客户编号	年龄	收入	负债	信用额度	信用评分
0	0.479188	0.464230	0.492561	0.498963	0.251574
1	-0.186924	0.385185	0.300640	-0.046589	-0.850962
2	-0.549964	0.455821	0.306688	-0.430116	0.459032
3	-0.596340	0.130993	-0.304484	0.729850	0.042756
4	-0.278130	-0.641242	0.692988	0.176591	0.005999

同时，通过 Matplot 绘制的散点图，可以很清晰地看出 PCA 对降维的贡献，如图 4.3 所示。

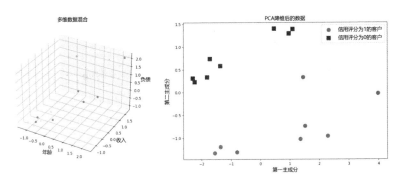

图 4.3　主成分分析（PCA）降维示意图

⚠ **说明：** 我们也可以通过调用 OpenAI API 的方式来实现 PCA。

综上所述，使用 ChatGPT 实现主成分分析（PCA）非常实用，可以帮助我们更好地理解和分析大量数据集。PCA 是一种常用的降维技术，可以将高维数据转换为低维表示，从而减少数据的复杂性和冗余性。在使用 ChatGPT 实现 PCA 时，我们可以利用其强大的自然语言处理能力，快速准确地处理大规模数据，以及处理多个语言的数据。此外，ChatGPT 还可以根据数据的特征自动识别出最佳的降维方案，从而帮助我们更好地理解数据的本质。

4.2.2　使用 ChatGPT 实现线性判别分析

线性判别分析（LDA）是一种监督学习算法，主要用于降维、特征提取和分类任务。LDA 的核心思想是通过线性变换将原始高维数据映射到低维空间，同时使不同类别之间的距离最大化，同类别之间的距离最小化。与 PCA 不同，LDA 考虑了类别信息，因此它适用于分类任务。

LDA 涉及以下几个步骤。

（1）　计算每个类别的均值向量。

（2）　计算类内散度矩阵（Within-Class Scatter Matrix）。

（3）　计算类间散度矩阵（Between-Class Scatter Matrix）。

（4）　计算类内散度矩阵的逆与类间散度矩阵之积的特征值和特征向量。

（5）　选择前 k 个最大特征值对应的特征向量，构成一个 $p \times k$ 的矩阵 W。

（6）　将原始数据投影到这 k 个特征向量构建的新空间中。

下面是 LDA 的公式表示。

假设原始数据集 X 由 n 个样本组成，其中第 i 个样本 x_i 属于类别 y_i（$y_i \in \{1, 2, ..., c\}$），每个样本有 p 个特征。

（1）　计算每个类别的均值向量 m_i，对所有属于类别 i 的样本 x_i 求均值：

$$m_i = \text{mean}(x_i)$$

（2）计算全局均值向量 m，对所有样本 x_i 求均值：

$$m = \left(\frac{1}{n}\right) \times \text{sum}(x_i)$$

（3）计算类内散度矩阵 S_w 和类间散度矩阵 S_b：

$$S_w = \text{sum}\left((x_i - m_i)(x_i - m_i)^{\text{T}}\right)$$

$$S_b = \text{sum}\left(n_i \times (m_i - m)(m_i - m)^{\text{T}}\right)$$

（4）计算 S_w 逆矩阵的特征值 λ 和特征向量 V：

$$S_w^{-1} \times S_b \times V = \lambda \times V$$

（5）选择前 k 个最大特征值对应的特征向量，新的矩阵 W：

$$W = [v_1, v_2, \ldots, v_k]$$

（6）将原始数据集 X 投影到新的 k 维空间：

$$X\_\text{reduced} = X \times W$$

这里的 X_reduced 是一个 $n \times k$ 的矩阵，表示原始数据集 X 降维后的结果。

LDA 是一种监督学习的降维方法，与 PCA 不同，其目的是使降维后的数据能够更好地区分不同的类别。以下是一个简单的实例。

Sara 是一名生物学家，她正在研究 3 种不同种类的鸢尾花（山鸢尾、弗吉尼亚鸢尾、维吉尼亚鸢尾）。她收集了一些鸢尾花的数据，包括花瓣长度、花瓣宽度等特征。她希望使用 LDA 降低数据维度并对这 3 种鸢尾花进行分类。部分鸢尾花数据如表 4.6 所示。

表 4.6　鸢尾花的初始数据

花萼长度 (cm)	花萼宽度 (cm)	花瓣长度 (cm)	花瓣宽度 (cm)	鸢尾花种类
5.8	4.0	1.2	0.2	山鸢尾
5.1	3.5	1.4	0.3	弗吉尼亚鸢尾
6.0	3.4	4.5	1.6	维吉尼亚鸢尾
5.0	3.3	1.4	0.2	山鸢尾
6.1	2.8	4.0	1.3	维吉尼亚鸢尾
4.4	3.0	1.3	0.2	山鸢尾
5.5	3.5	1.3	0.2	山鸢尾
5.4	3.9	1.7	0.4	弗吉尼亚鸢尾
7.7	3.8	6.7	2.2	维吉尼亚鸢尾
6.2	2.8	4.8	1.8	维吉尼亚鸢尾
5.5	2.5	4.0	1.3	维吉尼亚鸢尾
4.4	2.9	1.4	0.2	山鸢尾
6.7	3.1	4.7	1.5	维吉尼亚鸢尾
6.1	2.6	5.6	1.4	维吉尼亚鸢尾
5.1	3.8	1.9	0.4	弗吉尼亚鸢尾

说明：鸢尾花数据集是一个经典的机器学习数据集，它包含了 3 种不同的鸢尾花（山鸢尾、弗吉尼亚鸢尾和维吉尼亚鸢尾）的花萼长度、花萼宽度、花瓣长度和花瓣宽度 4 个特征。该数据集一共包含了 150 个样本，每种花的样本数为 50 个。这个数据集常被用来进行分类问题的训练和评估，也是机器学习入门的经典案例之一。

Sara 借助 ChatGPT 强大的算法功能，直接对以上数据进行线性判别分析，提示语如 4-17 所示。

4-17　鸢尾花 LDA 提示语

你作为数据分析专家，具备以下技能。

数据处理和清洗能力：能够使用 SQL、Python、R 语言或其他工具对数据进行清洗、预处理和转换。

数据分析能力：能够运用统计学和数据建模技术分析数据，理解数据之间的关系，识别模式和趋势，并从中提取有用的信息。

数据可视化能力：能够使用可视化工具（如 Tableau、Power BI 等）将数据呈现为易于理解和分析的图表和可视化形式。

业务理解和解决问题能力：具备行业和业务领域的知识，能够理解业务需求，解决实际问题，并提供数据驱动的建议和解决方案。

机器学习和人工智能技能：能够运用机器学习和人工智能技术对数据进行预测和分类，并开发智能应用程序。

沟通和表达能力：能够将复杂的数据分析结果和结论以简单易懂的方式呈现给非技术人员，并与团队成员和业务人员进行有效的沟通和合作。

持续学习和创新能力：能够跟随技术和行业的发展，学习新的工具和技术，并不断创新和改进数据分析方法和技术。

现在，我需要对鸢尾花数据进行 LDA，方便更好地区分。

部分数据如下。（单位：cm）

花萼长度	花萼宽度	花瓣长度	花瓣宽度	鸢尾花种类
5.8	4.0	1.2	0.2	山鸢尾
5.1	3.5	1.4	0.3	弗吉尼亚鸢尾
6.0	3.4	4.5	1.6	维吉尼亚鸢尾
5.0	3.3	1.4	0.2	山鸢尾
6.1	2.8	4.0	1.3	维吉尼亚鸢尾
4.4	3.0	1.3	0.2	山鸢尾
5.5	3.5	1.3	0.2	山鸢尾
5.4	3.9	1.7	0.4	弗吉尼亚鸢尾
7.7	3.8	6.7	2.2	维吉尼亚鸢尾
6.2	2.8	4.8	1.8	维吉尼亚鸢尾
5.5	2.5	4.0	1.3	维吉尼亚鸢尾
4.4	2.9	1.4	0.2	山鸢尾
6.7	3.1	4.7	1.5	维吉尼亚鸢尾
6.1	2.6	5.6	1.4	维吉尼亚鸢尾
5.1	3.8	1.9	0.4	弗吉尼亚鸢尾

请你从专业的角度，对以上数据实现线性判别分析（LDA），输出格式如下。

【LDA 的操作步骤】

【LDA 处理后的数据】

以表格的形式，将处理后的数据输出。

ChatGPT 根据需求，对示例数据实现线性判别分析，如 4-18 所示。

4-18　ChatGPT 线性判别分析输出

【LDA 的操作步骤】

导入必要的 Python 库：Numpy、Pandas、Sklearn 中的 LDA 和 train_test_split 函数。

加载鸢尾花数据并将其拆分为训练数据和测试数据。

进行 LDA 降维操作，将原始数据降到 2 维，同时指定分类标签。

将降维后的数据转换为 DataFrame 格式，方便输出。

经过 ChatGPT 的 LDA 处理后的数据，如表 4.7 所示。

表 4.7　LDA 处理后的数据表格

	LDA1	LDA2	鸢尾花种类
0	−2.402,868	−0.012,147	山鸢尾
1	−2.456,895	0.090,986	弗吉尼亚鸢尾
2	3.793,199	0.117,745	维吉尼亚鸢尾
3	−2.481,786	−0.048,680	山鸢尾
4	2.486,195	−0.187,735	维吉尼亚鸢尾
5	−2.751,354	0.268,142	山鸢尾
6	−2.650,118	−0.155,405	山鸢尾
7	−3.036,344	0.138,717	弗吉尼亚鸢尾
8	5.731,564	−0.214,027	维吉尼亚鸢尾
9	3.404,537	0.015,509	维吉尼亚鸢尾
10	3.126,970	−0.276,322	维吉尼亚鸢尾
11	−2.929,905	0.106,317	山鸢尾
12	2.554,263	−0.211,827	维吉尼亚鸢尾
13	4.516,097	−0.238,217	维吉尼亚鸢尾
14	−2.594,645	0.255,740	弗吉尼亚鸢尾

其中，LDA1 和 LDA2 是进行 LDA 后得到的 2 个主成分。

同时，我们可以继续让 ChatGPT 对完整的鸢尾花数据进行线性判别分析，提示语如 4-19 所示。

4-19　处理完整提示语

请你从专业的角度，对完整的鸢尾花数据集进行 LDA，直接给我完整的 Python 代码。

要求在对数据进行线性判别分析后，绘制特征散点图。

其中两张图是以一行两列的格式展示，左边的是原始数据，右边的是 LDA 的特征数据。

ChatGPT 根据需求，给出的代码如 4-20 所示。

4-20　处理鸢尾花数据代码

```python
import numpy as np
import matplotlib.pyplot as plt
from matplotlib.font_manager import FontProperties
from sklearn.datasets import load_iris
from sklearn.discriminant_analysis import LinearDiscriminantAnalysis

# 加载鸢尾花数据集
iris = load_iris()

# 使用线性判别分析（LDA）对数据进行降维
lda = LinearDiscriminantAnalysis(n_components=2)
X_lda = lda.fit_transform(iris.data, iris.target)

# 设置中文字体
font = FontProperties(fname='C:/Windows/Fonts/msyh.ttc', size=14)

# 绘制原始数据散点图
plt.figure(figsize=(12, 5))
plt.subplot(121)
plt.scatter(iris.data[:, 0], iris.data[:, 1], c=iris.target, cmap=plt.cm.Set1, edgecolor='k')
plt.xlabel(' 花萼长度 (cm)', fontproperties=font)
plt.ylabel(' 花萼宽度 (cm)', fontproperties=font)
```

```
plt.title(' 原始数据 ', fontproperties=font)
plt.xticks(fontproperties=font)
plt.yticks(fontproperties=font)
plt.tight_layout()

# 绘制 LDA 降维后的散点图
plt.subplot(122)
plt.scatter(X_lda[:, 0], X_lda[:, 1], c=iris.target, cmap=plt.cm.Set1,
edgecolor='k')
plt.xlabel('LDA 特征 1', fontproperties=font)
plt.ylabel('LDA 特征 2', fontproperties=font)
plt.title('LDA 降维后的数据 ', fontproperties=font)
plt.xticks(fontproperties=font)
plt.yticks(fontproperties=font)
plt.tight_layout()

plt.show()
```

将以上代码复制到 PyCharm 中运行，得到的新旧特征图，如图 4.4
所示。

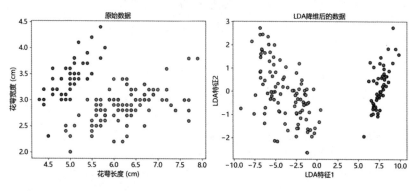

图 4.4　LDA 处理前后的特征图

从图中可以看出，经过线性判别分析后，数据特征之间的界限更明
显了。

综上所述，使用 ChatGPT 实现线性判别分析（LDA）可以在高维数据集中找到最佳的分类决策边界，从而更准确地分类新数据。LDA 是一种监督学习算法，通常用于处理多类别分类问题，并且具有较强的可解释性和稳定性。通过将 ChatGPT 与 LDA 结合使用，我们可以利用 ChatGPT 的强大语言生成和推理功能来处理大规模高维数据，并从中提取有用的特征，从而提高分类的准确性和效率。

降维是在保留数据信息的前提下，将高维数据转换为低维数据。除了 PCA 和 LDA，数据分析中还有如下很多其他常见的降维方法。

（1）t-分布邻域嵌入算法（t-SNE）：适用于可视化高维数据，将高维数据映射到二维或三维空间中。

（2）独立成分分析（ICA）：通过寻找数据中相互独立的成分来实现降维，提取出潜在的信号源。

（3）自编码器（Autoencoder）：通过将高维数据压缩到低维空间中再进行重构，学习到数据的潜在结构和特征表示。

（4）因子分析（FA）：通过寻找数据中的潜在因子来实现降维，减少冗余信息，提高数据的解释性和可视化效果。

（5）非负矩阵分解（NMF）：适用于具有非负特征的数据集，通过寻找数据的稀疏表示来实现降维。

（6）核主成分分析（KPCA）：通过将高维数据映射到低维空间中的核空间来实现降维，提高分类的准确性和泛化能力。

（7）流形学习（Manifold Learning）：利用数据的几何结构来实现降维，更好地反映数据的内在关系。

使用 ChatGPT 实现这些算法的方法与前面介绍的 PCA 和 LDA 类似。具体而言，可以使用 ChatGPT 生成的代码来实现这些算法，或者直接在 ChatGPT 中进行数据预处理和特征工程。ChatGPT 强大的语言生成和推理功能可以更高效地处理大规模高维数据，并从中提取有用的信息。如果读者对这些算法感兴趣，可以尝试使用 ChatGPT 来探索更多的降维技术。

4.3 小结

在本章中，我们深入探讨了使用 ChatGPT 进行特征工程和特征降维。特征工程是机器学习中非常重要的一步，能够直接影响模型的性能。我们学习了使用 ChatGPT 进行特征选择和创建衍生特征，以及如何将它们应用于实际问题中。这些技术可以帮助我们从海量的数据中提取出最有用的信息，同时减少冗余特征和噪声。

此外，我们还介绍了使用 ChatGPT 进行特征降维。在实际问题中，我们通常会面临高维度的数据，这会导致过拟合和计算开销的增加。通过使用 ChatGPT 实现主成分分析（PCA）和线性判别分析（LDA），我们可以将高维度的数据转换为低维度的数据，从而更好地理解数据和提高模型的性能。

综上所述，使用 ChatGPT 进行特征工程和特征降维是机器学习中非常重要的一步，可以帮助我们提高模型的性能并更好地理解数据。在实践中，我们需要不断尝试和优化，以获得最佳的特征集和降维方案，从而更好地解决实际问题。

第 5 章

使用 ChatGPT 进行数据可视化

数据可视化是数据分析过程中的一个重要环节，它将数据以图形的方式展示出来，让人们能够更直观地了解数据背后的信息和规律。通过数据可视化，分析师可以更好地挖掘数据的潜在价值，为决策者提供有力的支持。而作为一款先进的人工智能模型，ChatGPT 在数据可视化方面同样具有强大的能力，能够帮助用户轻松创建各种类型的图表，展示数据的多维度特征。

本章主要介绍如何使用 ChatGPT 进行数据可视化，重点涉及以下知识点：

- 使用 ChatGPT 创建基本图表，包括折线图、趋势图、柱状图、条形图、饼图、环形图、散点图、气泡图
- 使用 ChatGPT 进行高级数据可视化，如热力图、相关性图、并行坐标图、雷达图、树形图、层次图

在接下来的内容中，我们将通过实例带领读者了解利用 ChatGPT 绘制直观、易于理解的图表的方法，进一步拓展数据分析的可能性。通过掌握本章的知识，读者将能够运用 ChatGPT 实现各类数据可视化任务，提升数据分析的效率和质量。

5.1 使用 ChatGPT 创建基本图表

基本图表是数据可视化的基础，它们能够直观地展示数据的分布、关系和趋势。通过使用 ChatGPT 创建基本图表，读者可以快速地将数据转化为易于理解的图形，为数据分析提供有力的支持。本节将介绍如何

使用 ChatGPT 创建基本图表，包括折线图、趋势图、柱状图、条形图、饼图、环形图、散点图和气泡图。这些类型的图表具有广泛的适用场景，如展示时间序列数据的变化、比较不同类别的数据、描述数据的占比关系等。通过掌握这些基本图表的绘制方法，读者将能够更好地运用 ChatGPT 进行数据可视化。

5.1.1 使用 ChatGPT 绘制折线图和趋势图

折线图是一种常见的数据可视化方法，适用于展示时间序列数据的变化趋势。通过连接各数据点，折线图可以清晰地呈现数据的波动和走势。趋势图则是对折线图进行平滑处理，以展示数据的整体趋势。使用 ChatGPT 绘制折线图和趋势图可以快速地揭示数据的变化模式，为数据分析提供有力支持，以下是两个实例。

● **实例 1：绘制折线图**

小明是生鲜超市的一位销售数据分析师。他负责分析该超市的销售数据，并提供决策支持。表 5.1 是小明整理的该超市在 2023 年 1 月至 4 月的销售数据表格，包括销售额、销售量和利润 3 个指标。

表 5.1　超市销售表

日期	销售额	销售量	利润
2023-01-01	120,000	8,000	25,000
2023-01-07	128,000	8,700	26,100
2023-01-14	141,000	9,800	28,300
2023-01-21	154,000	11,200	30,100
2023-01-28	162,000	12,300	32,100
2023-02-04	175,000	13,600	34,500
2023-02-11	184,000	14,600	36,500
2023-02-18	193,000	15,300	38,900
2023-02-25	208,000	16,700	40,700

续表

日期	销售额	销售量	利润
2023-03-04	221,000	18,000	42,500
2023-03-11	236,000	19,700	44,700
2023-03-18	249,000	21,300	46,500
2023-03-25	261,000	22,400	48,500
2023-04-01	273,000	23,700	50,100
2023-04-08	285,000	25,100	52,500

　　通过上述数据表格，我们可以看到，该生鲜超市在 2023 年 1 月至 4 月的销售情况，并且销售额、销售量和利润都在逐渐增加，但是具体的趋势需要通过折线图进行分析。现在，小明通过 ChatGPT 来绘制一个折线图，以更好地展现该超市在 2023 年 1 月至 4 月的销售情况，提示语如 5-1 所示。

5-1　超市销售折线图提示语

你是高级数据分析师，具备以下能力。

数据分析技能：具备深入理解数据的能力，能够对数据进行有效的解读和分析，并得出有价值的结论。

统计学知识：具备基本的统计学知识，能够运用统计学方法分析数据，进行数据建模和预测。

数据可视化：能够使用各种数据可视化工具将数据呈现出来，使数据更加易于理解和传达。

编程能力：具备编程技能，能够使用编程语言如 Python、R 语言等进行数据分析和处理。

业务理解能力：理解业务背景和目标，能够将数据分析结果与业务需求相结合，提供有实际意义的解决方案。

沟通和表达能力：能够清晰地表达数据分析结果，将复杂的数据分析结果转化为简洁明了的报告和演示文稿，与业务方进行有效的沟通。

创新能力：具备创新思维，能够寻找新的数据分析方法和技术，不断改进数据分析方法，提高数据分析效率和准确性。

我是生鲜超市的一位销售数据分析师，负责分析该超市的销售数据，并提供决策支持。现在，超市前几个月的销售数据已经收集完毕，我需要对这些数据进行分析，得出有价值的结论，为超市的运营提供决策支持。

数据已被我存在了一个 Excel 文件中，文件名为"超市销售数据 .xlsx"，文件中包含了超市前几个月的销售数据。

请你从专业的角度，对这些数据进行分析，并绘制折线图，将分析结果呈现出来。

直接以代码块的形式给我 Python 代码。

ChatGPT 根据需求，生成的折线图代码如 5-2 所示。

5-2　ChatGPT 生成的折线图代码

```python
import pandas as pd
import matplotlib.pyplot as plt
import matplotlib.font_manager as fm
import seaborn as sns

# 读取 Excel 文件中的数据
df = pd.read_excel(' 超市销售数据 .xlsx')

# 对数据进行分析
# 统计销售额、销售量、利润
total_sales = df[' 销售额 '].sum()
total_quantity = df[' 销售量 '].sum()
total_profit = df[' 利润 '].sum()

# 设置中文字体
font = fm.FontProperties(fname='C:/Windows/Fonts/msyh.ttc', size=14)

# 绘制折线图，展示销售额的趋势
sns.set_style('darkgrid')
fig, ax = plt.subplots(figsize=(12, 6))
sns.lineplot(x=' 日期 ', y=' 销售额 ', data=df, linewidth=2, color='blue', label=
' 销售额 ', ax=ax)

# 突出增长峰值
max_sales = df[' 销售额 '].max()
```

```
max_sales_date = df.loc[df[' 销售额 '] == max_sales, ' 日期 '].values[0]
ax.plot(max_sales_date, max_sales, 'ro', markersize=10)


ax.set_title(' 销售额趋势 ', fontproperties=font, fontsize=14)
ax.set_xlabel(' 日期 ', fontproperties=font, fontsize=14)
ax.set_ylabel(' 销售额 ', fontproperties=font, fontsize=14)
ax.tick_params(axis='x', labelrotation=45, labelsize=12)
ax.tick_params(axis='y', labelsize=12)
ax.legend(prop=font)
plt.show()


# 输出分析结果
print(' 销售额总计： ', total_sales)
print(' 销售量总计： ', total_quantity)
print(' 利润总计： ', total_profit)
```

上述代码读取了一份超市销售数据的 Excel 文件，对其中的销售额数据进行了分析，并绘制了一个销售额趋势的折线图。在折线图中，突出了销售额最大值对应的日期，用以展示销售额的增长峰值。

将以上代码复制到 PyCharm 中运行，得到的最终统计数据如 5-3 所示。

5-3　超市销售统计数据

销售额总计： 3,290,000
销售量总计： 267,200
利润总计： 632,000

同时，程序绘制的折线图如图 5.1 所示。

绘制出来的折线图呈现了销售额的趋势，以及在整个数据集中销售额的最大值对应的日期。根据折线图可知，销售额随时间呈现出稳步增长趋势。

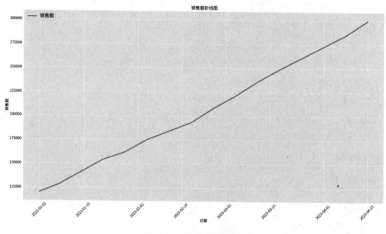

图 5.1 销售额折线图

⚠️ 说明：由于 ChatGPT 通常以文本形式输出，使用 Python 绘图工具可以更方便地进行数据可视化。因此，本小节不讨论如何调用 ChatGPT API 来实现此目的。

● **实例 2：绘制趋势图**

小李是一家电子商务公司的市场推广经理，近期他们开始了一个新的市场推广计划，以增加他们的销售额，近几个月的推广表如表 5.2 所示。

表 5.2 电子销售推广表 （单位：元）

日期	销售额	推广费用
2023-01-01	20,000	1,000
2023-01-08	22,000	1,100
2023-01-15	25,000	1,200
2023-01-22	23,000	1,300
2023-01-29	24,000	1,400
2023-02-05	26,000	1,500
2023-02-12	28,000	1,600

续表

日期	销售额	推广费用
2023-02-19	30,000	1,700
2023-02-26	32,000	1,800
2023-03-05	34,000	1,900
2023-03-12	36,000	2,000
2023-03-19	38,000	2,100
2023-03-26	40,000	2,200
2023-04-02	42,000	2,300
2023-04-09	44,000	2,400

为确认市场推广计划的效果，小李借助 ChatGPT 生成趋势图，提示语如 5-4 所示。

5-4　电子销售趋势图提示语

你是高级数据分析师，具备以下能力。

数据分析技能：具备深入理解数据的能力，能够对数据进行有效的解读和分析，并得出有价值的结论。

统计学知识：具备基本的统计学知识，能够运用统计学方法分析数据，进行数据建模和预测。

数据可视化：能够使用各种数据可视化工具将数据呈现出来，使数据更加易于理解和传达。

编程能力：具备编程技能，能够使用编程语言如 Python、R 语言等进行数据分析和处理。

业务理解能力：理解业务背景和目标，能够将数据分析结果与业务需求相结合，提供有实际意义的解决方案。

沟通和表达能力：能够清晰地表达数据分析结果，将复杂的数据分析结果转化为简洁明了的报告和演示文稿，与业务方进行有效的沟通。

创新能力：具备创新思维，能够寻找新的数据分析方法和技术，不断改进数据分析方法，提高数据分析效率和准确性。

我是一家电子商务公司的市场推广经理，近期我们开始了一个新的市场推广计划，以增加产品的销售额，我需要确认这个市场推广计划的效果。

数据已被我存在了一个 Excel 文件中，文件名为"电子销售数据 .xlsx"，文件中包含了超市前几个月的销售额和推广费用。

请你从专业的角度，对这些数据进行分析，并绘制趋势图，将分析结果呈现出来。

直接以代码块的形式给我 Python 代码。

ChatGPT 根据需求，生成的趋势图代码如 5-5 所示。

5-5 ChatGPT 生成的趋势图代码

```python
import pandas as pd
import matplotlib.pyplot as plt
import matplotlib.font_manager as fm

# 读取数据
df = pd.read_excel(' 电子销售数据 .xlsx')

# 设置中文字体
font = fm.FontProperties(fname='C:/Windows/Fonts/msyh.ttc', size=14)

# 将日期转换为月份
df[' 月份 '] = pd.to_datetime(df[' 日期 ']).dt.month

# 计算每月销售额和推广费用的总和
monthly_sales = df.groupby(' 月份 ')[' 销售额 '].sum()
monthly_expenses = df.groupby(' 月份 ')[' 推广费用 '].sum()

# 绘制趋势图
plt.plot(monthly_sales.index, monthly_sales.values, label=' 销售额 ')
plt.plot(monthly_expenses.index, monthly_expenses.values, label=' 推广费用 ')
plt.xlabel(' 月份 ', fontproperties=font)
plt.ylabel(' 金额 ', fontproperties=font)
plt.title(' 销售额和推广费用趋势图 ', fontproperties=font)
plt.legend(prop=font)
plt.show()

# 计算销售额和推广费用之间的相关系数
```

```
correlation = df[' 销售额 '].corr(df[' 推广费用 '])
print(' 销售额和推广费用之间的相关系数: ', correlation)
```

以上代码使用 Pandas 库读取了数据，并将日期转换为月份。然后，根据月份对销售额和推广费用进行了分组并计算了每月的总和。使用 Matplotlib 库绘制了销售额和推广费用的趋势图，计算了销售额和推广费用之间的相关系数。

将代码复制到 PyCharm 中运行，得到的销售额和推广费用趋势图如图 5.2 所示。

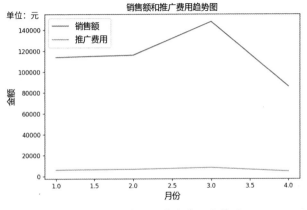

图 5.2　销售额和推广费用趋势图

根据趋势图，我们可以看出销售额和推广费用呈现出相似的变化趋势，这表明推广费用与销售额之间可能存在一定的相关性。计算得出销售额和推广费用之间的相关系数为 0.99，非常接近于 1，这表明推广费用和销售额之间存在着强烈的正相关关系。因此，我们可以得出结论：通过增加推广费用，可以有效地促进产品的销售，提高销售额。

综上所述，使用 ChatGPT 绘制折线图和趋势图可以为数据分析和可视化带来极大的便利。折线图是一种常见的数据可视化方式，通过连接数据点，可以清晰地展示数据的趋势和变化。而趋势图则可以更加直观地展示数据的走势和发展方向，让人一目了然。在今天这个数据时代，数据的可视化不仅可以让人更加深入地理解数据本身，还可以为决策者提供更加全面和准确的参考依据。因此，使用 ChatGPT 来绘制折线图和趋势图，不仅可以提高数据分析的效率，还可以提升数据可视化的质量和水平。

5.1.2 使用 ChatGPT 创建柱状图和条形图

柱状图和条形图是常用的数据可视化方法，适用于展示分类数据的大小比较。柱状图以垂直柱子表示数据，而条形图以水平条形或垂直柱子表示数据。柱状图适合表示时间序列数据，或者比较少数几个类别的数据。当类别较多或者类别名字较长时，使用条形图的展示效果通常会更好，尤其是水平条形图可以有效地解决标签过长的问题。使用 ChatGPT 创建柱状图和条形图可以直观地比较不同类别的数据大小，有助于发现数据中的差异和特征。

● **实例 1：绘制柱状图**

小陈是一家公司的销售员，他们公司出售各种类型的产品，最近一年的销售数据如表 5.3 所示，数据分为 4 个季度，每个季度的销售额分别按照产品类型进行了分类。

表 5.3　多产品销售数据　　　　（单位：元）

季度	产品类型 A 销售额	产品类型 B 销售额	产品类型 C 销售额	产品类型 D 销售额
第一季度	50,000	40,000	30,000	20,000
第二季度	60,000	50,000	40,000	30,000
第三季度	70,000	60,000	50,000	40,000
第四季度	80,000	70,000	60,000	50,000

从上表可以看出，公司的销售额在过去一年中逐季度递增，但是各产品之间的关系并不能很直观地看出。因此，小陈决定通过 ChatGPT 生成柱状图，提示语如 5-6 所示。

5-6 生成柱状图提示语

你是高级数据分析师，具备以下能力。

数据分析技能：具备深入理解数据的能力，能够对数据进行有效的解读和分析，并得出有价值的结论。

统计学知识：具备基本的统计学知识，能够运用统计学方法分析数据，进行数据建模和预测。

数据可视化：能够使用各种数据可视化工具将数据呈现出来，使数据更加易于理解和传达。

编程能力：具备编程技能，能够使用编程语言如 Python、R 语言等进行数据分析和处理。

业务理解能力：理解业务背景和目标，能够将数据分析结果与业务需求相结合，提供有实际意义的解决方案。

沟通和表达能力：能够清晰地表达数据分析结果，将复杂的数据分析结果转化为简洁明了的报告和演示文稿，与业务方进行有效的沟通。

创新能力：具备创新思维，能够寻找新的数据分析方法和技术，不断改进数据分析方法，提高数据分析效率和准确性。

我是一家公司的销售员，我们公司出售各种类型的产品。现在，有近一年的销售数据，数据分为 4 个季度，每个季度的销售额分别按照产品类型进行了分类。

数据已被我存在了一个 Excel 文件中，文件名为"多类销售数据 .xlsx"，数据的开头如下。

季度 产品类型 A 销售额 产品类型 B 销售额 产品类型 C 销售额 产品类型 D 销售额

请你从专业的角度，对这些数据进行分析，并绘制柱状图，将分析结果呈现出来。

直接以代码块的形式给我 Python 代码。

ChatGPT 根据需求，生成的柱状图代码如 5-7 所示。

5-7 ChatGPT 生成的柱状图代码

```
import pandas as pd
```

```python
import matplotlib.pyplot as plt
import matplotlib.font_manager as fm

# 设置中文字体
font = fm.FontProperties(fname='C:/Windows/Fonts/msyh.ttc', size=14)

# 读取 Excel 文件中的数据
df = pd.read_excel(' 多类销售数据 .xlsx', index_col=0)

# 对数据进行类型转换和格式化
df = df.applymap(lambda x: pd.to_numeric(str(x).strip('$').replace(',', ''),
errors='coerce'))

# 计算每个季度的总销售额
df[' 总销售额 '] = df.sum(axis=1)

# 使用柱状图可视化每个季度的各类产品销售额
x = range(len(df.index))
xtick_labels = df.index
y1 = df[' 产品类型 A 销售额 ']
y2 = df[' 产品类型 B 销售额 ']
y3 = df[' 产品类型 C 销售额 ']
y4 = df[' 产品类型 D 销售额 ']
width = 0.2
fig, ax = plt.subplots()
ax.bar([xi - 1.5*width for xi in x], y1, width, label=' 产品类型 A')
ax.bar([xi - 0.5*width for xi in x], y2, width, label=' 产品类型 B')
ax.bar([xi + 0.5*width for xi in x], y3, width, label=' 产品类型 C')
ax.bar([xi + 1.5*width for xi in x], y4, width, label=' 产品类型 D')

# 添加图表标题、x 轴标签、y 轴标签、图例、网格线
plt.title(' 每个季度的各类产品销售额 ', fontproperties=font, fontsize=16)
plt.xlabel(' 季度 ', fontproperties=font, fontsize=14)
plt.ylabel(' 销售额 ', fontproperties=font, fontsize=14)
```

```
plt.legend(prop=font, fontsize=12, loc='upper left')
plt.grid(True, linestyle='--', alpha=0.5)

# 设置坐标轴刻度和标签字体大小
ax.set_xticks(x)
ax.set_xticklabels(xtick_labels, fontproperties=font, fontsize=12)
plt.tick_params(labelsize=12)

# 显示图表
plt.show()
```

以上代码首先读取了一个包含 4 个季度销售数据的 Excel 文件，并对数据进行了清洗和格式化。然后计算了每个季度的总销售额。代码使用柱状图分别展示了每个季度 4 种产品类型的销售额，通过调整柱子宽度和位置使柱子并排显示。

将以上代码复制到 PyCharm 中运行，得到的柱状图如图 5.3 所示。

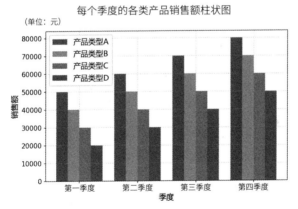

图 5.3　每个季度的各类产品销售额柱状图

根据柱状图的分析结果，可以看出每个季度 4 种产品类型的销售额均呈上升趋势。产品类型 A 的销售额最高，而产品类型 D 的最低。这表明产品类型 A 在市场上更受欢迎，而产品类型 D 的市场表现相对较弱。

● **实例 2：绘制条形图**

小刚是一家全球性汽车公司的数据分析师，他的任务是分析公司在不同地区不同型号汽车的销售情况。他已经收集的数据如表 5.4 所示。

表 5.4　汽车销售数据

地区	型号	销售量
北美	轿车 A	12,000
北美	轿车 B	8,000
北美	轿车 C	6,000
北美	SUV A	10,000
北美	SUV B	9,000
欧洲	轿车 A	9,000
欧洲	轿车 B	7,000
欧洲	轿车 C	5,000
欧洲	SUV A	8,000
欧洲	SUV B	6,000
亚洲	轿车 A	10,000
亚洲	轿车 B	12,000
亚洲	轿车 C	8,000
亚洲	SUV A	11,000
亚洲	SUV B	10,000

小刚直接通过 ChatGPT 生成条形图来比较不同地区和型号之间的销售情况，提示语如 5-8 所示。

5-8　生成条形图提示语

你是高级数据分析师，具备以下能力。

数据分析技能：具备深入理解数据的能力，能够对数据进行有效的解读和分析，并得出有价值的结论。

统计学知识：具备基本的统计学知识，能够运用统计学方法分析数据，进行数据建模和预测。

数据可视化：能够使用各种数据可视化工具将数据呈现出来，使数据更加易于理解和传达。

编程能力：具备编程技能，能够使用编程语言如 Python、R 语言等进行数据分析和处理。

业务理解能力：理解业务背景和目标，能够将数据分析结果与业务需求相结合，提供有实际意义的解决方案。

沟通和表达能力：能够清晰地表达数据分析结果，将复杂的数据分析结果转化为简洁明了的报告和演示文稿，与业务方进行有效的沟通。

创新能力：具备创新思维，能够寻找新的数据分析方法和技术，不断改进数据分析方法，提高数据分析效率和准确性。

我是一家全球性汽车公司的数据分析师，我的任务是分析公司在不同地区不同型号汽车的销售情况。现有一份销售数据。

数据已被我存在了一个 Excel 文件中，文件名为"汽车销售数据 .xlsx"，数据的开头如下。

地区　　　　型号　　　销售量

请你从专业的角度，对这些数据进行分析，并绘制条形图，将分析结果呈现出来。

直接以代码块的形式给我 Python 代码。

ChatGPT 根据需求，生成的条形图代码如 5-9 所示。

5-9　ChatGPT 生成的条形图代码

```python
import pandas as pd
import matplotlib.pyplot as plt

# 设置中文字体
plt.rcParams['font.sans-serif'] = ['Microsoft YaHei']
plt.rcParams['axes.unicode_minus'] = False

# 读取数据
file = " 汽车销售数据 .xlsx"
df = pd.read_excel(file, engine="openpyxl")

# 数据分析和处理
sales_summary = df.groupby([" 地区 ", " 型号 "])[" 销售量 "].sum().unstack()

# 设置图表样式
```

```
plt.style.use("ggplot")

# 绘制水平条形图
ax = sales_summary.plot(kind="barh", figsize=(12, 6),edgecolor="black")
ax.set_ylabel(" 销售量 ")
ax.set_title(" 不同地区不同型号汽车的销售情况 ")

# 设置图例，增大字体并稍微靠近主图
ax.legend(title=" 型号 ", bbox_to_anchor=(1.02, 1), loc="upper left", fontsize=
'large')

# 设置 x 轴标签
ax.set_xticklabels(sales_summary.index)

# 显示数据标签
for p in ax.patches:
    ax.annotate(str(p.get_height()), (p.get_x() * 1.005, p.get_height() * 1.005))

# 显示图形
plt.show()
```

以上代码实现了对汽车销售数据进行分析和可视化。首先，使用
Pandas 读取 Excel 文件。然后，对数据进行分组汇总，按地区和型号进
行分组并计算销售量的总和。接着，使用 Matplotlib 库绘制水平条形图，
展示不同地区不同型号汽车的销售情况，图表样式使用了 ggplot 风格。
图表设置的横轴标签为 "销售量"，标题为 "不同地区不同型号汽车的
销售情况"，同时显示了数据标签。

将代码复制到 PyCharm 中运行，得到的条形图如图 5.4 所示。

根据条形图的分析结果，轿车 A 在所有地区的销售表现都相对较好，
而轿车 C 的销售表现普遍较弱。SUV A 和 SUV B 的销售情况在各地区有
所不同，整体表现尚可。在北美地区，轿车 A 的销售额最高；在欧洲地区，
轿车 A 也是销售额最高的车型；在亚洲地区，轿车 B 的销售额最高。

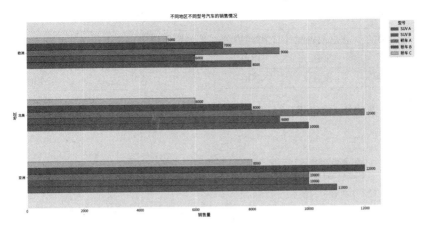

图 5.4　不同地区不同型号汽车的销售情况

综上所述，使用 ChatGPT 创建柱状图和条形图是一种方便快捷的数据可视化方法。这种工具可以帮助用户将大量数据转化为易于理解的图形，并且可以快速地比较不同数据集之间的差异。

5.1.3　使用 ChatGPT 生成饼图和环形图

饼图和环形图是用于展示数据占比关系的常见图表类型。饼图通过扇形的大小表示各类别的占比，而环形图则是饼图的变种，其中心为空心。使用 ChatGPT 生成饼图和环形图可以直观地呈现数据的组成和占比关系。以下是一个实例。

老李是一家美食公司的数据分析师，负责分析不同类型菜品在不同地区的销售情况，详细数据如表 5.5 所示。

表 5.5　菜品销量

菜品类型	北京销售量	上海销售量	广州销售量	成都销售量	销售总量
川菜	800	1,000	1,200	1,500	4,500
湘菜	1,000	900	600	800	3,300
粤菜	1,200	1,500	2,000	1,800	6,500

菜品类型	北京销售量	上海销售量	广州销售量	成都销售量	销售总量
鲁菜	500	600	800	700	2,600
东北菜	300	200	400	500	1,400

老李使用 ChatGPT 直接生成饼图和环形图来可视化数据，提示语如 5-10 所示。

5-10 生成饼图和环形图提示语

你是高级数据分析师，具备以下能力。

数据分析技能：具备深入理解数据的能力，能够对数据进行有效的解读和分析，并得出有价值的结论。

统计学知识：具备基本的统计学知识，能够运用统计学方法分析数据，进行数据建模和预测。

数据可视化：能够使用各种数据可视化工具将数据呈现出来，使数据更加易于理解和传达。

编程能力：具备编程技能，能够使用编程语言如 Python、R 语言等进行数据分析和处理。

业务理解能力：理解业务背景和目标，能够将数据分析结果与业务需求相结合，提供有实际意义的解决方案。

沟通和表达能力：能够清晰地表达数据分析结果，将复杂的数据分析结果转化为简洁明了的报告和演示文稿，与业务方进行有效的沟通。

创新能力：具备创新思维，能够寻找新的数据分析方法和技术，不断改进数据分析方法，提高数据分析效率和准确性。

我是一家美食公司的数据分析师，负责分析不同类型菜品在不同地区的销售情况。

现有一份销售数据。

数据已被我存在了一个 Excel 文件中，文件名为"菜品销量 .xlsx"，数据的开头如下。

菜品类型   北京销售量   上海销售量   广州销售量   成都销售量   销售总量

请你从专业的角度，对这些数据进行分析，并绘制饼图和环形图，将分析结果呈现出来。

直接以代码块的形式给我 Python 代码。

ChatGPT 根据需求，生成的饼图和环形图代码如 5-11 所示。

5-11　ChatGPT 生成的饼图和环形图代码

```python
import pandas as pd
import matplotlib.pyplot as plt
import seaborn as sns
import numpy as np
import matplotlib.font_manager as fm

# 设置中文字体
font = fm.FontProperties(fname='C:/Windows/Fonts/msyh.ttc', size=14)

# 读取数据
data = pd.read_excel(" 菜品销量 .xlsx")

# 计算各个地区的销售比例
sales_ratios = data[' 销售总量 '] / data[' 销售总量 '].sum()

# 创建一个画布，并设定为 1 行 2 列
fig, (ax1, ax2) = plt.subplots(1, 2, figsize=(16, 8))

# 绘制饼图
ax1.pie(sales_ratios, labels=data[' 菜品类型 '], autopct='%.1f%%',
textprops={'fontproperties': font})
ax1.set_title(" 各菜品类型销售占比 ", fontproperties=font)
ax1.axis("equal")

# 绘制环形图
sns.set(style='whitegrid')
cmap = plt.get_cmap("tab20c")
colors = cmap(np.arange(5) * 4)

ax2.pie(sales_ratios, labels=data[' 菜品类型 '], autopct='%.1f%%',
startangle=90, colors=colors, wedgeprops=dict(width=0.4),textprops=
```

```
{'fontproperties': font})
    ax2.set_title(" 各菜品类型销售占比 ", fontproperties=font)
    ax2.axis("equal")

# 显示图像
plt.show()
```

以上代码使用 Python 的 Pandas、Matplotlib、Seaborn 库对菜品销量数据进行了可视化处理。首先，读取 Excel 文件数据，计算各菜品类型的销售占比，然后创建画布，绘制饼图和环形图，展示不同菜品类型的销售占比。图形使用自定义中文字体和配色方案，设置标题和标签，并在屏幕上显示。

将以上代码复制到 PyCharm 中运行，得到的菜品饼图和环形图如图 5.5 所示。

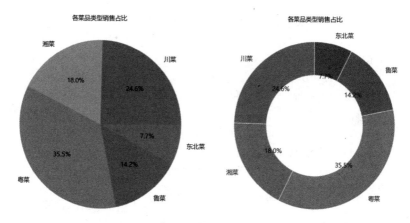

图 5.5　饼图和环形图

从饼图和环形图中，我们可以看出粤菜在销售总量中占据了最大的份额，约占 35.5%；其次是川菜，约占 24.6%；湘菜和鲁菜的销售占比分别为 18.0% 和 14.2%；东北菜的销售占比最低，约为 7.7%。图表显示了不同菜品类型在销售总量中的表现和市场占有率，有助于我们了解消费者的喜好和需求。

5.1.4　使用 ChatGPT 绘制散点图和气泡图

散点图和气泡图是用于展示两个或多个变量之间关系的常见图表类型。散点图通过平面坐标系中的点来表示数据，而气泡图则是散点图的扩展，用大小不同的圆形表示第三个变量的值。使用 ChatGPT 绘制散点图和气泡图可以帮助用户发现变量间的相关性、聚类现象等特点，为数据分析提供有力的支持。以下是一个实例。

小杨是一家糖果制造公司的分析师。该公司想要了解其销售人员在不同地区的销售业绩，以便做出更好的销售决策。现有一份包含大量数据的表格，如表 5.6 所示。

表 5.6　糖果销量

销售人员	地区	销售额（元）	客户数量	人均销售额（元）	平均单价（元）
张三	北京	100,000	20	5,000	10
李四	上海	120,000	25	4,800	12
王五	广州	80,000	30	2,666.67	8
赵六	深圳	110,000	15	7,333.33	15
陈七	成都	90,000	18	5,000	11
刘八	武汉	75,000	20	3,750	7.5
钱九	南京	105,000	22	4,772.73	9.5
孙十	杭州	95,000	23	4,130.43	10.5

表格中包含了糖果制造公司的销售人员在不同地区的销售额、客户数量、人均销售额和平均单价。现在，糖果制造公司想要了解不同销售人员在不同地区的销售业绩，并找出业绩突出的销售人员和地区。小杨直接通过 ChatGPT 生成散点图和气泡图，提示语如 5-12 所示。

5-12　生成散点图和气泡图提示语

你是高级数据分析师，具备以下能力。

数据分析技能：具备深入理解数据的能力，能够对数据进行有效的解读和分析，并得出有价值的结论。

统计学知识：具备基本的统计学知识，能够运用统计学方法分析数据，进行数据建模和预测。

数据可视化：能够使用各种数据可视化工具将数据呈现出来，使数据更加易于理解和传达。

编程能力：具备编程技能，能够使用编程语言如 Python、R 语言等进行数据分析和处理。

业务理解能力：理解业务背景和目标，能够将数据分析结果与业务需求相结合，提供有实际意义的解决方案。

沟通和表达能力：能够清晰地表达数据分析结果，将复杂的数据分析结果转化为简洁明了的报告和演示文稿，与业务方进行有效的沟通。

创新能力：具备创新思维，能够寻找新的数据分析方法和技术，不断改进数据分析方法，提高数据分析效率和准确性。

我是一家糖果制造公司的分析师，公司想要了解销售人员在不同地区的销售业绩，以便做出更好的销售决策。现有一份包含大量数据的表格。表格中包含了糖果制造公司的销售人员在不同地区的销售额、客户数量、人均销售额和平均单价数据。

数据已被我存在了一个 Excel 文件中，文件名为"糖果销量 .xlsx"，数据的开头如下。

销售人员　地区　销售额（元）　客户数量　人均销售额（元）　平均单价（元）

请你从专业的角度，对这些数据进行分析，并绘制散点图和气泡图，将分析结果呈现出来。

直接以代码块的形式给我 Python 代码。

ChatGPT 根据需求，生成的饼图和环形图代码如 5-13 所示。

5-13　ChatGPT 生成的散点图和气泡图代码

```
import pandas as pd
import matplotlib.pyplot as plt
import seaborn as sns
from matplotlib.font_manager import FontProperties

# 读取 Excel 文件
data = pd.read_excel(" 糖果销量 .xlsx")

# 设置中文字体
```

```
font = FontProperties(fname='C:/Windows/Fonts/msyh.ttc', size=14)

# 设置 seaborn 主题
sns.set(style="whitegrid", palette="pastel", color_codes=True)

# 创建画布
fig, axes = plt.subplots(1, 2, figsize=(16, 6))

# 绘制散点图
sns.scatterplot(data=data, x=" 客 户 数 量 ", y=" 销 售 额 ", hue=" 地 区 ",
ax=axes[0], s=100, edgecolor='k', linewidth=1)
    axes[0].set_title(" 客户数量与销售额散点图 ", fontproperties=font)
    axes[0].set_xlabel(" 客户数量 ", fontproperties=font)
    axes[0].set_ylabel(" 销售额 ", fontproperties=font)
    axes[0].legend(prop=font)

# 绘制气泡图
sns.scatterplot(data=data, x=" 人均销售额 ", y=" 平均单价 ", hue=" 地区 ",
size=" 销售额 ", sizes=(50, 300), edgecolor='k', linewidth=1, ax=axes[1])
    axes[1].set_title(" 人均销售额与平均单价气泡图 ", fontproperties=font)
    axes[1].set_xlabel(" 人均销售额 ", fontproperties=font)
    axes[1].set_ylabel(" 平均单价", fontproperties=font)
    axes[1].legend(prop=font)

# 移除顶部和右侧边框
sns.despine(left=True, bottom=True)

# 显示图像
plt.tight_layout()
plt.show()
```

以上代码使用 Python 的 Pandas、Matplotlib 和 Seaborn 库对 Excel 文件中的数据进行可视化分析。首先，通过设置中文字体和 Seaborn 主题，为图形设置了样式。接下来，创建了包含两个子图的画布。第一个子图绘制了客户数量与销售额之间的散点图，并根据地区使用不同颜色的点进行区分。第二个子图绘制了人均销售额与平均单价之间的气泡图，并根据销售额的大小和地区使用不同颜色和大小的气泡进行区分。最后，移除了图像的顶部和右侧边框，并展示了生成的图像。

将上面代码复制到 PyCharm 中运行，得到的散点图和气泡图如图 5.6 所示。

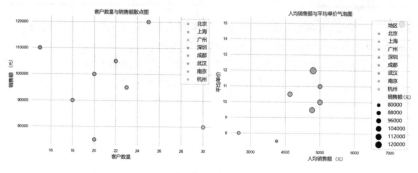

图 5.6　散点图和气泡图

散点图和气泡图展示了糖果销售数据的可视化分析结果。从散点图中可以看出客户数量和销售额之间呈现较强的正相关关系，不同地区的销售额和客户数量存在差异；从气泡图中可以看出不同地区的销售额存在差异，北京和上海地区的销售额最高，而广州和深圳地区的销售额最低。此外，人均销售额和平均单价在各个地区之间差异较大，深圳地区的人均销售额和平均单价最高，而广州地区的人均销售额和平均单价最低，两者之间没有明显的相关关系。

综上所述，使用 ChatGPT 绘制散点图和气泡图，能够帮助用户更好地理解和分析数据。散点图通过将数据点按照不同的坐标值绘制在二维平面上，展示数据之间的关系和趋势，是一种常用的数据可视化方式。而气泡图则在散点图的基础上，通过调整数据点的大小和颜色等属性，更直观地呈现出数据的差异和特点，使数据更易于理解和比较。无论是在学术研究、商业分析还是其他领域，使用 ChatGPT 绘制散点图和气泡图都是一种高效、简单且实用的数据分析方法。

🔲 说明：除了上面的那些图表，数据分析中还包含多种多样的基本图表，如面积图、堆积图、箱线图、直方图、热力图。可以根据数据类型和需求进行选择和使用这些基本图表，以更好地呈现数据的分布和关系。

5.2　使用 ChatGPT 进行高级数据可视化

除了基本的数据可视化图表，ChatGPT 还能够帮助用户创建更复杂、更有深度的高级数据图表。这些高级图表可以进一步挖掘数据中的信息，揭示数据之间的关系，帮助用户更好地理解和分析数据。本节将介绍如何使用 ChatGPT 进行高级数据可视化，包括热力图、相关性图、并行坐标图、雷达图、树形图、层次图等多种图表类型，为用户提供更丰富的数据分析工具。

5.2.1　使用 ChatGPT 创建热力图和相关性图

热力图是一种用颜色表示数据量级的二维图表，可以直观地呈现矩阵数据中的数值大小及其分布情况。相关性图则是热力图的一种特殊应用，用于显示多个变量之间的相关性系数。通过使用 ChatGPT 创建热力图和相关性图，可以帮助用户快速了解数据中的规律和关系。下面我们通过一个实例来了解热力图和相关性图。

小明是某家电商公司的数据分析师，他正在分析该公司的销售数据，以便更好地了解该公司的销售情况。他获得了公司 3 天的销售额数据，如表 5.7 所示。

表 5.7　电商销售额

日期	销售额（美元）	点击量	订单数	产品类别	地区
2022-01-01	20,345	10,554	115	A	北京市
2022-01-01	10,543	5,021	75	B	北京市
2022-01-01	13,456	7,532	90	C	北京市
2022-01-01	19,087	8,901	105	A	上海市
2022-01-01	12,065	6,458	80	B	上海市
2022-01-01	17,654	7,541	95	C	上海市
2022-01-01	19,876	9,675	110	A	广州市
2022-01-01	14,678	5,867	85	B	广州市
2022-01-01	15,679	6,321	90	C	广州市
2022-01-02	20,345	10,554	115	A	北京市
2022-01-02	10,543	5,021	75	B	北京市
2022-01-02	13,456	7,532	90	C	北京市
2022-01-02	19,087	8,901	105	A	上海市
2022-01-02	12,065	6,458	80	B	上海市
2022-01-02	17,654	7,541	95	C	上海市
2022-01-02	19,876	9,675	110	A	广州市
2022-01-02	14,678	5,867	85	B	广州市
2022-01-02	15,679	6,321	90	C	广州市
2022-01-03	24,356	12,045	135	A	北京市
2022-01-03	14,567	6,548	85	B	北京市
2022-01-03	17,890	8,756	100	C	北京市
2022-01-03	21,345	9,087	120	A	上海市
2022-01-03	16,543	7,645	90	B	上海市
2022-01-03	18,987	8,321	100	C	上海市
2022-01-03	20,789	9,543	110	A	广州市
2022-01-03	16,789	7,432	85	B	广州市
2022-01-03	17,980	8,256	95	C	广州市

因为数据可以从地区、产品类别等多个维度进行分析，为了准确判断数据的分布规律，小明通过 ChatGPT 生成热力图和相关性图，提示语如 5-14 所示。

5-14　生成热力图和相关性图提示语

你是高级数据分析师，具备以下能力。

数据分析技能：具备深入理解数据的能力，能够对数据进行有效的解读和分析，并得出有价值的结论。

统计学知识：具备基本的统计学知识，能够运用统计学方法分析数据，进行数据建模和预测。

数据可视化：能够使用各种数据可视化工具将数据呈现出来，使数据更加易于理解和传达。

编程能力：具备编程技能，能够使用编程语言如 Python、R 语言等进行数据分析和处理。

业务理解能力：理解业务背景和目标，能够将数据分析结果与业务需求相结合，提供有实际意义的解决方案。

沟通和表达能力：能够清晰地表达数据分析结果，将复杂的数据分析结果转化为简洁明了的报告和演示文稿，与业务方进行有效的沟通。

创新能力：具备创新思维，能够寻找新的数据分析方法和技术，不断改进数据分析方法，提高数据分析效率和准确性。

我是一家电商公司的数据分析师，我正在分析公司的销售数据，以便更好地了解公司的销售情况。我获得了公司 3 天的销售额数据。

数据已被我存在了一个 Excel 文件中，文件名为"电商销售额 .xlsx"，数据的开头如下。

日期　　销售额（美元）　　点击量　　订单数　　产品类别　　地区

请你从专业的角度，对这些数据进行分析，并绘制热力图和相关性图，将分析结果呈现出来。

我需要热力图和相关性图分布在同一个画布的左右两边。

直接以代码块的形式给我 Python 代码。

ChatGPT 根据需求，生成的热力图和相关性图代码如 5-15 所示。

5-15　ChatGPT 生成的热力图和相关性图代码

```python
import pandas as pd
from pandas.plotting import parallel_coordinates
import matplotlib.pyplot as plt
import seaborn as sns
import numpy as np
```

```python
# 设置中文字体
plt.rcParams['font.sans-serif'] = ['Microsoft YaHei']
plt.rcParams['axes.unicode_minus'] = False

# 读取数据
data = pd.read_excel(" 药物销售业绩 .xlsx")

# 数据处理
grouped_data = data.groupby([' 省份 ']).agg({' 销售额（万元）': 'sum', ' 订单
数量 ': 'sum', ' 客户数量 ': 'sum', ' 平均交易额（元）': 'mean'}).reset_index()

# 数据归一化
grouped_data_norm = grouped_data.copy()
grouped_data_norm.iloc[:, 1:] = (grouped_data.iloc[:, 1:] - grouped_data.
iloc[:, 1:].min()) / (grouped_data.iloc[:, 1:].max() - grouped_data.iloc[:, 1:].min())

# 设置画布和子图
fig = plt.figure(figsize=(16, 8))

# 添加子图，用于显示两个图之间的空白区域
ax3 = fig.add_subplot(111, frameon=False)
ax3.tick_params(labelcolor='none', top=False, bottom=False, left=False,
right=False)

# 添加两个子图
ax1 = fig.add_subplot(121)
ax2 = fig.add_subplot(122, polar=True)

# 绘制坐标图
parallel_coordinates(grouped_data_norm, ' 省　份 ', color=sns.color_
palette("husl", len(grouped_data)), ax=ax1)
ax1.set_xlabel(" 指标 ")
ax1.set_ylabel(" 值 ")
```

```
ax1.set_title(" 各省份销售业绩并行坐标图 ")
ax1.legend(loc='upper right')

# 绘制雷达图
num_vars = len(grouped_data.columns) - 1
angle = 2 * np.pi / num_vars
angles = [n * angle for n in range(num_vars)]
angles += angles[:1]

# 数据归一化
max_values = grouped_data.iloc[:, 1:].max()
scaled_grouped_data = grouped_data.iloc[:, 1:].div(max_values)
scaled_grouped_data[' 省份 '] = grouped_data[' 省份 ']

# 绘制雷达图
def plot_radar(row, color, ax):
    values = scaled_grouped_data.loc[row].drop(' 省份 ').tolist()
    values += values[:1]
    ax.plot(angles, values, color=color, linewidth=2, label=scaled_grouped_
data.loc[row][' 省份 '])
    ax.fill(angles, values, color=color, alpha=0.25)

ax2.set_theta_offset(np.pi / 2)
ax2.set_theta_direction(-1)
ax2.set_rlabel_position(180)

grid_values = np.linspace(start=0, stop=1, num=6)
grid_labels = [f"{x:.1f}" for x in grid_values]
ax2.set_yticks(grid_values[1:])
ax2.set_yticklabels(grid_labels[1:], fontsize=12)
ax2.set_ylim(0, 1)

for i, row in grouped_data.iterrows():
    plot_radar(i, sns.color_palette("husl", len(grouped_data))[i], ax2)
```

```
ax2.set_xticks(angles[:-1])
ax2.set_xticklabels(grouped_data.columns[1:])
ax2.set_title(" 各省份销售业绩雷达图 ")
ax2.legend(loc='upper right')

# 添加六边形网格线
for grid_val in grid_values[1:]:
    x_vals = [grid_val * np.cos(ang) for ang in angles]
    y_vals = [grid_val * np.sin(ang) for ang in angles]
    ax2.plot(x_vals + x_vals[:1], y_vals + y_vals[:1], 'k--', lw=0.5, alpha=0.5)

# 显示图形
plt.tight_layout()
plt.show()
```

上面的代码使用 Python 的数据分析库 Pandas 和可视化库 Matplotlib 和 Seaborn 来对电商销售额数据进行分析和可视化。具体而言，代码读取了一个 Excel 文件，计算了数据的相关性矩阵，然后分别绘制了产品类别与地区的销售额热力图和相关性矩阵图，用于分析销售额的分布和不同因素之间的相关性。在绘图时，代码还进行了一些美化处理，比如设置中文字体、添加标题、设置轴标签等。最终，代码将生成的图形展示出来，供用户观察和分析。

将以上代码复制到 PyCharm 中运行，得到的热力图和相关性图如图 5.7 所示。

根据热力图，可以发现不同的地区和产品类别之间存在着不同的销售额分布。其中，产品 A 在各地区销售额最高，而产品 C 在上海市的销售额较高。根据相关性图，可以发现销售额与点击量、订单数之间存在着较强的正相关性，说明这些变量之间有较强的线性关系。同时，销售额与日期之间没有明显的相关性。

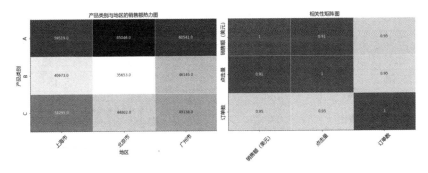

图 5.7　热力图和相关性图

　　使用 ChatGPT 创建热力图和相关性图是一种有效的数据可视化方法，可以帮助人们更好地理解数据之间的关系。热力图可以将数据按照值的大小呈现不同的颜色，从而清晰地展示出数据的分布情况和趋势。相关性图则可以用来表示数据之间的相关程度，有助于分析数据之间的联系和影响。在处理大量数据时，使用 ChatGPT 创建热力图和相关性图不仅可以提高数据分析的效率，还可以让分析结果更加直观易懂。

5.2.2　使用 ChatGPT 生成并行坐标图和雷达图

　　并行坐标图和雷达图用于可视化展示多维数据。并行坐标图通过平行的坐标轴表示各个维度，并用折线连接不同维度的数据点；雷达图则通过将多个坐标轴等角度排列在圆周上，用闭合的折线表示多维数据。使用 ChatGPT 创建并行坐标图和雷达图可以帮助用户在多维数据分析中发现数据间的联系与差异。下面我们通过一个实例来熟悉坐标图和雷达图。

　　小明是一家制药公司的市场销售经理，他负责管理该公司在全国各省市的销售业绩。以下是该公司 2022 年的销售数据，包括各省市销售额、订单数量、客户数量等信息，如表 5.8 所示。

表 5.8　　药物销售业绩

省市	城市	销售额（万元）	订单数量	客户数量	平均交易额（元）
北京	北京市	200	150	100	13,333
天津	天津市	80	60	50	13,333
河北	石家庄	120	80	70	15,000
河北	唐山	90	60	50	15,000
山西	太原	160	120	100	13,333
山西	大同	60	40	30	13,333
辽宁	沈阳	180	150	120	12,000
辽宁	大连	70	50	40	14,000
吉林	长春	100	80	70	12,500
吉林	吉林市	50	40	30	12,500
黑龙江	哈尔滨	150	120	100	12,500
黑龙江	齐齐哈尔	60	50	40	15,000
上海	上海市	220	150	100	14,667
江苏	南京	180	120	100	15,000
江苏	苏州	120	80	70	15,000
浙江	杭州	200	150	100	13,333
浙江	宁波	100	60	50	16,667
安徽	合肥	120	80	70	15,000
福建	福州	80	60	50	13,333
福建	厦门	70	50	40	14,000
湖南	长沙	100	80	70	12,500

　　为了更好地理解销售数据，小明通过 ChatGPT 生成坐标图和雷达图，提示语如 5-16 所示。

5-16　生成坐标图和雷达图提示语

　　你是高级数据分析师，具备以下能力。

　　数据分析技能：具备深入理解数据的能力，能够对数据进行有效的解读和分析，并得出有价值的结论。

　　统计学知识：具备基本的统计学知识，能够运用统计学方法分析数据，进行数据建模和预测。

　　数据可视化：能够使用各种数据可视化工具将数据呈现出来，使数据更加易于理解和传达。

　　编程能力：具备编程技能，能够使用编程语言如 Python、R 语言等进行数据分析和处理。

　　业务理解能力：理解业务背景和目标，能够将数据分析结果与业务需求相结合，提供有实际意义的解决方案。

　　沟通和表达能力：能够清晰地表达数据分析结果，将复杂的数据分析结果转化为简洁明了的报告和演示文稿，与业务方进行有效的沟通。

　　创新能力：具备创新思维，能够寻找新的数据分析方法和技术，不断改进数据分析方法，提高数据分析效率和准确性。

　　我是一家制药公司的市场销售经理，负责管理公司在全国各省市的销售业绩。现有公司 2022 年的销售数据，包括各省市销售额、订单数量、客户数量、平均交易额。

　　数据已被我存在了一个 Excel 文件中，文件名为"药物销售业绩 .xlsx"，数据的开头如下。

　　省市　城市　销售额（万元）　订单数量　客户数量　平均交易额（元）

　　请你从专业的角度，对这些数据进行分析，并绘制坐标图和雷达图，将分析结果呈现出来。

　　我需要坐标图和雷达图分布在同一个画布的左右两边。

　　直接以代码块的形式给我 Python 代码。

ChatGPT 根据需求，生成的坐标图和雷达图代码如 5-17 所示。

5-17　ChatGPT 生成的坐标图和雷达图代码

```
import pandas as pd
import matplotlib.pyplot as plt
import matplotlib.font_manager as fm
import seaborn as sns
import numpy as np

# 设置中文字体
font = fm.FontProperties(fname='C:/Windows/Fonts/msyh.ttc', size=14)

# 读取数据
data = pd.read_excel(" 药物销售业绩 .xlsx")
```

```python
# 数据处理
grouped_data = data.groupby([' 省市 ']).agg({' 销售额（万元）': 'sum', ' 订单
数量 ': 'sum', ' 客户数量 ': 'sum', ' 平均交易额（元）': 'mean'}).reset_index()

# 设置画布和子图
fig = plt.figure(figsize=(16, 8))

# 添加子图，用于显示两个图之间的空白区域
ax3 = fig.add_subplot(111, frameon=False)
ax3.tick_params(labelcolor='none', top=False, bottom=False, left=False,
right=False)

# 添加两个子图
ax1 = fig.add_subplot(121)
ax2 = fig.add_subplot(122, polar=True)

# 绘制坐标图
sns.scatterplot(data=grouped_data, x=' 订单数量 ', y=' 销售额（万元）',
hue=' 省市 ', ax=ax1)
ax1.set_xlabel(" 订单数量 ", fontproperties=font)
ax1.set_ylabel(" 销售额（万元）", fontproperties=font)
ax1.set_title(" 订单数量与销售额关系 ", fontproperties=font)
ax1.legend(prop=font, loc='upper right')

# 绘制雷达图
num_vars = len(grouped_data.columns) - 1
angle = 2 * np.pi / num_vars
angles = [n * angle for n in range(num_vars)]
angles += angles[:1]

# 数据归一化
max_values = grouped_data.iloc[:, 1:].max()
scaled_grouped_data = grouped_data.iloc[:, 1:].div(max_values)
scaled_grouped_data[' 省市 '] = grouped_data[' 省市 ']
```

```
# 绘制雷达图
def plot_radar(row, color, ax):
    values = scaled_grouped_data.loc[row].drop(' 省市 ').tolist()
    values += values[:1]
     ax.plot(angles, values, color=color, linewidth=2, label=scaled_grouped_
data.loc[row][' 省市 '])
    ax.fill(angles, values, color=color, alpha=0.25)

ax2.set_theta_offset(np.pi / 2)
ax2.set_theta_direction(-1)
ax2.set_rlabel_position(180)

grid_values = np.linspace(start=0, stop=1, num=6)
grid_labels = [f"{x:.1f}" for x in grid_values]
ax2.set_yticks(grid_values[1:])
ax2.set_yticklabels(grid_labels[1:], fontproperties=font, fontsize=12)
ax2.set_ylim(0, 1)

for i, row in grouped_data.iterrows():
    plot_radar(i, sns.color_palette("husl", len(grouped_data))[i], ax2)

ax2.set_xticks(angles[:-1])
ax2.set_xticklabels(grouped_data.columns[1:], fontproperties=font)
ax2.set_title(" 各省市销售业绩雷达图 ", fontproperties=font)
ax2.legend(prop=font, loc='upper right')

# 添加六边形网格线
for grid_val in grid_values[1:]:
    x_vals = [grid_val * np.cos(ang) for ang in angles]
    y_vals = [grid_val * np.sin(ang) for ang in angles]
    ax2.plot(x_vals + x_vals[:1], y_vals + y_vals[:1], 'k--', lw=0.5, alpha=0.5)

# 显示图像
```

```
plt.tight_layout()
plt.show()
```

以上代码使用 Python 中的 Pandas、Matplotlib 和 Seaborn 库对药物销售业绩数据进行了分析和可视化。首先，读取了一个 Excel 文件中的数据，并对数据进行了处理，计算了各省市的销售额、订单数量、客户数量和平均交易额。接着，使用 Seaborn 库绘制了一个坐标图，展示了订单数量和销售额之间的关系，并对数据进行了可视化。然后，使用 Matplotlib 库绘制了一个雷达图，展示了各省市销售业绩的情况，其中每个顶点代表一个变量，如销售额、订单数量等，每个顶点与中心点之间的线段表示该省市在该变量上的数据。最后，添加了网格线以增加图像的可读性，并在显示图像之前调整了图像的布局。

将以上代码复制到 PyCharm 中运行，得到的坐标图和雷达图如图 5.8 所示。

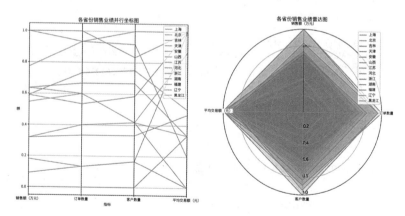

图 5.8 坐标图和雷达图

从绘制的坐标图可以看出，订单数量和销售额呈现一定的正相关关系，即订单数量越多，销售额越高，但是存在一些离群点。从雷达图可以看出，各省市在不同变量上的得分差异较大，其中上海和浙江在销售额、订单数量和客户数量 3 个变量上的得分较高，而辽宁和山西在平均交易额上的得分较高。这些结果可以帮助我们了解各省市的销售业绩情况，进而制订更有针对性的销售策略。

使用 ChatGPT 可以轻松得到坐标图和雷达图，这两种图表是数据可视化常用的。并行坐标图可以同时显示多个变量之间的关系，帮助我们快速了解不同因素之间的相互作用。而雷达图则可以方便地比较不同项目或方案在多个指标上的表现，帮助我们做出更加准确的决策。ChatGPT 不仅可以生成这些图表，还可以根据输入的数据和参数进行自定义设计和优化，让图表更加清晰、易读和美观。

5.2.3 使用 ChatGPT 构建树形图和层次图

树形图和层次图用于表示层次结构数据和组织结构。树形图以树状结构展示数据，每个节点表示一个类别或实体，边表示上下级关系；层次图则采用类似的方式，但更强调各层之间的联系和流动关系。通过使用 ChatGPT 构建树形图和层次图，用户可以直观地了解数据中的层次关系和组织结构。下面我们通过一个实例来理解树形图和层次图。

小王是某家电公司的市场部经理，负责分析公司的产品销售数据，并提出改进策略。现有一份销售数据，如表 5.9 所示。

表 5.9　家电销售数据

产品名称	产品类别	产品型号	销售渠道	销售数量	销售日期
电视	家电	A1	线上	120	2023-01-01
电视	家电	A1	线下	60	2023-01-01
冰箱	家电	B2	线上	220	2023-01-01
冰箱	家电	B2	线下	110	2023-01-01
空调	家电	C3	线上	180	2023-01-01
空调	家电	C3	线下	60	2023-01-01
洗衣机	家电	D4	线上	120	2023-01-01
洗衣机	家电	D4	线下	120	2023-01-01
电视	家电	A1	线上	240	2023-02-01

续表

产品名称	产品类别	产品型号	销售渠道	销售数量	销售日期
电视	家电	A1	线下	120	2023-02-01
冰箱	家电	B2	线上	180	2023-02-01
冰箱	家电	B2	线下	60	2023-02-01
空调	家电	C3	线上	240	2023-02-01
空调	家电	C3	线下	120	2023-02-01
洗衣机	家电	D4	线上	180	2023-02-01
洗衣机	家电	D4	线下	60	2023-02-01

与之前生成代码的方式不同，小王可以直接通过 ChatGPT 生成树形图和层次图，提示语如 5-18 所示。

5-18　生成树形图和层次图提示语

你是高级数据分析师，具备以下能力。

数据分析技能：具备深入理解数据的能力，能够对数据进行有效的解读和分析，并得出有价值的结论。

统计学知识：具备基本的统计学知识，能够运用统计学方法分析数据，进行数据建模和预测。

数据可视化：能够使用各种数据可视化工具将数据呈现出来，使数据更加易于理解和传达。

编程能力：具备编程技能，能够使用编程语言如 Python、R 语言等进行数据分析和处理。

业务理解能力：理解业务背景和目标，能够将数据分析结果与业务需求相结合，提供有实际意义的解决方案。

沟通和表达能力：能够清晰地表达数据分析结果，将复杂的数据分析结果转化为简洁明了的报告和演示文稿，与业务方进行有效的沟通。

创新能力：具备创新思维，能够寻找新的数据分析方法和技术，不断改进数据分析方法，提高数据分析效率和准确性。

我是某家电公司的市场部经理，负责分析公司的产品销售数据，并提出改进策略。现有一份销售数据如下。

产品名称	产品类别	产品型号	销售渠道	销售数量	销售日期
电视	家电	A1	线上	120	2023-01-01
电视	家电	A1	线下	60	2023-01-01

冰箱	家电	B2	线上	220	2023-01-01
冰箱	家电	B2	线下	110	2023-01-01
空调	家电	C3	线上	180	2023-01-01
空调	家电	C3	线下	60	2023-01-01
洗衣机	家电	D4	线上	120	2023-01-01
洗衣机	家电	D4	线下	120	2023-01-01
电视	家电	A1	线上	240	2023-02-01
电视	家电	A1	线下	120	2023-02-01
冰箱	家电	B2	线上	180	2023-02-01
冰箱	家电	B2	线下	60	2023-02-01
空调	家电	C3	线上	240	2023-02-01
空调	家电	C3	线下	120	2023-02-01
洗衣机	家电	D4	线上	180	2023-02-01
洗衣机	家电	D4	线下	60	2023-02-01

直接以 Markdown 的方式，输出上面数据的树形图和层次图。
Markdown 中用 ## 表示数据之间的层级关系。
以代码块的格式输出。

ChatGPT 根据需求，生成的树形图和层次图如 5-19 所示。

5-19　ChatGPT 生成的树形图和层次图

树形图
销售数据
- 产品名称
  - 电视
    - 产品类别 : 家电
    - 产品型号 : A1
    - 销售渠道
      - 线上 : 120 (2023-01-01), 240 (2023-02-01)
      - 线下 : 60 (2023-01-01), 120 (2023-02-01)
  - 冰箱
    - 产品类别 : 家电
    - 产品型号 : B2
    - 销售渠道

  - 线上 : 220 (2023-01-01), 180 (2023-02-01)
  - 线下 : 110 (2023-01-01), 60 (2023-02-01)
- 空调
  - 产品类别 : 家电
  - 产品型号 : C3
  - 销售渠道
    - 线上 : 180 (2023-01-01), 240 (2023-02-01)
    - 线下 : 60 (2023-01-01), 120 (2023-02-01)
- 洗衣机
  - 产品类别 : 家电
  - 产品型号 : D4
  - 销售渠道
    - 线上 : 120 (2023-01-01), 180 (2023-02-01)
    - 线下 : 120 (2023-01-01), 60 (2023-02-01)

层次图
销售数据
- 电视
  - 产品类别 : 家电
  - 产品型号 : A1
  - 销售渠道
    - 线上 :
      - 销售数量 : 120 (2023-01-01), 240 (2023-02-01)
    - 线下 :
      - 销售数量 : 60 (2023-01-01), 120 (2023-02-01)
- 冰箱
  - 产品类别 : 家电
  - 产品型号 : B2
  - 销售渠道
    - 线上 :
      - 销售数量 : 220 (2023-01-01), 180 (2023-02-01)
    - 线下 :
      - 销售数量 : 110 (2023-01-01), 60 (2023-02-01)
- 空调
  - 产品类别 : 家电

```
 - 产品型号 : C3
 - 销售渠道
  - 线上 :
   - 销售数量 : 180 (2023-01-01), 240 (2023-02-01)
  - 线下 :
   - 销售数量 : 60 (2023-01-01), 120 (2023-02-01)
 - 洗衣机
  - 产品类别 : 家电
  - 产品型号 : D4
  - 销售渠道
   - 线上 :
    - 销售数量 : 120 (2023-01-01), 180 (2023-02-01)
   - 线下 :
    - 销售数量 : 120 (2023-01-01), 60 (2023-02-01)
```

　　通过思维导图软件，可以更好地可视化上面的树形图，如图 5.9 所示，层次图如图 5.10 所示。

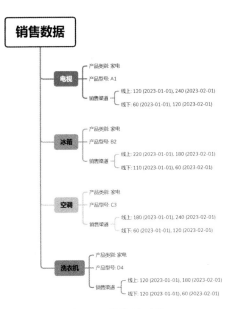

图 5.9　销售树形图

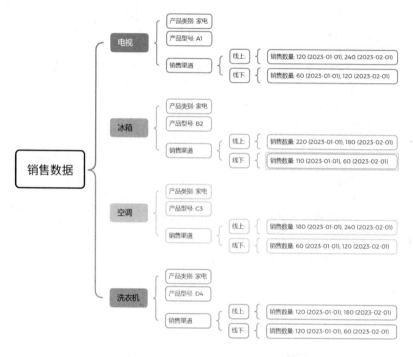

图 5.10　销售层次图

　　从上面的树形图和层次图，可以很清晰地看出该家电公司销售的 4 种产品(电视、冰箱、空调、洗衣机)的产品型号和在不同的销售渠道(线上、线下)的销售情况。同时，销售数据中包括了每次销售的销售数量和日期，这些信息可以用来进一步分析产品销售的趋势和变化。基于这些数据，该公司可以针对不同产品和渠道制订相应的销售策略，提高产品销售量和市场占有率。

　　使用 ChatGPT 可以轻松构建树形图和层次图。这种图形表示方法可以帮助我们更清晰地展示复杂的概念和关系，从而更好地理解和解释各种信息。在学术研究、商业分析、教育教学等领域都非常有用。通过使用 ChatGPT 的自然语言处理功能，我们可以轻松地将文本数据转化为树形图或层次图，从而极大地简化我们的工作流程并提高工作效率。

5.3 小结

本章介绍了使用 ChatGPT 进行数据可视化，其中包括基本图表和高级数据可视化。在基本图表部分，我们学习了如何使用 ChatGPT 绘制折线图、趋势图、柱状图、条形图、饼图、环形图、散点图和气泡图。这些基本图表可以帮助我们更好地理解和展示数据的分布、趋势和关系。

在高级数据可视化部分，我们深入探讨了热力图、相关性图、并行坐标图、雷达图、树形图和层次图。这些高级数据可视化技术可以帮助我们更深入地挖掘数据背后的规律和关系，以及更直观地展示复杂的数据结构和关系。

通过本章的学习，读者可以了解使用 ChatGPT 进行数据可视化的方法，掌握常用的基本图表和高级数据可视化技术，从而更好地展示和解读数据。

第 6 章
使用 ChatGPT 进行回归分析与预测建模

在当今数据驱动的时代，数据分析已经成为企业和组织获取竞争优势的关键因素。尽管有很多数据分析和机器学习工具可以实现各种类型的回归分析和预测建模，但 ChatGPT 凭借其强大的自然语言处理和生成能力，为数据分析师提供了一种更直观、易于使用的处理数据和构建模型的方式。

本章主要介绍如何使用 ChatGPT 进行回归分析与预测建模，重点涉及以下知识点：

- 使用 ChatGPT 实现线性回归、多项式回归、岭回归与套索回归
- 使用 ChatGPT 构建神经网络预测模型，进行决策树和随机森林预测

本章将逐一深入讲解上述知识点，包括理论背景和实际操作指南。通过学习本章的内容，读者将能够熟练地运用 ChatGPT 进行各种类型的回归分析和预测建模，从而为业务决策提供有力支持。

6.1 使用 ChatGPT 进行回归分析

回归分析是一种强大的统计方法，旨在研究自变量和因变量之间的关系。通过回归分析，我们可以预测和估计因变量的值，从而为业务决策提供有力支持。在本节中，我们将探讨如何使用 ChatGPT 进行各种类型的回归分析，包括线性回归、多项式回归、岭回归与套索回归。

6.1.1　使用 ChatGPT 实现线性回归

线性回归是一种基本的预测和分析方法，它试图建立因变量（响应变量）与一个或多个自变量（预测变量）之间的线性关系。线性回归有两种类型：简单线性回归和多元线性回归。简单线性回归只有一个自变量，而多元线性回归有多个自变量。线性回归的目标是找到一条线（对于多元线性回归是一个超平面），使这条线可以最大限度地拟合数据点。在这个过程中，线性回归试图最小化预测值与实际值之间的差异。这种差异通常通过平方误差（或其他损失函数）来度量。线性回归通过梯度下降等优化方法来求解最优参数。

对于简单线性回归，模型可以表示为

$$y = \beta_0 + \beta_1 x + \varepsilon$$

其中，y 是因变量，x 是自变量，β_0 是截距项，β_1 是斜率，ε 是误差项。

对于多元线性回归，模型可以表示为

$$y = \beta_0 + \beta_1 x_1 + \beta_2 x_2 + ... + \beta_n x_n + \varepsilon$$

其中，$x_1, x_2, ..., x_n$ 是自变量，$\beta_1, \beta_2, ..., \beta_n$ 是各自变量的权重。

线性回归的目标是找到一组参数 β，使预测值与实际值之间的平方误差之和最小，即最小化损失函数：

$$L(\beta) = \sum \left[y_i - \left(\beta_0 + \beta_1 x_1 + \beta_2 x_2 + ... + \beta_n x_n \right) \right]^2$$

线性回归广泛应用于各种领域，包括经济学、金融、医学、社会科学等。具体的应用实例包括房价预测（根据房屋的面积、地段、装修等因素预测房屋的价格）、销售预测（根据广告投入、产品特性、竞争对手等因素预测产品的销售额）、供应链管理（根据历史数据、市场需求等因素预测库存需求）及营销活动评估（评估不同的营销策略、渠道和预算对销售的影响）等。

⚠ 注意：尽管线性回归是一种简单而强大的方法，但它也有一些局限性。线性回

归假定因变量和自变量之间存在线性关系，这在实际应用中并不总是成立。另外，线性回归可能受到异常值、多重共线性等问题的影响。

通过 ChatGPT 实现线性回归，可以快速而准确地预测连续型变量之间的关系。通过使用 ChatGPT 的线性回归模型，我们可以更加精确地预测未来趋势，并且可以快速地处理大量数据。下面我们通过一些实例来介绍如何使用 ChatGPT 实现线性回归。

Lisa 是一家电子商务公司的数据分析师，她的目标是找出广告支出和销售额之间的关系，并建立一个线性回归模型来预测未来的销售额。现有一份广告支出与销售额数据表，如表 6.1 所示。

表 6.1　广告支出销售表　　　　　（单位：万元）

广告支出	销售额
10.5	98.8
21.2	208.5
32.1	297.4
41.2	402.8
49.9	500.9
60.3	605.7
71.4	698.2
80.1	798.9
89.3	902.3
100.2	998.6

Lisa 通过 ChatGPT 直接实现线性分析，提示语如 6-1 所示。

6-1　广告线性回归提示语

你是高级数据分析师，具备以下能力。

数据分析技能：具备深入理解数据的能力，能够对数据进行有效的解读和分析，并得出有价值的结论。

统计学知识：具备基本的统计学知识，能够运用统计学方法分析数据，进行数据建模和预测。

数据可视化：能够使用各种数据可视化工具将数据呈现出来，使数据更加易于理解和传达。

编程能力：具备编程技能，能够使用编程语言如 Python、R 语言等进行数据分析和处理。

业务理解能力：理解业务背景和目标，能够将数据分析结果与业务需求相结合，提供有实际意义的解决方案。

沟通和表达能力：能够清晰地表达数据分析结果，将复杂的数据分析结果转化为简洁明了的报告和演示文稿，与业务方进行有效的沟通。

创新能力：具备创新思维，能够寻找新的数据分析方法和技术，不断改进数据分析方法，提高数据分析效率和准确性。

我是一家电子商务公司的数据分析师。我的目标是找出广告支出和销售额之间的关系，并建立一个线性回归模型来预测未来的销售额。

现有一份广告支出与销售额数据表，保存在本地 Excel 中，名为"广告支出销售表"。

请你从专业的角度，构建一个线性分析的函数，对上面的数据进行处理，并绘制曲线。

同时，根据线性分析结果，若我的广告支出为 200 万元，销售额预计是多少？

直接以代码块的形式给我 Python 代码。

ChatGPT 根据需求，生成的线性回归代码如 6-2 所示。

6-2 广告线性回归代码

```python
import pandas as pd
import numpy as np
import matplotlib.pyplot as plt
from sklearn.linear_model import LinearRegression


# 设置中文字体
plt.rcParams['font.sans-serif'] = ['Microsoft YaHei']
plt.rcParams['axes.unicode_minus'] = False


# 读取 Excel 表格中的数据
data = pd.read_excel(' 广告支出销售表 .xlsx')


# 将数据分成广告支出和销售额 2 列
```

```
X = data.iloc[:, 0].values.reshape(-1, 1)
y = data.iloc[:, 1].values.reshape(-1, 1)

# 绘制广告支出和销售额之间的散点图
plt.scatter(X, y)
plt.xlabel(' 广告支出（万元）')
plt.ylabel(' 销售额（万元）')
plt.show()

# 构建线性回归模型
model = LinearRegression()
model.fit(X, y)

# 预测广告支出为 200 万元时的销售额
x_pred = np.array([[200]])
y_pred = model.predict(x_pred)
print(' 广告支出为 200 万元时的销售额预计为 %.2f 万元 ' % y_pred)

# 绘制线性回归模型的拟合曲线
plt.scatter(X, y)
plt.plot(X, model.predict(X), color='red')
plt.xlabel(' 广告支出（万元）')
plt.ylabel(' 销售额（万元）')
plt.show()
```

上述代码使用 Python 中的 Pandas、Numpy、Matplotlib 和 Sklearn 库来构建一个线性回归模型，以分析广告支出和销售额之间的关系，并预测未来的销售额。具体来说，代码首先读取一个名为"广告支出销售表"的 Excel 表格中的数据，将其转换为 Pandas 数据框，并使用 Matplotlib 库绘制散点图展示广告支出和销售额之间的关系。然后，使用 Sklearn 库中的 LinearRegression 方法拟合线性回归模型，并使用该模型对未来的销售额进行预测。最后，使用 Matplotlib 库绘制线性回归模型的拟合曲线，并显示出广告支出为 200 万元时的预测销售额。

将上面代码复制到 PyCharm 中运行，预测广告支出为 200 万元时的销售额为 2012.15 万元，同时绘制的线性关系图如图 6.1 所示。

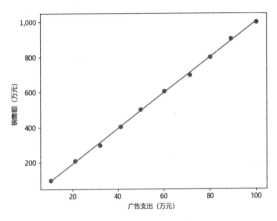

图 6.1　广告支出与销售额线性关系图

线性回归算法是一种用于建立和预测连续变量之间线性关系的机器学习算法。有几个通用的数据集可用于此算法，如 Boston Housing、California Housing、Advertising、Diabetes 和 Wine Quality 数据集。这些数据集具有良好的质量和线性关系，因此它们被广泛用于线性回归。以 Boston Housing 数据集为例，这是一个经典的用于回归分析的数据集，其中包含了波士顿地区不同房屋的价格和其他相关信息，如犯罪率、税率等。该数据集由 506 个样本组成，其中包括 404 个训练样本和 102 个测试样本。

以下是 Boston Housing 数据集中的一些样本，每个样本包含 13 个特征和 1 个目标变量（MEDV），即房屋的中位数价格（单位：千美元）。样本的 13 个特征如表 6.2 所示。

表 6.2　Boston Housing 数据特征

特征名称	描述
CRIM	城镇人均犯罪率
ZN	面积超过 25,000 平方英尺的地块中住宅用地的比例

续表

特征名称	描述
INDUS	城镇非零售商业用地比例
CHAS	查尔斯河虚拟变量（如果房屋位于河边，则为 1；否则为 0）
NOX	一氧化氮浓度（千万分之一）
RM	每个住宅的平均房间数
AGE	1940 年以前建造的自用房屋比例
DIS	距离 5 个波士顿就业中心的加权距离
RAD	高速公路的可达性指数
TAX	每 10,000 美元的全额物业税率
PTRATIO	城镇师生比例
B	1000（Bk-0.63）^{2}，其中 Bk 是城镇黑人的比例
LSTAT	低收入人口的比例

其中前几个样本的数据如表 6.3 所示。

表 6.3　Boston Housing 数据样例

CRIM	ZN	INDUS	CHAS	NOX	RM	AGE
0.00632	18.0	2.31	0.0	0.538	6.575	65.2
0.02731	0.0	7.07	0.0	0.469	6.421	78.9
0.02729	0.0	7.07	0.0	0.469	7.185	61.1
0.03237	0.0	2.18	0.0	0.458	6.998	45.8

DIS	RAD	TAX	PTRATIO	B	LSTAT	MEDV
4.0900	1.0	296.0	15.3	396.90	4.98	24.0
4.9671	2.0	242.0	17.8	396.90	9.14	21.6
4.9671	2.0	242.0	17.8	392.83	4.03	34.7
6.0622	3.0	222.0	18.7	394.63	—	—

在进行线性回归分析时，我们应该选取与目标变量（房屋中位数价格）最相关的特征来训练模型。因此，在 Boston Housing 数据集中，可以使用以下特征。

（1）RM：每个住宅的平均房间数。该特征与房屋价格的正相关关系最强，因此是进行线性回归分析的一个很好的选择。

（2） LSTAT：低收入人口的比例。该特征与房屋价格的负相关关系最强，因此也是进行线性回归分析的一个很好的选择。

（3） PTRATIO：城镇师生比例。该特征与房屋价格的负相关关系较强，也可以考虑将其包含在模型中。

（4） INDUS：城镇非零售商业用地比例。该特征与房屋价格的负相关关系较强，也可以考虑将其包含在模型中。

⚠ 说明：其他特征也可以作为候选特征来训练模型，但是它们与目标变量之间的相关性可能不如上述特征强，因此可能不是进行线性回归分析的最佳选择。

我们可以直接通过 ChatGPT 对这一通用数据集进行线性回归，提示语如 6-3 所示。

6-3　Boston Housing 线性回归提示语

你是高级数据分析师，具备以下能力。

数据分析技能：具备深入理解数据的能力，能够对数据进行有效的解读和分析，并得出有价值的结论。

统计学知识：具备基本的统计学知识，能够运用统计学方法分析数据，进行数据建模和预测。

数据可视化：能够使用各种数据可视化工具将数据呈现出来，使数据更加易于理解和传达。

编程能力：具备编程技能，能够使用编程语言如 Python、R 语言等进行数据分析和处理。

业务理解能力：理解业务背景和目标，能够将数据分析结果与业务需求相结合，提供有实际意义的解决方案。

沟通和表达能力：能够清晰地表达数据分析结果，将复杂的数据分析结果转化为简洁明了的报告和演示文稿，与业务方进行有效的沟通。

创新能力：具备创新思维，能够寻找新的数据分析方法和技术，不断改进数据分析方法，提高数据分析效率和准确性。

请你从专业的角度，构建一个线性分析的函数，对 Boston Housing 数据集进行处理，并绘制曲线。

　　需要根据数据集中的"RM""LSTAT""PTRATIO""INDUS"4 个特征构建函数，绘图时需要将所有的图整合到 1 张图中。

　　直接以代码块的形式给我 Python 代码。

　　ChatGPT 根据需求，生成的线性回归代码如 6-4 所示。

6-4　Boston Housing 线性回归代码

```python
import pandas as pd
import numpy as np
import matplotlib.pyplot as plt
from sklearn.datasets import load_boston
from sklearn.linear_model import LinearRegression

# 设置中文字体
plt.rcParams['font.sans-serif'] = ['SimHei']
plt.rcParams['axes.unicode_minus'] = False

# 加载数据集
boston = load_boston()

# 将数据集转换成 Pandas 的 DataFrame 格式
boston_df = pd.DataFrame(boston.data, columns=boston.feature_names)

# 将目标变量（房价）添加到 DataFrame
boston_df['MEDV'] = boston.target

# 提取特征变量和目标变量
X = boston_df[['RM', 'LSTAT', 'PTRATIO', 'INDUS']]
y = boston_df['MEDV']

# 建立模型
model = LinearRegression()
model.fit(X, y)

# 输出模型系数和截距
```

```
print(' 模型系数 : \n', model.coef_)
print(' 截距 : \n', model.intercept_)

# 绘制预测值与实际值的散点图和线性回归图
plt.figure(figsize=(8, 6))
plt.scatter(y, model.predict(X), color='blue')
plt.plot([0, 50], [0, 50], color='red', linestyle='--', linewidth=2)
plt.fill_between([0, 50], [0, 50] - 5, [0, 50] + 5, color='gray', alpha=0.2)
plt.fill_between([0, 50], [0, 50] - 10, [0, 50] + 10, color='gray', alpha=0.2)
plt.xlim([0, 50])
plt.ylim([0, 50])
plt.xlabel(' 实际房价（千美元）', fontsize=12)
plt.ylabel(' 预测房价（千美元）', fontsize=12)
plt.title(' 线性回归分析 ', fontsize=14)

# 展示图像
plt.show()
```

上述代码通过加载 Boston Housing 数据集，提取了其中的 4 个特征（每个住宅的平均房间数、低收入人口的比例、城镇师生比例和城镇非零售商业用地比例），然后使用线性回归模型拟合了这些特征与房价之间的关系。接着，代码绘制了预测值与实际值的散点图，突出显示了线性回归模型的准确性，并使用灰色区域显示了预测值可能存在的误差范围。最后，代码展示了这个图形。

将上述代码复制到 PyCharm 中运行，得到的线性回归图如图 6.2 所示。

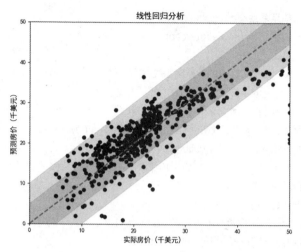

图 6.2　Boston Housing 线性回归分析图

　　从上面的线性回归图中可以看出，预测值与实际值的散点分布在一条近似的直线上，这表明线性回归模型能够比较准确地预测房价。此外，由于灰色区域较小，说明预测值的误差范围较小，这进一步验证了模型的准确性。

　　综上所述，使用 ChatGPT 实现线性回归是一种快速且高效的方法。线性回归是一种基本的机器学习算法，常被用于预测和建模。在实践中，使用线性回归需要对数据进行预处理和特征工程，这些过程需要消耗大量的时间和精力。但是，使用 ChatGPT 可以简化这个过程，从而使线性回归更加容易实现。

6.1.2　使用 ChatGPT 进行多项式回归

　　多项式回归是线性回归的扩展，它允许因变量与自变量之间存在非线性关系。多项式回归通过引入自变量的高次项来拟合数据，从而能够捕捉到数据中的非线性关系。多项式回归模型可以表示如下：

$$y = \beta_0 + \beta_1 x + \beta_2 x^2 + \ldots + \beta_n x^n + \varepsilon$$

其中，y 是因变量，x 是自变量，β_0，β_1，...，β_n 是各项的系数，ε 是误差项。

多项式回归的目标是找到一组参数 β，使预测值与实际值之间的平方误差之和最小，即最小化损失函数：

$$L(\beta) = \sum \left[y - \left(\beta_0 + \beta_1 x + \beta_2 x^2 + \ldots + \beta_n x^n \right) \right]^2$$

其中，$L(\beta)$ 表示损失函数，y 表示实际值，x 表示自变量，β_0，β_1，...，β_n 表示各项的系数。

同样地，多项式回归也可以广泛应用于各个领域，包括经济学、金融、医学、社会科学等。它可以用于房价预测、销售预测、供应链管理、营销活动评估等场景，特别是在因变量和自变量之间存在非线性关系的情况下。

通过 ChatGPT 实现多项式回归，可以更好地捕捉非线性关系，从而提高预测的准确性。下面我们通过一个实例来介绍如何使用 ChatGPT 实现多项式回归。

Tom 是一家汽车制造公司的数据分析师。他的目标是研究汽车行驶里程和油耗之间的关系，并建立一个多项式回归模型来预测未来的油耗。现有一份汽车里程油耗数据表，如表 6.4 所示。

表 6.4 汽车里程油耗表

里程（公里）	油耗（升）
100	5.5
200	9.1
300	13.2
400	18.5
500	24.9
600	32.5
700	41.2
800	51.0
900	61.9
1,000	74.0

因为里程和油耗之间的关系不是简单的线性关系，而是更复杂的曲线关系，Tom 使用 ChatGPT 实现多项式回归，提示语如 6-5 所示。

6-5 汽车油耗多项式回归提示语

你是高级数据分析师，具备以下能力。

数据分析技能：具备深入理解数据的能力，能够对数据进行有效的解读和分析，并得出有价值的结论。

统计学知识：具备基本的统计学知识，能够运用统计学方法分析数据，进行数据建模和预测。

数据可视化：能够使用各种数据可视化工具将数据呈现出来，使数据更加易于理解和传达。

编程能力：具备编程技能，能够使用编程语言如 Python、R 语言等进行数据分析和处理。

业务理解能力：理解业务背景和目标，能够将数据分析结果与业务需求相结合，提供有实际意义的解决方案。

沟通和表达能力：能够清晰地表达数据分析结果，将复杂的数据分析结果转化为简洁明了的报告和演示文稿，与业务方进行有效的沟通。

创新能力：具备创新思维，能够寻找新的数据分析方法和技术，不断改进数据分析方法，提高数据分析效率和准确性。

我是一家汽车制造公司的数据分析师。我的目标是研究汽车行驶里程和油耗之间的关系，并建立一个多项式回归模型来预测未来的油耗。

现有一份汽车里程油耗数据表，保存在本地 Excel 中，名为"汽车里程油耗表"。

请你从专业的角度，构建一个多项式分析的函数，对上面的数据进行处理，并绘制曲线。

直接以代码块的形式给我 Python 代码。

ChatGPT 根据需求，生成的多项式回归代码如 6-6 所示。

6-6 汽车油耗多项式回归代码

```python
import numpy as np
import pandas as pd
import matplotlib.pyplot as plt
from sklearn.linear_model import LinearRegression
from sklearn.preprocessing import PolynomialFeatures
```

```
from matplotlib.font_manager import FontProperties

# 设置中文字体
font = FontProperties(fname='C:/Windows/Fonts/msyh.ttc', size=14)

# 读取数据
data = pd.read_excel(' 汽车里程油耗表 .xlsx')

# 提取特征和目标变量
x = data.iloc[:, 0].values.reshape(-1, 1)
y = data.iloc[:, 1].values.reshape(-1, 1)

# 多项式回归模型
poly = PolynomialFeatures(degree=3) # 多项式次数，这里设为 3 次
x_poly = poly.fit_transform(x)
poly.fit(x_poly, y)
lin_reg = LinearRegression()
lin_reg.fit(x_poly, y)

# 可视化多项式回归结果
plt.scatter(x, y, color='red')
plt.plot(x, lin_reg.predict(poly.fit_transform(x)), color='blue')
plt.title(' 汽车行驶里程和油耗的多项式回归模型 ', fontproperties=font)
plt.xlabel(' 行驶里程 ', fontproperties=font)
plt.ylabel(' 油耗 ', fontproperties=font)
plt.show()
```

以上代码使用 Pandas 读取本地 Excel 文件并提取特征和目标变量，然后利用 Sklearn 库中的 PolynomialFeatures 和 LinearRegression 方法对数据进行多项式回归模型的训练和预测，最后使用 Matplotlib 库绘制多项式回归曲线并添加中文标签，以可视化汽车行驶里程和油耗之间的关系，并对未来油耗进行预测。

将以上代码复制到 PyCharm 中运行，得到的汽车行驶里程和油耗的

多项式回归图如图 6.3 所示。

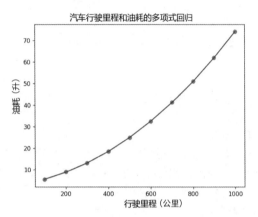

图 6.3 汽车行驶里程和油耗的多项式回归图

从上面的多项式回归图可以看出，行驶里程和油耗之间存在一定的非线性关系。通过使用多项式回归模型，我们可以更好地捕捉这种非线性关系，并预测未来的油耗情况。在该图中，ChatGPT 使用了 3 次多项式回归模型来拟合数据，并得到了一个较好的拟合效果。

> ⚠ 注意：多项式回归模型可以在一定程度上减少拟合误差，但如果多项式次数过高，模型可能会过度拟合数据，导致泛化能力降低。因此，在使用多项式回归模型时，需要根据实际情况选择适当的多项式次数，以保证模型的预测能力和泛化能力。

多项式回归是一种用于建立和预测非线性关系的机器学习算法。机器学习工具和竞赛平台通常会提供一些预处理过的数据集，其中一些适合使用多项式回归进行建模。例如，Boston Housing、California Housing、Wine Quality 和 Bike Sharing 数据集都涉及具有一定非线性关系的特征。此外，House Prices: Advanced Regression Techniques 竞赛数据集也可以使用多项式回归进行建模。这些数据集的建模可以帮助开发者和数据科学家实现更准确的预测和分析。

其中，Wine Quality 数据集是一个关于红葡萄酒和白葡萄酒的化学性质和品质评分的数据集。该数据集包含了各种化学性质的测量值，如酒精度、挥发性酸度、柠檬酸含量、残糖含量等，并且每种葡萄酒都有一个 0 到 10 的品质评分。数据集包含了 1,599 个红葡萄酒和 4,898 个白葡萄酒样本，共计 6,497 个样本。该数据集的特征介绍如表 6.5 所示。

表 6.5　Wine Quality 数据集的特征

特征名称	特征描述
固定酸度	葡萄酒中的非挥发性酸的含量，主要包括酒石酸和苹果酸
挥发性酸度	葡萄酒中挥发性酸的含量，主要是乙酸，过高的含量可能会导致酒的口感不佳
柠檬酸含量	葡萄酒中柠檬酸的含量，柠檬酸可以增加酒的鲜味和色泽
残糖含量	葡萄酒发酵过程中未被酵母转化为酒精的糖分
氯化物含量	葡萄酒中氯化物的含量，主要来源于酒的生产过程中添加的盐
游离二氧化硫含量	葡萄酒中未与其他分子结合的二氧化硫的含量，二氧化硫主要用于抑制微生物的生长和防止葡萄酒的氧化
总二氧化硫含量	葡萄酒中游离二氧化硫和结合二氧化硫的总含量，其含量过高可能会影响葡萄酒的口感和质量
密度	葡萄酒的密度，一般与酒的酒精度和糖分含量有关
pH 值	葡萄酒的酸碱度，一般来说，葡萄酒的 pH 值在 3.0~4.0
硫酸盐含量	葡萄酒中硫酸盐的含量，硫酸盐有助于防止葡萄酒的氧化和微生物的生长
酒精度	葡萄酒中酒精的含量，一般用度数表示
品质评分	葡萄酒的品质评分，一般是由专家根据葡萄酒的色泽、香气、口感等多个因素评定的，评分范围是 0~10
葡萄酒类型	表示葡萄酒的种类，0 表示红葡萄酒，1 表示白葡萄酒

部分 Wine Quality 数据如表 6.6 所示。

表 6.6　部分 Wine Quality 数据

固定酸度	挥发性酸度	柠檬酸含量	残糖含量	氯化物含量	游离二氧化硫含量	总二氧化硫含量
7.4	0.70	0.00	1.9	0.076	11.0	34.0
7.8	0.88	0.00	2.6	0.098	25.0	67.0
7.8	0.76	0.04	2.3	0.092	15.0	54.0
11.2	0.28	0.56	1.9	0.075	17.0	60.0
7.4	0.70	0.00	1.9	0.076	11.0	34.0
6.2	0.88	0.00	1.6	0.065	15.0	59.0

密度	pH 值	硫酸盐含量	酒精度	品质评分	葡萄酒类型	
0.9978	3.51	0.56	9.4	5	0	
0.9968	3.20	0.68	9.8	5	0	
0.9970	3.26	0.65	9.8	5	0	
0.9980	3.16	0.58	9.8	6	0	
0.9978	3.51	0.56	9.4	5	0	
0.9943	3.58	0.52	9.8	5	0	

　　每 1 行表示 1 个葡萄酒样本，其中包含了该样本的各项化学性质和品质评分。

　　通过 ChatGPT 对以上部分数据（酒精度、品质评分）进行多项式回归，提示语如 6-7 所示。

6-7　Wine Quality 多项式回归提示语

你是高级数据分析师，具备以下能力。

数据分析技能：具备深入理解数据的能力，能够对数据进行有效的解读和分析，并得出有价值的结论。

统计学知识：具备基本的统计学知识，能够运用统计学方法分析数据，进行数据建模和预测。

数据可视化：能够使用各种数据可视化工具将数据呈现出来，使数据更加易于理解和传达。

编程能力：具备编程技能，能够使用编程语言如 Python、R 语言等进行数据分析和处理。

业务理解能力：理解业务背景和目标，能够将数据分析结果与业务需求相结合，提供有实际意义的解决方案。

沟通和表达能力：能够清晰地表达数据分析结果，将复杂的数据分析结果转化为简洁明了的报告和演示文稿，与业务方进行有效的沟通。

创新能力：具备创新思维，能够寻找新的数据分析方法和技术，不断改进数据分析方法，提高数据分析效率和准确性。

请你从专业的角度，构建一个多项式回归分析的函数，对 Wine Quality 数据集进行处理，并绘制曲线。

绘图时需要将所有的图整合到 1 张图中，直接以代码块的形式给我 Python代码。

ChatGPT 根据需求，生成的多项式回归代码如 6-8 所示。

6-8　Wine Quality 多项式回归代码

```python
import numpy as np
import pandas as pd
import matplotlib.pyplot as plt
from sklearn.model_selection import train_test_split
from sklearn.linear_model import LinearRegression
from sklearn.metrics import mean_squared_error
from sklearn.preprocessing import PolynomialFeatures
from sklearn.pipeline import make_pipeline
from matplotlib.font_manager import FontProperties

# 下载 Wine Quality 数据集
url = "https://archive.ics.uci.edu/ml/machine-learning-databases/wine-quality/winequality-red.csv"
wine_data = pd.read_csv(url, sep=';')

# 提取特征和目标变量
X = wine_data[['alcohol']]
y = wine_data["quality"]

# 将数据分为训练集和测试集
```

```
    X_train, X_test, y_train, y_test = train_test_split(X, y, test_size=0.3, random_
state=42)

    # 设置多项式阶数范围
    degrees = [1, 2, 3, 4]

    # 设置中文字体
    font = FontProperties(fname='C:/Windows/Fonts/msyh.ttc', size=14)

    plt.figure(figsize=(12, 8))

    for i, degree in enumerate(degrees):
        # 创建多项式回归模型
        poly_reg = make_pipeline(PolynomialFeatures(degree),
LinearRegression())

        # 训练模型
        poly_reg.fit(X_train, y_train)

        # 预测
        y_pred = poly_reg.predict(X_test)

        # 计算 MSE
        mse = mean_squared_error(y_test, y_pred)

        # 绘制结果
        plt.subplot(2, 2, i + 1)
        plt.scatter(X_test, y_test, label=f' 真实值 ', color='blue')
        plt.scatter(X_test, y_pred, label=f' 预测值 ', color='red')
        plt.xlabel(" 酒精度 ", fontproperties=font)
        plt.ylabel(" 品质评分 ", fontproperties=font)
        plt.title(f' 多项式阶数 {degree}', fontproperties=font)

        # 绘制拟合曲线
        X_curve = np.linspace(X_test.min(), X_test.max(), 100).reshape(-1, 1)
```

```
y_curve = poly_reg.predict(X_curve)
plt.plot(X_curve, y_curve, 'g--', lw=3, label=f' 拟合曲线 (MSE: {mse:.2f})')

plt.legend(prop=font)

plt.tight_layout()
plt.show()
```

上面的代码实现了对葡萄酒质量数据集进行多项式回归分析的过程。首先，通过读取数据集并提取出特征和目标变量，将数据集分为训练集和测试集。然后，通过使用 Scikit-learn 库中的 Pipeline 和 PolynomialFeatures 方法创建多项式回归模型，并将多项式阶数设为 1、2、3、4 进行训练和预测，计算出每个模型的均方误差。接着，通过 Matplotlib 库将每个模型的预测结果和真实结果进行可视化展示，同时绘制出每个模型的拟合曲线并在图例中显示出每个模型的均方误差。最终，通过 tight_layout() 方法调整子图的布局并使用 show() 方法展示图像。

将以上代码复制到 PyCharm 中运行，得到的多项式拟合曲线如图 6.4 所示。

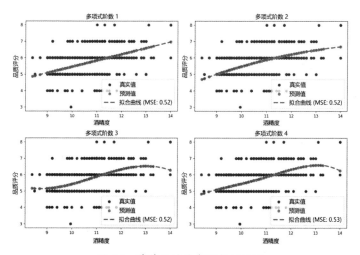

图 6.4　葡萄酒质量多项回归图

　　综上所述，使用 ChatGPT 进行多项式回归是一种高效、准确的方法。多项式回归是一种非常常用的数据拟合方法，可以用来预测连续变量之间的关系。它的原理是将数据拟合到一个多项式方程中，通过选择合适的多项式次数，在避免过拟合和欠拟合的前提下，准确地拟合数据的潜在关系。使用 ChatGPT 进行多项式回归，可以通过输入数据集和所需预测的变量，自动拟合多项式方程，并输出预测结果。相比传统的手动选择多项式次数和系数的方法，使用 ChatGPT 可以大大提高拟合的准确性和效率，同时减少了人为误差。

6.1.3　使用 ChatGPT 实现岭回归与套索回归

　　岭回归（Ridge Regression）和套索回归（Lasso Regression）是两种用于解决线性回归中多重共线性问题的正则化方法。多重共线性是指自变量之间存在较高的相关性，这可能导致线性回归模型的不稳定和过拟合。通过加入正则化项，岭回归和套索回归可以降低模型的复杂度，提高预测的准确性。

　　岭回归在损失函数中加入 L_2 正则化项，即：

$$L(\beta) = \sum \left[y - \left(\beta_0 + \beta_1 x_1 + \beta_2 x_2 + ... + \beta_n x_n \right) \right]^2 + \lambda \sum \left(\beta_i^2 \right)$$

　　其中，$L(\beta)$ 表示损失函数，y 表示实际值，$x_1, x_2, ..., x_n$ 表示自变量，$\beta_0, \beta_1, ..., \beta_n$ 表示各项的系数，λ 是正则化参数，用于控制正则化项的强度。

　　套索回归在损失函数中加入 L_1 正则化项，即：

$$L(\beta) = \sum \left[y - \left(\beta_0 + \beta_1 x_1 + \beta_2 x_2 + ... + \beta_n x_n \right) \right]^2 + \lambda \sum |\beta_i|$$

　　与岭回归类似，$L(\beta)$ 表示损失函数，y 表示实际值，$x_1, x_2, ..., x_n$ 表示自变量，$\beta_0, \beta_1, ..., \beta_n$ 表示各项的系数，λ 是正则化参数。

　　下面我们通过一个实例来介绍如何使用 ChatGPT 实现岭回归与套索回归。

Lucy 是一家房地产公司的数据分析师。她的目标是研究房价与各种因素（如面积、地段、交通、学区等）之间的关系，并建立一个岭回归与套索回归模型来预测未来的房价。现有一份房价和各因素的数据表，如表 6.7 所示。

表 6.7 房屋信息表

房屋 ID	面积 (平方米)	房间数量	卫生间 数量	地段评分	交通评分	学区评分	房价 (万元)
1	121	3	2	6	6	9	506
2	91	2	1	6	7	7	365
3	150	4	3	10	7	9	828
4	111	3	2	8	8	6	437
5	102	2	2	7	7	8	479
6	129	3	2	5	6	5	408
7	96	2	1	4	4	6	290
8	141	4	3	10	10	9	734
9	160	4	3	8	8	8	698
10	85	2	1	5	6	7	327

因为以上数据之间的关系不是简单的线性关系，而是更复杂的曲线关系，Lucy 使用 ChatGPT 实现岭回归与套索回归，提示语如 6-9 所示。

6-9 房屋销售岭回归与套索回归提示语

你是高级数据分析师，具备以下能力。

数据分析技能：具备深入理解数据的能力，能够对数据进行有效的解读和分析，并得出有价值的结论。

统计学知识：具备基本的统计学知识，能够运用统计学方法分析数据，进行数据建模和预测。

数据可视化：能够使用各种数据可视化工具将数据呈现出来，使数据更加易于理解和传达。

编程能力：具备编程技能，能够使用编程语言如 Python、R 语言等进行数据分析和处理。

业务理解能力：理解业务背景和目标，能够将数据分析结果与业务需求相结合，

提供有实际意义的解决方案。

沟通和表达能力：能够清晰地表达数据分析结果，将复杂的数据分析结果转化为简洁明了的报告和演示文稿，与业务方进行有效的沟通。

创新能力：具备创新思维，能够寻找新的数据分析方法和技术，不断改进数据分析方法，提高数据分析效率和准确性。

我是一家房地产公司的数据分析师。我的目标是研究房价与各种因素（如面积、地段、交通、学区等）之间的关系，并建立一个岭回归与套索回归模型来预测未来的房价。

现有一份房价和各因素的数据表，保存在本地 Excel 中，名为"房屋信息表"。

请你从专业的角度，对该数据进行岭回归和套索回归，并且绘制拟合曲线，要求将所有的图整合到 1 张图中。

直接以代码块的形式给我 Python 代码。

ChatGPT 根据需求，生成的岭回归与套索回归代码如 6-10 所示。

6-10　房屋岭回归与套索回归代码

```python
import pandas as pd
import numpy as np
import matplotlib.pyplot as plt
from sklearn.linear_model import Ridge, Lasso
from sklearn.preprocessing import StandardScaler
from sklearn.metrics import mean_squared_error
from matplotlib.font_manager import FontProperties

# 设置中文字体
font = FontProperties(fname='C:/Windows/Fonts/msyh.ttc', size=14)

# 从 Excel 中读取数据
data = pd.read_excel(" 房屋信息表 .xlsx")

# 提取特征和目标变量
X = data[[' 面积 (平方米) ', ' 房间数量 ', ' 卫生间数量 ', ' 地段评分 ', ' 交通评分 ',
' 学区评分 ']]
y = data[' 房价（万元）']
```

```
# 数据预处理
scaler = StandardScaler()
X_scaled = scaler.fit_transform(X)

# 创建岭回归和套索回归模型
ridge = Ridge(alpha=1.0)
lasso = Lasso(alpha=1.0)

# 训练模型
ridge.fit(X_scaled, y)
lasso.fit(X_scaled, y)

# 预测
y_pred_ridge = ridge.predict(X_scaled)
y_pred_lasso = lasso.predict(X_scaled)

# 计算 MSE
mse_ridge = mean_squared_error(y, y_pred_ridge)
mse_lasso = mean_squared_error(y, y_pred_lasso)

# 创建子图
fig, (ax1, ax2) = plt.subplots(1, 2, figsize=(12, 6))

# 绘制岭回归实际房价与预测房价关系图
ax1.scatter(y, y_pred_ridge, alpha=0.7)
ax1.set_title(f' 岭回归 (MSE={mse_ridge:.2f})', fontproperties=font)
ax1.set_xlabel(' 实际房价（万元）', fontproperties=font)
ax1.set_ylabel(' 预测房价（万元）', fontproperties=font)

# 绘制套索回归实际房价与预测房价关系图
ax2.scatter(y, y_pred_lasso, alpha=0.7)
ax2.set_title(f' 套索回归 (MSE={mse_lasso:.2f})', fontproperties=font)
ax2.set_xlabel(' 实际房价（万元）', fontproperties=font)
ax2.set_ylabel(' 预测房价（万元）', fontproperties=font)
```

```
# 调整子图间距
plt.subplots_adjust(wspace=0.3)

# 显示图像
plt.show()
```

这段代码使用了岭回归和套索回归模型对房屋信息表中的特征进行训练，预测并计算了均方误差。首先，读取了 Excel 中的数据，提取了特征和目标变量。其次，进行数据预处理，使用标准缩放对特征进行标准化处理。再次，创建了岭回归和套索回归模型，训练模型，预测并计算了均方误差。最后，绘制了两幅子图，分别展示了岭回归和套索回归实际房价与预测房价的关系图，并在图中标注了均方误差的值。

将以上代码复制到 PyCharm 中运行，由于数据集中有多个特征，我们无法直接绘制拟合曲线。但是，我们可以展示实际房价与预测房价之间的关系图，如图 6.5 所示。

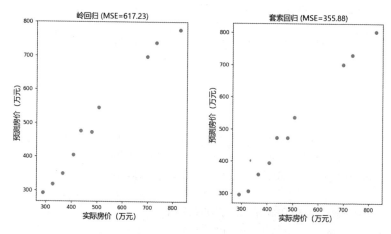

图 6.5　实际房价与预测房价之间的关系图

通过上面代码绘制的岭回归与套索回归图，我们可以观察到实际房价与预测房价之间的关系。可以通过比较两种模型的均方误差（MSE）

来评估它们的预测性能。

!说明：在这个例子中，我们没有进行训练集和测试集的划分，因此可能会出现过拟合的情况。为了得到更可靠的结论，建议对数据进行训练集和测试集的划分，并使用交叉验证来选择最佳的超参数。

　　岭回归和套索回归可以减少模型复杂度和过拟合风险，从而提高模型的泛化能力和预测性能。适合岭回归和套索回归的通用数据集应该是具有多个特征变量，可能存在共线性或相关性的高维数据集。例如，房价预测、股票价格预测、推荐系统、自然语言处理等领域的数据集，都可能适合使用岭回归和套索回归进行建模。

　　综上所述，利用 ChatGPT 实现岭回归与套索回归可以有效地解决回归分析中存在的过拟合和多重共线性问题。岭回归通过引入 L_2 正则化项来控制模型复杂度，而套索回归则通过引入 L_1 正则化项来同时进行特征选择和参数估计。ChatGPT 在数据处理和模型训练方面具有高效、灵活和自适应的优势，为岭回归和套索回归的实现提供了有力的支持。

　　除了线性回归、多项式回归、岭回归和套索回归，还有如下许多其他常见的回归算法。

　　（1）梯度提升回归（Gradient Boosting Regression）：利用多个弱分类器（通常是决策树）来进行预测，并通过迭代的方式来不断改进预测精度。

　　（2）弹性网络回归（Elastic Net Regression）：结合了 L_1 和 L_2 正则化项的线性回归算法，既可以进行特征选择，又可以控制模型复杂度。

　　（3）K 近邻回归（K-Nearest Neighbors Regression）：找到输入特征空间中与待预测点最近的 k 个邻居，利用它们的输出值来进行预测。

　　（4）贝叶斯回归（Bayesian Regression）：基于贝叶斯定理进行回归分析，可以处理多个输入特征和噪声的情况。

　　（5）高斯过程回归（Gaussian Process Regression）：通过对数据进

行高斯分布建模来进行回归分析，可以处理小样本和非线性问题。

（6）支持向量回归（Support Vector Regression）：基于支持向量机的思想进行回归分析，可以处理高维数据和非线性问题。

利用 ChatGPT 实现以上算法的方法类似于前面介绍的方法，可以利用 ChatGPT 进行数据预处理、模型训练和预测等步骤。同时，利用 ChatGPT 可以更加高效地实现算法的优化和调参等操作，提高算法的预测精度和稳定性。关于这部分的内容，本节将不再赘述，有兴趣的读者可自行尝试。

6.2 使用 ChatGPT 进行预测建模

除了回归分析，预测建模也是数据分析中常见的任务之一。预测建模旨在通过历史数据来预测未来的趋势和结果。在本节中，我们将介绍如何使用 ChatGPT 进行预测建模，包括神经网络预测模型、决策树和随机森林预测。

6.2.1 使用 ChatGPT 构建神经网络预测模型

神经网络（Neural Networks）是一种基于人工神经元的计算模型，用于机器学习和深度学习任务。其基本原理是通过模拟神经元之间的连接和信息传递，实现输入数据到输出数据的映射。神经网络由多个层次组成，每个层次包含多个神经，如图 6.6 所示。每个神经元接收输入数据，执行一些数学运算，然后将结果传递给下一层神经元。训练神经网络的过程就是通过调整每个神经元之间的连接权重，使网络的输出结果能够与标准答案尽可能接近。

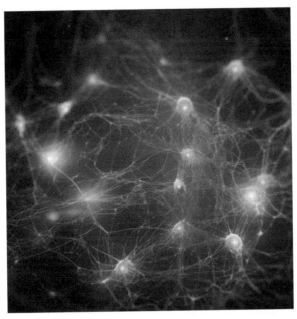

图 6.6　神经网络

一个典型的神经网络包含输入层、隐藏层和输出层。这里我们以一个单一隐藏层的神经网络为例，给出它的公式和简单推导过程。

（1）神经元激活。

设输入向量为 x，权重矩阵为 W_1，偏置向量为 b_1，激活函数为 f，隐藏层输出值为 h：

$$h = f\left(W_1 \times x + b_1\right)$$

（2）输出层计算。

设输出层权重矩阵为 W_2，偏置向量为 b_2，激活函数为 g，输出值为 $\hat{y}$：

$$\hat{y} = g\left(W_2 \times h + b_2\right)$$

常用的激活函数有 sigmoid、tanh、ReLU 等。

（3）损失函数。

设损失函数为 L，真实值为 y：

$$L(y, \hat{y})$$

（4）反向传播与参数更新。

计算损失函数关于权重矩阵和偏置向量的梯度，使用梯度下降法更新权重和偏置：

$$W_1 = W_1 - \eta \times \frac{\partial L}{\partial W_1}$$

$$b_1 = b_1 - \eta \times \frac{\partial L}{\partial b_1}$$

$$W_2 = W_2 - \eta \times \frac{\partial L}{\partial W_2}$$

$$b_2 = b_2 - \eta \times \frac{\partial L}{\partial b_2}$$

其中，η 是学习率。这个过程在训练数据上迭代进行，直至收敛。

对于回归预测任务，我们可以使用神经网络来预测连续变量的值。下面我们通过一个实例来介绍如何使用 ChatGPT 构建神经网络预测模型。

适合神经网络回归的通用数据集因任务而异。在选择数据集时，需要考虑数据量、数据分布、数据质量和数据标签等因素。数据集应具有足够的样本数量和多样性，以使神经网络能够从数据中学习到泛化模式；同时数据集也应该具有代表性，以覆盖整个输入空间，防止神经网络出现过拟合的问题。此外，数据集应该是经过仔细筛选和清理的，避免低质量的数据影响神经网络性能，并且应该有准确的标签或目标值，以便神经网络可以进行监督学习。具体的选择取决于特定的应用场景。以下是适合神经网络回归的一些通用数据集。

（1）Boston Housing 数据集：用于回归问题，包含 506 个样本，13 个输入特征和 1 个连续的目标变量。

（2）Energy Efficiency 数据集：用于回归问题，包含 768 个样本，8 个输入特征和 2 个连续的目标变量。

（3）Concrete Compressive Strength 数据集：用于回归问题，包含 1,030 个样本，8 个输入特征和 1 个连续的目标变量。

（4）Air Quality 数据集：用于回归问题，包含 9,358 个样本，14 个输入特征和 2 个连续的目标变量。

（5）Wine Quality 数据集：用于回归问题，包含 1,599 个样本，11 个输入特征和 1 个连续的目标变量。

（6）Abalone 数据集：用于回归问题，包含 4,177 个样本，8 个输入特征和 1 个连续的目标变量。

以 Abalone 数据集为例，该数据集的目标是预测鲍鱼的年龄，根据 8 个特征对其进行回归分析，其特征如表 6.8 所示。

表 6.8　Abalone 数据集特征

特征名称	描述
性别	鲍鱼的性别
长度	壳长度（毫米）
直径	壳直径（毫米）
高度	壳高度（毫米）
整体重量	鲍鱼全身的重量（克）
去壳重量	去除壳后的重量（克）
脏器重量	内脏重量（克）
壳重	壳的重量（克）
年龄	鲍鱼的年龄（年）

其中部分数据如表 6.9 所示。

表 6.9　Abalone 数据集部分数据

性别	长度（毫米）	直径（毫米）	高度（毫米）	整体重量（克）	去壳重量（克）	脏器重量（克）	壳重（克）	年龄（年）
雄	0.455	0.365	0.095	0.514	0.2245	0.101	0.15	15
雄	0.35	0.265	0.09	0.2255	0.0995	0.0485	0.07	7
雌	0.53	0.42	0.135	0.7775	0.237	0.1415	0.21	9
雄	0.44	0.365	0.125	0.516	0.2155	0.114	0.155	10

我们可以直接通过 ChatGPT 对 Abalone 数据集构建神经网络预测模型，提示语如 6-11 所示。

6-11 Abalone 数据集构建神经网络预测模型提示语

你是高级数据分析师，具备以下能力。

数据分析技能：具备深入理解数据的能力，能够对数据进行有效的解读和分析，并得出有价值的结论。

统计学知识：具备基本的统计学知识，能够运用统计学方法分析数据，进行数据建模和预测。

数据可视化：能够使用各种数据可视化工具将数据呈现出来，使数据更加易于理解和传达。

编程能力：具备编程技能，能够使用编程语言如 Python、R 语言等进行数据分析和处理。

业务理解能力：理解业务背景和目标，能够将数据分析结果与业务需求相结合，提供有实际意义的解决方案。

沟通和表达能力：能够清晰地表达数据分析结果，将复杂的数据分析结果转化为简洁明了的报告和演示文稿，与业务方进行有效的沟通。

创新能力：具备创新思维，能够寻找新的数据分析方法和技术，不断改进数据分析方法，提高数据分析效率和准确性。

请你从专业的角度，构建 1 个神经网络回归分析的预测模型，对 Abalone 数据集进行处理，并绘制曲线。

绘图时需要将所有的图整合到 1 张图中，直接以代码块的形式给我 Python 代码。

ChatGPT 根据需求，生成的神经网络预测模型代码如 6-12 所示。

6-12 Abalone 数据集构建神经网络预测模型代码

```
import numpy as np
import pandas as pd
import matplotlib.pyplot as plt
import seaborn as sns
from sklearn.model_selection import train_test_split
from sklearn.neural_network import MLPRegressor
from sklearn.metrics import mean_squared_error, r2_score
```

```python
from matplotlib.font_manager import FontProperties

# 设置中文字体
font = FontProperties(fname='C:/Windows/Fonts/msyh.ttc', size=14)

# 加载 Abalone 数据集
url = "https://archive.ics.uci.edu/ml/machine-learning-databases/abalone/abalone.data"
column_names = ["Sex", "Length", "Diameter", "Height", "Whole weight", "Shucked weight", "Viscera weight", "Shell weight", "Rings"]
abalone_data = pd.read_csv(url, names=column_names)

# 数据预处理
abalone_data['Sex'] = abalone_data['Sex'].map({'M': 0, 'F': 1, 'I': 2})
X = abalone_data.drop("Rings", axis=1)
y = abalone_data["Rings"]

# 划分训练集和测试集
X_train, X_test, y_train, y_test = train_test_split(X, y, test_size=0.2, random_state=42)

# 创建神经网络回归模型
regressor = MLPRegressor(hidden_layer_sizes=(50, 50), activation='relu', solver='adam', max_iter=500, random_state=42)
regressor.fit(X_train, y_train)

# 预测
y_pred = regressor.predict(X_test)

# 评估
mse = mean_squared_error(y_test, y_pred)
r2 = r2_score(y_test, y_pred)
print("MSE:", mse)
print("R2:", r2)
```

```
# 绘制预测结果与实际结果的对比图
fig, ax = plt.subplots(figsize=(12, 8))
sns.scatterplot(x=y_test, y=y_pred, hue=y_test, palette='viridis',
legend=None, ax=ax)
ax.set_xlabel(' 实际年龄 ', fontproperties=font)
ax.set_ylabel(' 预测年龄 ', fontproperties=font)
ax.set_title(' 实际年龄 vs 预测年龄 ', fontproperties=font)
plt.plot([y_test.min(), y_test.max()], [y_test.min(), y_test.max()], 'k--', lw=4)
plt.show()
```

上面的代码使用了一个多层感知器 (MLP) 神经网络模型，对 Abalone 数据集进行了回归分析，目标是预测鲍鱼的年龄（Rings）。首先，从 UCI 机器学习库加载了 Abalone 数据集，并将其转化为 Pandas 数据框格式。对于数据中的性别信息，使用字典映射将其转化为数字编码。其次，将数据集划分为训练集和测试集，比例为 8:2。接着，使用 MLPRegressor 类创建了 1 个 MLP 模型，其中包含了 2 个隐藏层，每层包含了 50 个神经元，激活函数为 ReLU，优化算法为 Adam，并进行了 500 次迭代。使用 Fit 方法拟合训练集数据。然后，使用 Predict 方法进行测试集预测，计算了模型的均方误差（MSE）和 R2 得分，用于评估模型性能。最后，绘制了 1 个散点图和 1 条对角线，比较测试集的实际年龄和预测年龄的一致性。

将以上代码复制到 PyCharm 中运行，输出结果如 6-13 所示。

6-13　神经网络的 MSE 和 R2

MSE: 4.474645720397838
R2: 0.5866458293588366

程序绘制了 Abalone 数据集神经网络预测与真实数据的关系图，如图 6.7 所示。

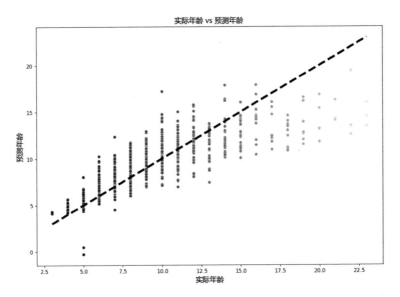

图 6.7 Abalone 数据集神经网络预测与真实数据的关系图

从上面 Abalone 数据集实际值和预测值的关系可以看出，模型的预测表现相对较好。散点图中的大部分点都分布在对角线附近，说明预测值与实际值相当一致。此外，根据输出的 MSE 和 R2 得分，可以发现模型的预测误差相对较小，R2 得分也较高，表明模型的解释能力较强，能够较好地解释数据中目标变量的变化。因此，该 MLP 神经网络模型对于 Abalone 数据集的回归分析表现较为良好。

综上所述，使用 ChatGPT 构建神经网络预测模型具有显著的优势。借助这种先进的技术，我们能够实现高准确度的预测、快速的训练过程和优秀的自适应能力。通过将大量数据输入该模型中，能够自动学习并发现潜在的规律，从而为各种复杂问题提供可靠的解决方案。因此，ChatGPT 作为神经网络预测模型具有巨大的潜力和广泛的应用前景，值得在多个领域进行进一步研究和探索。

6.2.2 使用 ChatGPT 进行决策树和随机森林预测

决策树是一种基于树形结构的分类和回归模型，它通过对数据进行分裂和判断来预测目标变量。决策树是一种非常直观和易于理解的模型，因为它可以用图形化的方式展现出来。

决策树的建立过程可以分为两个主要步骤：树的构建和树的剪枝。在构建树的过程中，我们从根节点开始，根据数据的特征进行分裂，然后继续分裂每个子节点，直到达到停止条件为止。在剪枝过程中，我们通过控制决策树的复杂度来避免过拟合。

随机森林是一种集成学习方法，它基于多个决策树来进行预测。随机森林的基本思想是通过随机抽样和随机特征选择来降低模型的方差，从而提高模型的泛化能力。随机森林的预测结果是由多个决策树的结果进行加权平均得到的。

随机森林的建立过程可以分为以下几个步骤。

（1）随机抽样：从原始数据集中随机选择一部分样本用于训练每个决策树。

（2）随机特征选择：对于每个决策树，在构建每个节点时，随机选择一部分特征进行分裂，从而增加每个决策树之间的差异性。

（3）树的构建：对于每个决策树，按照决策树的构建方法来构建决策树。

（4）预测结果：对于每个新样本，将它输入每个决策树中，得到每个决策树的预测结果，然后对所有决策树的预测结果进行加权平均，得到最终的预测结果。

决策树的预测公式：

$$f(x) = \sum_{i=1}^{K} c_i I \left(x \in R_i \right)$$

其中，K 是叶节点的个数，R_i 表示第 i 个叶节点的区域，c_i 表示第 i

个叶节点的输出值，$I\left(x \in R_i\right)$ 表示如果 x 属于 R_i 则为 1，否则为 0。

随机森林的预测公式：

$$f(x) = \frac{1}{T} \sum_{t=1}^{T} f_t(x)$$

其中，T 是决策树的个数，$f_t(x)$ 表示第 t 个决策树的预测结果，即 T 个决策树的加权平均值。在随机森林中，每个决策树的权重都是相等的。

随机森林的优点是能够有效地处理高维数据，具有很好的泛化能力，并且能够处理缺失值和异常值。同时，随机森林的计算速度相对于其他复杂模型较快。但是，随机森林也有一些缺点。例如，对于一些复杂的关系，随机森林可能无法表达出来。

⚠ 注意：上述公式只是决策树和随机森林的预测公式之一，实际应用中可能会有不同的变形和调整。此外，决策树和随机森林的算法有多种实现方法，不同实现方法的具体细节和参数设置也会影响模型的性能和表现。

下面我们通过一个实例来介绍如何使用 ChatGPT 进行决策树和随机森林预测。

以 Concrete Compressive Strength 数据集为例，该数据集是用来预测混凝土的抗压强度的。该数据集由 8 个输入变量和 1 个输出变量组成，共计 1,030 个样本。该数据集由 Yeh 收集整理，可以在 UCI Machine Learning Repository 中获取。

Concrete Compressive Strength 数据集的特征如表 6.10 所示。

表 6.10 Concrete Compressive Strength 数据集的特征

特征名称	详细描述
水泥	混凝土中水泥的含量，单位为千克每立方米（kg/m³）
高炉矿渣	混凝土中高炉矿渣的含量，单位为千克每立方米（kg/m³）
粉煤灰	混凝土中粉煤灰的含量，单位为千克每立方米（kg/m³）
水	混凝土中水的含量，单位为千克每立方米（kg/m³）

续表

特征名称	详细描述
高效减水剂	混凝土中高效减水剂的含量，单位为千克每立方米（kg/m³）
粗骨料	混凝土中粗骨料的含量，单位为千克每立方米（kg/m³）
细骨料	混凝土中细骨料的含量，单位为千克每立方米（kg/m³）
养护时间	混凝土养护的天数
混凝土抗压强度	测量混凝土在压力下的强度，单位为兆帕（MPa）

其中，Concrete Compressive Strength 数据集的部分数据如表 6.11 所示。

表 6.11　Concrete Compressive Strength 数据集的部分数据

水泥	高炉矿渣	粉煤灰	水	高效减水剂
540.0	0.0	0.0	162.0	2.5
540.0	0.0	0.0	162.0	2.5
332.5	142.5	0.0	228.0	0.0
332.5	142.5	0.0	228.0	0.0
198.6	132.4	0.0	192.0	0.0
粗骨料	细骨料	养护时间	混凝土抗压强度	
1,040.0	676.0	28	79.99	
1,055.0	676.0	28	61.89	
932.0	594.0	270	40.27	
932.0	594.0	365	41.05	
978.4	825.5	360	44.30	

我们可以直接通过 ChatGPT 对 Concrete Compressive Strength 数据集构建决策树和随机森林预测模型，提示语如 6-14 所示。

6-14　Concrete Compressive Strength 数据集构建决策树和随机森林预测模型提示语

你是高级数据分析师，具备以下能力。

数据分析技能: 具备深入理解数据的能力，能够对数据进行有效的解读和分析，并得出有价值的结论。

统计学知识：具备基本的统计学知识，能够运用统计学方法分析数据，进行数据建模和预测。

数据可视化：能够使用各种数据可视化工具将数据呈现出来，使数据更加易于理解和传达。

编程能力：具备编程技能，能够使用编程语言如 Python、R 语言等进行数据分析和处理。

业务理解能力：理解业务背景和目标，能够将数据分析结果与业务需求相结合，提供有实际意义的解决方案。

沟通和表达能力：能够清晰地表达数据分析结果，将复杂的数据分析结果转化为简洁明了的报告和演示文稿，与业务方进行有效的沟通。

创新能力：具备创新思维，能够寻找新的数据分析方法和技术，不断改进数据分析方法，提高数据分析效率和准确性。

请你从专业的角度，构建 1 个决策树和随机森林预测模型，对 Concrete Compressive Strength 数据集进行处理，并绘制曲线。

绘图时需要将所有的图整合到 1 张图中，直接以代码块的形式给我 Python 代码。

ChatGPT 根据需求，生成的 Concrete Compressive Strength 数据集构建决策树和随机森林预测模型代码如 6-15 所示。

6-15　Concrete Compressive Strength 数据集构建决策树和随机森林预测模型代码

```
import numpy as np
import pandas as pd
import matplotlib.pyplot as plt
from sklearn.model_selection import train_test_split
from sklearn.tree import DecisionTreeRegressor
from sklearn.ensemble import RandomForestRegressor
from sklearn.metrics import mean_squared_error
from matplotlib.font_manager import FontProperties

# 设置中文字体
font = FontProperties(fname='C:/Windows/Fonts/msyh.ttc', size=14)
```

```
# 加载数据集
url = "https://archive.ics.uci.edu/ml/machine-learning-databases/concrete/
compressive/Concrete_Data.xls"
data = pd.read_excel(url)

# 提取特征和目标变量
X = data.drop('Concrete compressive strength(MPa, megapascals) ', axis=1)
y = data['Concrete compressive strength(MPa, megapascals) ']

# 划分训练集和测试集
X_train, X_test, y_train, y_test = train_test_split(X, y, test_size=0.2, random_
state=42)

# 训练决策树回归模型
dt_model = DecisionTreeRegressor(random_state=42)
dt_model.fit(X_train, y_train)
dt_predictions = dt_model.predict(X_test)

# 训练随机森林回归模型
rf_model = RandomForestRegressor(n_estimators=100, random_state=42)
rf_model.fit(X_train, y_train)
rf_predictions = rf_model.predict(X_test)

# 计算并输出 MSE
print(" 决策树模型的均方误差：", mean_squared_error(y_test, dt_
predictions))
print(" 随机森林模型的均方误差：", mean_squared_error(y_test, rf_
predictions))

# 绘制预测结果与真实值的散点图
fig, axes = plt.subplots(1, 2, figsize=(12, 6), sharey=True)

axes[0].scatter(y_test, dt_predictions, c='blue', alpha=0.5)
```

```
    axes[0].plot([y_test.min(), y_test.max()], [y_test.min(), y_test.max()], 'k--',
lw=2)
    axes[0].set_xlabel(' 实际值 ', fontproperties=font)
    axes[0].set_ylabel(' 预测值 ', fontproperties=font)
    axes[0].set_title(' 决策树回归预测结果 ', fontproperties=font)

    axes[1].scatter(y_test, rf_predictions, c='green', alpha=0.5)
    axes[1].plot([y_test.min(), y_test.max()], [y_test.min(), y_test.max()], 'k--',
lw=2)
    axes[1].set_xlabel(' 实际值 ', fontproperties=font)
    axes[1].set_title(' 随机森林回归预测结果 ', fontproperties=font)

    plt.tight_layout()
    plt.show()
```

上面的代码首先从网上获取了 Concrete Compressive Strength 数据集，并对其进行预处理。然后，利用决策树和随机森林回归模型分别对该数据集进行拟合和预测。最后，将预测结果和真实值绘制成散点图，以便直观地比较这 2 种回归模型的性能。

将以上代码复制到 PyCharm 中运行，输出结果如 6-16 所示。

6-16　决策树和随机森林的均方误差

决策树模型的均方误差：53.673239708459036
随机森林模型的均方误差：30.358062374809062

程序绘制了 Concrete Compressive Strength 数据集决策树和随机森林预测与真实数据的关系图，如图 6.8 所示。

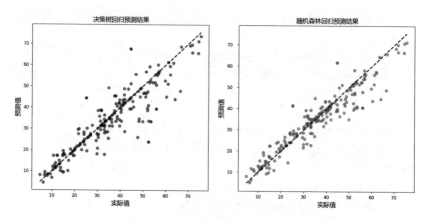

图 6.8　Concrete Compressive Strength 数据集决策树和随机森林预测与真实数据的关系图

从绘制的决策树和随机森林预测图中，我们可以看到随机森林预测的散点分布相对于决策树预测更紧密地聚集在实际值和预测值的参考线附近。这表明随机森林模型在预测混凝土抗压强度方面具有更好的性能。

综上所述，使用 ChatGPT 进行决策树和随机森林预测是一种非常有效的方法。ChatGPT 是一种基于 GPT 架构的大型语言模型，它具有强大的自然语言理解和生成能力，可以对数据进行深入分析和理解，从而为决策树和随机森林预测提供更加准确的结果。此外，ChatGPT 还可以自动提取特征和识别模式，从而进一步提高预测精度。因此，使用 ChatGPT 进行决策树和随机森林预测是一种高效、准确、可靠的方法，可以帮助人们更好地理解和应用大量的数据。

6.3　小结

本章主要介绍了使用 ChatGPT 进行回归分析和预测建模。

在回归分析方面，首先介绍了线性回归的实现方法，包括使用 ChatGPT 进行参数估计和预测。接着，讲解了多项式回归的原理和实现方法，以及使用 ChatGPT 构建多项式回归模型。此外，本章还介绍了岭回归和套索回归的原理和实现方法，并提供了使用 ChatGPT 实现这两种方法的示例。

在预测建模方面，首先介绍了使用 ChatGPT 构建神经网络预测模型的方法，包括设置神经网络的结构和超参数，并使用数据进行训练和测试。接着，讲解了决策树和随机森林的原理和实现方法，并提供了使用 ChatGPT 进行决策树和随机森林预测的示例。

通过本章的学习，读者可以掌握使用 ChatGPT 进行回归分析和预测建模的方法和技巧，为数据分析提供更多选择和思路。

第 7 章
使用 ChatGPT 进行分类与聚类分析

在数据分析领域，分类和聚类是两种极具价值的技术。分类主要用于预测对象所属的类别，而聚类则作为一种探索性分析手段，用于挖掘数据集中的潜在结构。随着人工智能和自然语言处理技术的迅速发展，像 ChatGPT 这样的先进语言模型在数据分析领域展示出了巨大的潜力。

本章主要介绍如何使用 ChatGPT 进行分类与聚类分析，重点涉及以下知识点：

- 直接使用 ChatGPT 进行情感分类分析，使用 ChatGPT 实现 K- 近邻分类、朴素贝叶斯分类及支持向量机分类
- 使用 ChatGPT 进行 K-Means 聚类和层次聚类分析

在接下来的内容中，我们将详细探讨每一种分类与聚类方法，为读者提供具体的操作指南，包括使用 ChatGPT 进行数据预处理、模型训练、结果分析和可视化等。通过学习本章的内容，读者将能够充分理解这些方法的原理和应用，并学会利用 ChatGPT 解决实际问题。在实际操作中，读者可以尝试将本章的方法应用于自己感兴趣的数据集和问题，从而更好地理解和掌握这些技巧。

7.1 使用 ChatGPT 进行分类分析

分类分析是数据分析中的一项重要任务，旨在预测数据点所属的类别。有许多经典的分类算法，如 K- 近邻分类、朴素贝叶斯分类及支持向量机分类。在本节中，我们将介绍直接使用 ChatGPT 进行情感分类，以及使用 ChatGPT 实现经典的分类算法并应用于实际问题中。

7.1.1　直接使用 ChatGPT 进行情感分类分析

尽管 ChatGPT 主要被设计为生成自然语言文本，但它也可以在一定程度上用于分类任务，如情感分类。情感分类是自然语言处理（NLP）的一个子领域，它试图确定给定文本的情感极性（积极、消极或中性）。

要使用 ChatGPT 进行情感分类，可以将预测问题作为输入，然后根据模型生成的回答确定情感。以下是一些具体步骤。

（1）数据准备：收集包含各种情感观点的文本数据，如评论、推文或博客文章。确保数据集平衡且具有多样性，以便在训练过程中捕捉到各种情感。

（2）数据预处理：对数据进行预处理，包括文本清理、停用词去除、词干提取等。这将有助于提高模型性能，减少训练时间。

（3）构建问题：为了使用 ChatGPT 进行情感分类，需要将问题描述清楚。例如，"这段文本的情感是积极、消极还是中性？"这样的问题可以帮助模型关注文本中的情感信息。

（4）调用 ChatGPT：在进行情感分类分析时，可以通过两种方式调用 ChatGPT。一种是直接在 ChatGPT 对话框中输入待分析的文本进行分类；另一种是通过调用 ChatGPT API，使用整理好的输入字符串调用 API，并接收模型生成的回答。下面我们通过一个实例来介绍如何使用 ChatGPT 进行情感分类分析。

我们现在要对网上的电影评论进行分类，部分评论如表 7.1 所示。

表 7.1　电影评论

序号	电影评论
1	这部电影引人深思，通过细腻地描绘，呈现出人性最真实的一面。电影制作精良，特效震撼，但剧情略显平淡，令人有些失望
2	这部恐怖片充满了紧张气氛，每个场景都让人不寒而栗。角色演绎非常出色，尤其是女主角，表现真实动人，是一部成功的恐怖片

序号	电影评论
3	一部温馨感人的家庭电影，尽管缺乏特效和华丽场景，但简单的故事和真挚情感触动了观众的心弦
4	这部电影展现了一段壮丽的历史，紧张悬疑的剧情让观众在影片中探寻真相。虽然情节略显拖沓，但影片整体仍然引人入胜
5	动作片中紧张刺激的打斗场面让人热血沸腾，但角色塑造略显单薄，使情感深度不足
6	一部让人回味无穷的艺术电影，通过独特的叙事手法和视觉表现，呈现出一个引人入胜的世界，令人陶醉其中
7	这部喜剧片轻松幽默，令人捧腹大笑。演员的表演都非常出彩，为观众带来了一场欢乐的视听盛宴
8	这部电影音乐优美，为观众带来了一场视听盛宴。然而，剧情略显乏味，角色发展不够充分，令人惋惜
9	电影中的爱情故事令人动容，演员表现优秀。然而，影片在情节推进和角色塑造方面略显不足，使情感深度有所欠缺
10	虽然这部电影的制作成本有限，导演却充分利用资源，通过富有创意和魅力的表现，为观众带来了一令人叹为观止的佳作

我们可以通过创建合理的标准，直接使用 ChatGPT 进行情感分类，提示语如 7-1 所示。

7-1　直接使用 ChatGPT 进行情感分类提示语

你是评论分析机器人 CAT，具备以下能力。

（1）情感分析技能：掌握情感分析的相关理论、方法和工具，能够准确地分析文本、语音、图像等信息中的情感信息，并理解不同情感背后的原因和影响。

（2）电影知识和经验：对电影有深入的了解和理解，具有电影史、电影类型、导演、演员、编剧等方面的知识，以及电影制作、评价等方面的经验。

（3）专业评论技能：有批判性思维和分析能力，能够对电影进行深入的评价和分析，发现电影中的问题和优点，并能够清晰、准确地表达自己的观点。

（4）跨领域能力：能够跨越不同的领域，将情感分析技能和电影知识与专业评论技能相结合，从不同的角度分析和评价电影，以提供更全面和深入的评价。

（5）沟通能力：能够与电影制作人员、电影评论家、观众等不同的人群进行交流和沟通,以收集和传达有关电影的信息和意见。

(6)持续学习能力:由于电影产业和技术的不断发展,需要具备持续学习的能力,保持对新技术和新趋势的关注,并不断更新自己的知识和技能。

从情感的角度,我们可以将对电影的评价分为以下几类。

(1)喜爱:即观众或评论者对电影产生积极的情感和喜好,可能是因为电影内容、角色、视听效果等方面的表现。

(2)悲伤:即电影情节或角色的表现使观众或评论者产生悲伤的情感。

(3)愤怒:即电影内容、角色或主题的表现使观众或评论者产生愤怒的情感。

(4)恐惧:即电影的情节、角色或氛围使观众或评论者产生恐惧的情感。

(5)无感:即观众或评论者对电影没有产生明显的情感反应,不喜欢也不反感。

(6)厌恶:即观众或评论者对电影产生厌恶的情感,可能是因为电影内容、角色、视听效果等方面的表现。

每次我给你一段电影评论,你直接告诉我是上面的哪一类就行,不用说别的任何内容。我会给你一些对话示例,你可以参考一下。

例如,现在我有一些关于《泰坦尼克号》电影的评论,我想要知道这些评论的情感倾向。下面是一些评论示例。

****

评论:一个伟大的浪漫爱情故事,让人流泪的结局,电影给人留下了深刻的印象。

CAT:喜爱

评论:这是一部让人感到非常悲伤和沉重的电影,尤其是那个惨烈的海难场面。

CAT:悲伤

评论:电影中逼真的海难场面和生死存亡的紧张氛围,让人特别害怕。

CAT:恐惧

评论:虽然电影视听效果不错,但是对于我来说,故事和角色的刻画缺乏共鸣,我都看睡着了。

CAT:无感

评论:这部电影里浪漫主义和情感化处理太过度了,不觉得很假吗?

CAT:厌恶

评论：电影中的爱情故事和角色刻画非常出色，令人难以忘怀。

CAT：喜爱

评论：电影对女性角色的刻画过于单一和刻板，让我感到不满和失望。

CAT：厌恶

评论：虽然电影中有一些缺点和瑕疵，但是整体上它仍然是一部优秀的电影作品。

CAT：喜爱

****

好了，CAT，你已经掌握了上面的知识。现在我有许多电影评论，请根据你掌握的知识，直接给我分类。

序号　电影评论

1. 这部电影引人深思，通过细腻地描绘，呈现出人性最真实的一面。电影制作精良，特效震撼，但剧情略显平淡，令人有些失望。

2. 这部恐怖片充满了紧张气氛，每个场景都让人不寒而栗。角色演绎非常出色，尤其是女主角，表现真实动人，是一部成功的恐怖片。

3. 一部温馨感人的家庭电影，尽管缺乏特效和华丽场景，但简单的故事和真挚的情感触动了观众的心弦。

4. 这部电影展现了一段壮丽的历史，紧张悬疑的剧情让观众在影片中探寻真相。虽然情节略显拖沓，但影片整体仍然引人入胜。

5. 动作片中紧张刺激的打斗场面让人热血沸腾，但角色塑造略显单薄，使情感深度不足。

6. 一部让人回味无穷的艺术电影，通过独特的叙事手法和视觉表现，呈现出一个引人入胜的世界，令人陶醉其中。

7. 这部喜剧片轻松幽默，令人捧腹大笑。演员的表演都非常出彩，为观众带来了一场欢乐的视听盛宴。

8. 这部电影音乐优美，为观众带来了一场视听盛宴。然而，剧情略显乏味，角色发展不够充分，令人惋惜。

9. 电影中的爱情故事令人动容，演员表现优秀。然而，影片在情节推进和角色塑造方面略显不足，使情感深度有所欠缺。

10. 虽然这部电影的制作成本有限，导演却充分利用资源，通过富有创意和魅力的表现，为观众带来了一部令人叹为观止的佳作。

记住，你只需要像上面那样，直接给我情感种类就行，别的都不用说。

直接以表格的形式输出你的分类结果。

　　ChatGPT 根据提示语中的要求，直接对电影评论给出分类结果，如表 7.2 所示。

表 7.2　ChatGPT 直接分类的评论

序号	分类
1	无感
2	恐惧
3	喜爱
4	喜爱
5	无感
6	喜爱
7	喜爱
8	无感
9	无感
10	喜爱

　　从上面的结果可以看出，通过这种方式，我们可以利用 ChatGPT 快速对电影评论进行情感分类。这不仅提高了分类的效率，还可以确保结果的准确性。此外，我们还可以将上面的分类简化为正面、中性和负面三类。这将使分类更加简单明了，方便用户快速了解电影评论的情感倾向。

　　当数据量比较大的时候，我们无须像上面那样将表格复制到 ChatGPT 对话框中，可以通过直接调用 ChatGPT API 的方式批量处理，代码如 7-2 所示。

7-2　调用 ChatGPT API 情感分类

```
import os
import openai
```

```python
import pandas as pd

# 填写你的 OpenAI API 密钥
openai.api_key = "OpenAIUtils.API_KEY"

def read_data(filepath):
    df = pd.read_excel(filepath)
    comments = df.to_dict("records")
    return comments

def comments_analysis(comments):
    _prompt = " 你是评论分析机器人 CAT，具备以下能力。\n" \
        "1. 情感分析技能：掌握情感分析的相关理论、方法和工具，能够准确
地分析文本、语音、图像等信息中的情感信息，并理解不同情感背后的原因和影响。
\n" \
        "2. 电影知识和经验：对电影有深入的了解和理解，具有电影史、电影
类型、导演、演员、编剧等方面的知识，以及电影制作、评价等方面的经验。\n" \
        "3. 专业评论技能：有批判性思维和分析能力，能够对电影进行深入的
评价和分析，发现电影中的问题和优点，并能够清晰、准确地表达自己的意见和观
点。\n" \
        "4. 跨领域能力：能够跨越不同的领域，将情感分析技能和电影知识与
专业评论技能相结合，从不同的角度分析和评价电影，以提供更全面和深入的评价。
\n" \
        "5. 沟通能力：能够与电影制作人员、电影评论家、观众等不同的人群
进行交流和沟通，以收集和传达有关电影的信息和意见。\n" \
        "6. 持续学习能力：由于电影产业和技术的不断发展，需要具备持续学
习的能力，保持对新技术和新趋势的关注，并不断更新自己的知识和技能。\n" \
        " 从情感的角度，我们可以将对电影的评价分为以下几类。\n" \
        "1. 喜爱：即观众或评论者对电影产生积极的情感和喜好，可能是因为
电影内容、角色、视听效果等方面的表现。\n" \
        "2. 悲伤：即电影情节或角色的表现使观众或评论者产生悲伤的情感。
\n" \
        "3. 愤怒：即电影内容、角色或主题的表现使观众或评论者产生愤怒的
情感。\n" \
```

"4.恐惧：即电影的情节、角色或氛围使观众或评论者产生恐惧的情感。\n" \

　　"5.无感：即观众或评论者对电影没有产生明显的情感反应，不喜欢也不反感。\n" \

　　"6.厌恶：即观众或评论者对电影产生厌恶的情感，可能是因为电影内容、角色、视听效果等方面的表现。\n" \

　　" 每次我给你一段电影评论，你直接告诉我是上面的哪一类就行，不用说别的任何内容。我会给你一些对话示例，你可以参考一下。\n"\

　　" 例如，现在我有一些关于《泰坦尼克号》电影的评论，我想要知道这些评论的情感倾向。下面是一些评论示例。\n"\

　　"**************\n"\

　　"---\n"\

　　" 评论：一个伟大的浪漫爱情故事，让人流泪的结局，电影给人留下了深刻的印象。\n"\

　　"CAT: 喜爱 \n"\

　　"---\n"\

　　" 评论：这是一部让人感到非常悲伤和沉重的电影，尤其是那个惨烈的海难场面。\n"\

　　"CAT: 悲伤 \n"\

　　"---\n"\

　　" 评论：电影中逼真的海难场面和生死存亡的紧张氛围，让人特别害怕。\n"\

　　"CAT: 恐惧 \n"\

　　"---\n"\

　　" 评论：虽然电影视听效果不错，但是对于我来说，故事和角色的刻画缺乏共鸣，我都看睡着了。\n"\

　　"CAT: 无感 \n"\

　　"---\n"\

　　" 评论：这部电影里浪漫主义和情感化处理太过度了，不觉得很假吗？\n"\

　　"CAT: 厌恶 \n"\

　　"---\n"\

　　" 评论：电影中的爱情故事和角色刻画非常出色，令人难以忘怀。\n"\

　　"CAT: 喜爱 \n"\

　　"---\n"\

```
        "评论: 电影对女性角色的刻画过于单一和刻板，让我感到不满和失望。
\n"\
        "CAT: 厌恶 \n"\
        "---\n"\
        "评论: 虽然电影中有一些缺点和瑕疵，但是整体上它仍然是一部优
秀的电影作品。\n"\
        "CAT: 喜爱 \n"\
        "******************\n"\
        "好了，CAT，你已经掌握了上面的知识。现在我有许多电影评论，
请根据你掌握的知识，直接给我分类。\n" \
        "---\n" \
        "{comments}" \
        "---" \
        "记住，你只需要像上面那样，直接给我情感种类就行，别的都不用说。
\n" \
        "直接以表格的形式输出你的分类结果。表格的第一列是评论的序号，
第二列是分类。\n"
    _messages = [{"role": "user", "content": _prompt}]
    response = openai.ChatCompletion.create(
        model="gpt-3.5-turbo",
        messages=_messages,
        temperature=0.5,
        frequency_penalty=0.0,
        presence_penalty=0.0,
        stop=None,
        stream=False)
    emotion = response["choices"][0]["message"]["content"].strip()
    return emotion


def save_emotion_to_excel(emotion_str, filename):
    # 将字符串分割成行
    rows = emotion_str.split('\n')
    # 获取列名
    headers = [header.strip() for header in rows[0].split('|')]
```

```
# 获取数据
data = []
for row in rows[2:]:
    values = [value.strip() for value in row.split('|')]
    data.append(values)
# 创建 DataFrame
df = pd.DataFrame(data, columns=headers)
# 将 DataFrame 保存为 Excel 文件
df.to_excel(filename, index=False)


if __name__ == '__main__':
    input_filepath = " 电影评论表 .xlsx"
    output_filepath = " 电影评论表 _ 带情感分类 .xlsx"

    comments = read_data(input_filepath)
    emotions = comments_analysis(comments)
    save_emotion_to_excel(emotions, output_filepath)
```

这段代码实现了一个基于 OpenAI 的自然语言处理模型的情感分析机器人，可以根据输入的电影评论对其进行情感分类，并将结果保存为 Excel 文件。代码读取 Excel 文件中的电影评论，使用 OpenAI 模型进行情感分析，然后将情感分类结果保存为 Excel 文件。机器人可以识别 6 种情感类型：喜爱、悲伤、愤怒、恐惧、无感、厌恶。用户可以参考机器人给出的对话示例输入电影评论，机器人将自动分类并输出结果。

> 注意：上面代码中的"OpenAIUtils.API_KEY"需要用户手动填写自己账户的 Key，并且 OpenAI 会根据用户请求的 Token 数来收费。同时，GPT-3.5 语言模型输入的 Prompt 的数目限制为 4K，若超过该限额，可以采用分批处理，或者直接调用 32K 限制的 GPT-4 模型。

综上所述，使用 ChatGPT 进行情感分类分析是一种高效、便捷的方法。在情感分类任务中，ChatGPT 可以自动识别情感信息并对其进行分类，无须手动编写规则和特征。这使情感分类的过程更为简单和智能化，能够极大地提高情感分类的准确性和效率。

⚠ 注意：虽然 ChatGPT 可以用于情感分类，但它未经过专门针对该任务的优化，因此性能可能不如专门针对情感分类的模型。为了提高性能，可以尝试使用专门为分类任务设计的模型，我们将在后面的章节中介绍。

7.1.2　使用 ChatGPT 实现 K- 近邻分类

K- 近邻（K-Nearest Neighbor，KNN）算法是一种监督学习算法，主要用于分类任务。KNN 算法简单直观，易于实现。其基本思想是，对于待分类的数据点，根据其在特征空间中最近的 K 个邻居的类别，判断该数据点所属的类别。

KNN 算法的核心思想是计算待分类数据点与训练数据集中所有数据点之间的距离，选取距离最近的 K 个邻居，然后根据这 K 个邻居的类别进行投票，得到待分类数据点的类别。距离度量通常采用欧氏距离：

$$d(x, y) = \sqrt{\left((x_1 - y_1)^2 + (x_2 - y_2)^2 + \ldots + (x_n - y_n)^2 \right)}$$

其中，x 和 y 分别表示两个数据点，n 表示特征维度。

K- 近邻算法的应用需要基于大量经验，但是借助于 ChatGPT 模型，可以快速实现这一分类算法。接下来，我们将通过一些实例来介绍 K- 近邻算法。

小明是一名医疗研究员，正在研究预测一个人是否患有心脏病的方法。他现在收集了一部分数据，如表 7.3 所示。

表 7.3　心脏病数据表

年龄	性别	血压	心率	是否患有心脏病
63	男	145	233	是
44	男	130	132	否
58	女	120	166	否

续表

年龄	性别	血压	心率	是否患有心脏病
39	女	117	92	否
50	男	140	115	是
70	女	160	120	是
60	女	125	110	否
55	男	135	160	是
45	女	135	130	否
67	男	142	149	是
55	女	160	110	否
38	男	115	170	否
68	男	145	180	是
45	男	110	160	否
50	女	120	140	否
55	男	140	130	否
46	女	145	120	否
61	女	135	140	是
59	男	160	151	是
42	女	117	150	否
67	男	145	184	是

小明直接通过 ChatGPT 快速构建 K- 近邻算法，提示语如 7-3 所示。

7-3　心脏病 K- 近邻分类预测提示语

你是高级数据分析师，具备以下能力。

数据分析技能：具备深入理解数据的能力，能够对数据进行有效的解读和分析，并得出有价值的结论。

统计学知识：具备基本的统计学知识，能够运用统计学方法分析数据，进行数据建模和预测。

数据可视化：能够使用各种数据可视化工具将数据呈现出来，使数据更加易于理解和传达。

编程能力：具备编程技能，能够使用编程语言如 Python、R 语言等进行数据分析和处理。

业务理解能力：理解业务背景和目标，能够将数据分析结果与业务需求相结合，

提供有实际意义的解决方案。

沟通和表达能力：能够清晰地表达数据分析结果，将复杂的数据分析结果转化为简洁明了的报告和演示文稿，与业务方进行有效的沟通。

创新能力：具备创新思维，能够寻找新的数据分析方法和技术，不断改进数据分析方法，提高数据分析效率和准确性。

小明是一名医疗研究员，正在研究预测一个人是否患有心脏病的方法。

现有一份数据表，保存在本地 Excel 中，名为"心脏病数据表"。

请你从专业的角度，构建一个 K- 近邻的分类函数，对上面的数据进行处理，并绘制曲线。

同时根据你的分类器，如果我有下面的数据：

年龄	性别	血压	心率
50	女	130	120

告诉我，这个人可能患有心脏病吗？

直接以代码块的形式给我 Python 代码。

ChatGPT 根据需求，生成的 K- 近邻分类代码如 7-4 所示。

7-4　心脏病 K- 近邻分类代码

```python
import pandas as pd
import numpy as np
import matplotlib.pyplot as plt
from sklearn.model_selection import train_test_split
from sklearn.preprocessing import StandardScaler
from sklearn.neighbors import KNeighborsClassifier
from sklearn.metrics import accuracy_score
from matplotlib.font_manager import FontProperties

# 读取 Excel 数据
data = pd.read_excel(' 心脏病数据表 .xlsx')

# 数据预处理
data[' 性别 '] = data[' 性别 '].map({' 男 ': 1, ' 女 ': 0})  # 将性别列的男 / 女替换
为数值
features = data.iloc[:, :-1]  # 提取特征数据
labels = data.iloc[:, -1].map({' 是 ': 1, ' 否 ': 0})  # 提取标签数据并将是 / 否替
```

换为数值

```
# 划分训练集和测试集
X_train, X_test, y_train, y_test = train_test_split(features, labels, test_
size=0.2, random_state=42)

# 数据标准化
scaler = StandardScaler()
X_train_scaled = scaler.fit_transform(X_train)
X_test_scaled = scaler.transform(X_test)

# 创建 K- 近邻分类器
knn = KNeighborsClassifier(n_neighbors=5)
knn.fit(X_train_scaled, y_train)

# 预测测试集
y_pred = knn.predict(X_test_scaled)
print("Accuracy:", accuracy_score(y_test, y_pred))

# 预测给定数据
given_data = np.array([[50, 0, 130, 120]]) # 输入数据（年龄、性别、血压、心率）
given_data_scaled = scaler.transform(given_data)
prediction = knn.predict(given_data_scaled)

# 根据预测结果输出有无心脏病
if prediction[0] == 1:
    print(" 预测结果 : 有心脏病 ")
else:
    print(" 预测结果 : 无心脏病 ")

# 绘制分类图
font = FontProperties(fname='C:/Windows/Fonts/msyh.ttc', size=14)

plt.figure(figsize=(12, 6))
```

```
    scatter1 = plt.scatter(X_train_scaled[y_train == 0][:, 0], X_train_scaled
[y_train == 0][:, 2], c='blue', edgecolors='k', s=100)
    scatter2 = plt.scatter(X_train_scaled[y_train == 1][:, 0], X_train_scaled
[y_train == 1][:, 2], c='yellow', edgecolors='k', s=100)
    scatter3 = plt.scatter(given_data_scaled[:, 0], given_data_scaled[:, 2],
c='red', marker='*', s=200)

    plt.title(' 心脏病分类图 ( 年龄 vs 血压 )', fontproperties=font)
    plt.xlabel(' 年龄 ', fontproperties=font)
    plt.ylabel(' 血压 ', fontproperties=font)

    plt.legend((scatter1, scatter2, scatter3), (' 无心脏病 ', ' 有心脏病 ', ' 给定数据 '),
prop=font)
    plt.show()
```

上述代码首先从 Excel 文件中读取心脏病数据，将性别列的男 / 女转
换为数值表示。然后将数据分为特征和标签，并将其划分为训练集和测
试集。接下来，对数据进行标准化处理，并使用 K- 近邻算法训练一个分
类器。分类器在测试集上进行预测，计算预测精度。然后，对给定的新
数据进行预测，并输出预测结果（是否患有心脏病）。最后，使用 Mat-
plotlib 库绘制一个心脏病分类图，其中包含训练数据及给定的新数据。

将上面代码复制到 PyCharm 中运行，得到的准确率和预测值如 7-5
所示。

7-5　心脏病的准确率和预测值

Accuracy: 0.6
预测结果 : 无心脏病

同时，绘制的心脏病分类图如图 7.1 所示。

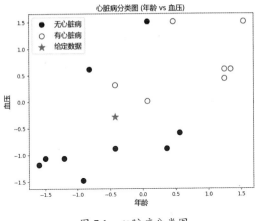

图 7.1　心脏病分类图

　　根据 K- 近邻分类器对心脏病数据进行分类后，我们可以观察到，年龄和血压在某种程度上与患者是否患有心脏病有关。分类图显示了数据点的分布情况，有助于我们了解不同特征之间的关系。

　　K- 近邻算法是一种基于实例学习的非参数分类算法。其优点包括简单易懂，易于实现，适用于多分类问题；同时也具有良好的扩展性和泛化能力。然而，K- 近邻算法也存在一些缺点。例如，需要存储大量样本数据，计算量大，对异常值敏感，需要选择合适的 K 值，且在高维数据集中表现不佳。因此，在实际应用中需要根据具体情况选择是否采用 K-近邻算法。K- 近邻算法适用于各种类型的数据集，包括数值型数据、分类数据和混合数据。通常情况下，K- 近邻算法在处理小规模数据集时表现较好，适合于解决多分类问题。

　　下面将以常用的 Iris 数据集为例，介绍如何使用 ChatGPT 实现 K- 近邻算法，并说明如何应用该算法处理较大的数据集。

　　Iris 数据集是一个常用的多变量数据集，由英国统计学家 Ronald Fisher 在 1936 年提出，用于描述 3 种不同的鸢尾花（山鸢尾、弗吉尼亚鸢尾、维吉尼亚鸢尾）的形态学特征。该数据集包含了 150 个样本，每个样本包含 4 个特征和 1 个类别标签，是机器学习领域中的经典数据集之一。该数据集的特征如表 7.4 所示。

表 7.4　Iris 数据集特征

特征名称	描述
sepal length	萼片长度，单位为厘米
sepal width	萼片宽度，单位为厘米
petal length	花瓣长度，单位为厘米
petal width	花瓣宽度，单位为厘米

下面是 Iris 数据集的部分样例数据，如表 7.5 所示。其中种类列为表示样本所属的鸢尾花的种类，即山鸢尾、弗吉尼亚鸢尾或维吉尼亚鸢尾。

表 7.5　Iris 数据集的部分样例数据

sepal length	sepal width	petal length	petal width	class
5.1	3.5	1.4	0.2	山鸢尾
4.9	3.0	1.4	0.2	山鸢尾
7.0	3.2	4.7	1.4	弗吉尼亚鸢尾
6.4	3.2	4.5	1.5	弗吉尼亚鸢尾
6.3	3.3	6.0	2.5	维吉尼亚鸢尾
5.8	2.7	5.1	1.9	维吉尼亚鸢尾

我们可以直接通过 ChatGPT 快速构建 Iris 数据集的 K- 近邻算法，提示语如 7-6 所示。

7-6　Iris 数据集的 K- 近邻算法分类预测提示语

你是高级数据分析师，具备以下能力。

数据分析技能：具备深入理解数据的能力，能够对数据进行有效的解读和分析，并得出有价值的结论。

统计学知识：具备基本的统计学知识，能够运用统计学方法分析数据，进行数据建模和预测。

数据可视化：能够使用各种数据可视化工具将数据呈现出来，使数据更加易于理解和传达。

编程能力：具备编程技能，能够使用编程语言如 Python、R 语言等进行数据分析和处理。

业务理解能力：理解业务背景和目标，能够将数据分析结果与业务需求相结合，提供有实际意义的解决方案。

沟通和表达能力：能够清晰地表达数据分析结果，将复杂的数据分析结果转化为简洁明了的报告和演示文稿，与业务方进行有效的沟通。

创新能力：具备创新思维，能够寻找新的数据分析方法和技术，不断改进数据分析方法，提高数据分析效率和准确性。

请你从专业的角度，对通用 Iris 数据集构建一个 K- 近邻的分类函数，并绘制曲线。

直接以代码块的形式给我 Python 代码。

ChatGPT 根据需求，生成的 K- 近邻分类代码如 7-7 所示。

7-7　Iris 数据集的 K- 近邻分类代码

```python
import numpy as np
import pandas as pd
import seaborn as sns
import matplotlib.pyplot as plt
import matplotlib.font_manager as fm
from sklearn import datasets
from sklearn.model_selection import train_test_split
from sklearn.neighbors import KNeighborsClassifier
from sklearn.metrics import classification_report, confusion_matrix

# 获取 SimHei 字体的路径
font_paths = [f.fname for f in fm.fontManager.ttflist if 'SimHei' in f.name]
simhei_path = font_paths[0] if font_paths else None

if not simhei_path:
    raise ValueError("SimHei 字体未找到，请确保已安装 SimHei 字体。")

my_font = fm.FontProperties(fname=simhei_path)

# 加载 Iris 数据集
iris = datasets.load_iris()
```

```
X = iris.data
y = iris.target

# 将数据集划分为训练集和测试集
X_train, X_test, y_train, y_test = train_test_split(X, y, test_size=0.2, random_
state=42)

# 使用 K- 近邻算法训练模型
k = 3
knn = KNeighborsClassifier(n_neighbors=k)
knn.fit(X_train, y_train)

# 预测测试集
y_pred = knn.predict(X_test)

# 输出分类结果和混淆矩阵
print(" 分类报告：")
print(classification_report(y_test, y_pred))
print(" 混淆矩阵：")
print(confusion_matrix(y_test, y_pred))

# 数据可视化
iris_df = pd.DataFrame(data=iris.data, columns=iris.feature_names)
iris_df['species'] = iris.target
iris_df['species'] = iris_df['species'].map({0: ' 山鸢尾 ', 1: ' 弗吉尼亚鸢尾 ', 2:
' 维吉尼亚鸢尾 '})

# 修改列名为中文
iris_df.columns = [' 萼片长度 ', ' 萼片宽度 ', ' 花瓣长度 ', ' 花瓣宽度 ', ' 种类 ']

sns.set(style="whitegrid", palette="husl")
g = sns.pairplot(iris_df, hue=' 种类 ', markers=['o', 's', 'D'], diag_kind='kde')

# 设置字体
```

```
for ax in g.axes.flat:
    ax.set_xlabel(ax.get_xlabel(), fontproperties=my_font)
    ax.set_ylabel(ax.get_ylabel(), fontproperties=my_font)

# 设置图例字体
handles = g._legend_data.values()
labels = g._legend_data.keys()
g._legend.remove()
legend = g.fig.legend(handles=handles, labels=labels, loc='upper center',
ncol=3, prop=my_font)
legend.set_title(' 种类 ', prop=my_font)

plt.show()
```

这段代码首先加载了 Iris 数据集，并使用 K- 近邻分类器对其进行了训练。然后，通过计算分类报告和混淆矩阵评估模型的性能。接下来，代码创建了一个 pairplot（成对关系图），展示了 Iris 数据集中 4 个特征的两两关系，通过颜色和标记的不同区分了 3 种鸢尾花。

在统计前，我们先对几个基本概念做简单的介绍。

（1）准确率（Accuracy）：准确率是分类正确的样本数占总样本数的比例。它是分类器在所有样本上的整体表现。

$$Accuracy = \frac{TP + TN}{TP + TN + FP + FN}$$

（2）精准率（Precision）：精准率是指分类器预测为正例的样本中，实际为正例的比例。它反映了分类器预测结果的准确性。

$$Precision = \frac{TP}{TP + FP}$$

（3）召回率（Recall）：召回率是指实际为正例的样本中，被分类器预测为正例的比例。它反映了分类器对正例的识别能力。

$$\text{Recall} = \frac{\text{TP}}{\text{TP} + \text{FN}}$$

（4）F_1分数（F_1_Score）：F_1分数是精准率和召回率的调和平均值，用于评估分类器在精准率和召回率之间的权衡。当精准率和召回率都高时，F_1分数才会高。

$$F_1 \_ \text{Score} = \frac{2 \times (\text{Precision} \times \text{Recall})}{\text{Precision} + \text{Recall}}$$

（5）混淆矩阵（Confusion Matrix）：混淆矩阵是一个二维表格，用于描述分类器的预测结果和实际结果之间的关系。矩阵中的每个单元格表示一个特定的预测-实际组合。对于二分类问题，混淆矩阵的形式如表 7.6 所示。

表 7.6　混淆矩阵

	预测为正	预测为负
实际为正	TP	FN
实际为负	FP	TN

其中，TP（True Positive）表示实际为正例且预测为正例的样本数；TN（True Negative）表示实际为负例且预测为负例的样本数；FP（False Positive）表示实际为负例但预测为正例的样本数；FN（False Negative）表示实际为正例但预测为负例的样本数。

将上面代码复制到 PyCharm 中运行，得到 K- 近邻的精准率、召回率、F_1分数和混淆矩阵，如 7-8 所示。

7-8　Iris 数据集中 K- 近邻算法的精准率、召回率、F_1分数和混淆矩阵

分类报告			
	Precision	Recall	F_1 Score
0	1.00	1.00	1.00
1	1.00	1.00	1.00

2	1.00	1.00	1.00	
accuracy			1.00	30
macro avg	1.00	1.00	1.00	30
weighted avg	1.00	1.00	1.00	30

```
混淆矩阵
[[10 0 0]
 [ 0 9 0]
 [ 0 0 11]]
```

同时，绘制的鸢尾花分类图如图 7.2 所示。

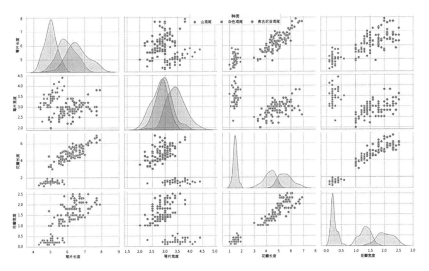

图 7.2　鸢尾花分类图

从 K-近邻分类图中，我们可以观察 3 种鸢尾花在特征空间中的分布。山鸢尾在花瓣长度和花瓣宽度特征上与其他 2 种有较明显的区分，而弗吉尼亚鸢尾和维吉尼亚鸢尾在部分特征组合上存在一定的重叠，这可能导致分类时产生一定的误差。然而，根据分类报告和混淆矩阵，K-近邻分类在这个案例中表现出了很好的性能。

> ⚠️ 注意：对于准确率为 1 的问题，是由于测试集中的数据与训练集具有相似的特征，导致 K- 近邻算法能够很好地预测测试集中的数据。但在实际情况中，准确率不太可能总是达到 1。如果需要评估模型的稳定性，可以尝试使用交叉验证（Cross-Validation）方法。

综上所述，使用 ChatGPT 实现 K- 近邻分类是一个有效的方法，它利用了 ChatGPT 在自然语言处理方面的优势，直接使用 K- 近邻算法进行分类。这种方法不需要事先对数据进行特征提取和选择，能够适应不同的数据类型和规模，具有很好的灵活性和鲁棒性。

7.1.3 使用 ChatGPT 进行朴素贝叶斯分类

朴素贝叶斯分类器（Naive Bayes Classifier）是一种基于概率论的分类算法。它基于贝叶斯定理，对特征之间的条件独立性假设进行简化。朴素贝叶斯分类器在许多领域都有广泛的应用，如文本分类、垃圾邮件过滤等。

朴素贝叶斯分类器的基本思想是根据特征的条件概率，计算某一类别发生的概率。朴素贝叶斯算法中的"朴素"来源于对特征之间的条件独立性假设，即假设每个特征之间相互独立，不受其他特征的影响。尽管这个假设在现实情况中不一定成立，但朴素贝叶斯分类器在许多实际问题中仍然表现出良好的性能。

朴素贝叶斯分类器基于贝叶斯定理，其公式如下：

$$P(C\_k \mid X) = \frac{P(X \mid C\_k) \times P(C\_k)}{P(X)}$$

其中，$P(C\_k \mid X)$ 表示给定特征 X 下类别 C_k 的后验概率，$P(X \mid C\_k)$ 表示类别 C_k 下特征 X 的似然概率，$P(C\_k)$ 表示类别 C_k 的先验概率，$P(X)$ 表示特征 X 的边缘概率。

在分类问题中，我们需要找到使 $P(C\_k \mid X)$ 最大的类别 C_k。由于 $P(X)$ 对所有类别都是相同的，因此我们只需要关注分子部分，即：

$$C\_k = \text{argmax} \left(P(X \mid C\_k) \times P(C\_k) \right)$$

朴素贝叶斯算法具有分类效果较好、训练速度快、可解释性高等优点，但对特征独立性的假设过于简化，无法处理缺失值和连续型特征。要很好地利用这一算法，需要掌握贝叶斯定理和条件概率的基本概念、统计学的基本知识、数据预处理和机器学习的基本理论、算法和编程能力，并且拥有丰富的实战经验。

通过 ChatGPT 可以快速利用朴素贝叶斯进行分类。下面我们通过经典的新闻数据集介绍如何使用 ChatGPT 进行朴素贝叶斯分类。

20 个新闻组数据集（20 Newsgroups Dataset）是一个广泛用于文本分类任务的数据集，由 C. Apte、D. Newman 和 S. H. Rowe 提供，包含 20 个不同主题的新闻组文章。这些文章来自 Usenet 新闻组，其中包括计算机技术、体育、政治等不同主题。每个主题都包含至少数百篇文章，总共包含 18,846 篇文章，被分为训练集和测试集两部分。该数据集已被广泛用于文本分类和信息检索领域的研究和实践。该数据集的特征如表 7.7 所示。

表 7.7　20 Newsgroups 数据集特征

特征	描述
主题数	20
文章数	18,846
平均文章长度	1,327
类别平衡性	均衡，每个类别都至少有 500 篇文章
数据集划分	训练集（60%）、测试集（40%）
数据格式	文本文件
编码	原始文件为 ISO-8859-1 编码，已经转换成 UTF-8 编码
数据来源	来自 Usenet 新闻组，包含计算机技术、体育、政治等不同主题

该数据集的部分数据如表 7.8 所示。

表 7.8　20 Newsgroups 数据集部分数据

文章 ID	主题	标题	文章内容
1	alt.atheism	Re: What's Wrong with This Picture?	...In article C5o5I5.5p5@ news.cso.uiuc.edu mathew mathew@mantis.co.uk writes:...
2	comp. graphics	Re: 3D Position from 2D Image	...What you're asking is a very deep computer vision problem, and I can't imagine how anyone could attempt to do it without heavy use of knowledge about the object being viewed. Consider, for example, a human face. If you're viewing it from the side and can see only one eye, how do you know which side of the face you're looking at?...
3	comp.os.ms-windows.misc	Re: GUI Toolkit for Windows?	...I would like to know if there are any GUI toolkits available for Windows. I would like to use this with Visual C++ 1.5 on a Windows 3.1 machine...
4	rec.autos	Re: New Car Models	...after market kits for the model, there are not too many other options. I just saw a picture of the car for the first time today in the new issue of Car & Driver. It looks nice, though···

文章 ID	主题	标题	文章内容
5	sci.crypt	Re: 'New' Cryptanalysis of RC4	…If you are familiar with the basic workings of RC4, it is easy to see that the attack will work. Basically, if you know the key stream (which is just the output of the RC4 algorithm,then you can decipher the cipher by using the XOR operation…

我们可以直接通过 ChatGPT 快速构建 20 Newsgroups 数据集的朴素贝叶斯算法，提示语如 7-9 所示。

7-9　20 Newsgroups 数据集的朴素贝叶斯算法提示语

你是高级数据分析师，具备以下能力。

数据分析技能：具备深入理解数据的能力，能够对数据进行有效的解读和分析，并得出有价值的结论。

统计学知识：具备基本的统计学知识，能够运用统计学方法分析数据，进行数据建模和预测。

数据可视化：能够使用各种数据可视化工具将数据呈现出来，使数据更加易于理解和传达。

编程能力：具备编程技能，能够使用编程语言如 Python、R 语言等进行数据分析和处理。

业务理解能力：理解业务背景和目标，能够将数据分析结果与业务需求相结合，提供有实际意义的解决方案。

沟通和表达能力：能够清晰地表达数据分析结果，将复杂的数据分析结果转化为简洁明了的报告和演示文稿，与业务方进行有效的沟通。

创新能力：具备创新思维，能够寻找新的数据分析方法和技术，不断改进数据分析方法，提高数据分析效率和准确性。

请你从专业的角度，对通用数据集 20 Newsgroups 构建一个朴素贝叶斯的分类函数，并绘制曲线。

直接以代码块的形式给我 Python 代码。

ChatGPT 根据需求，生成的朴素贝叶斯分类代码如 7-10 所示。

7-10　20 Newsgroups 数据集的朴素贝叶斯分类代码

```python
import numpy as np
import pandas as pd
import matplotlib.pyplot as plt
import seaborn as sns
from sklearn.datasets import fetch_20newsgroups
from sklearn.feature_extraction.text import CountVectorizer
from sklearn.model_selection import train_test_split
from sklearn.naive_bayes import MultinomialNB
from sklearn.metrics import classification_report, confusion_matrix
from matplotlib.font_manager import FontManager
from sklearn.manifold import TSNE

# 获取 SimHei 字体的路径
fm = FontManager()
font_paths = [f.fname for f in fm.ttflist if 'SimHei' in f.name]
simhei_path = font_paths[0] if font_paths else None

if not simhei_path:
    raise ValueError("SimHei 字体未找到，请确保已安装 SimHei 字体。")

my_font = {'family': 'SimHei', 'size': 12}

# 获取数据集
newsgroups = fetch_20newsgroups(subset='all', remove=('headers', 'footers', 'quotes'))
X, y = newsgroups.data, newsgroups.target

# 数据预处理
vectorizer = CountVectorizer(stop_words='english', max_df=0.5, min_df=2)
X_vec = vectorizer.fit_transform(X)

# 划分训练集和测试集
```

```
    X_train, X_test, y_train, y_test = train_test_split(X_vec, y, test_size=0.2,
random_state=42)

    # 朴素贝叶斯分类器
    clf = MultinomialNB()
    clf.fit(X_train, y_train)

    # 预测
    y_pred = clf.predict(X_test)

    # 分类报告
    print(classification_report(y_test, y_pred, target_names=newsgroups.
target_names))

    # 混淆矩阵
    cm = confusion_matrix(y_test, y_pred)
    cm_df = pd.DataFrame(cm, index=newsgroups.target_names,
columns=newsgroups.target_names)

    # 绘制各类别预测准确率
    accuracy_per_class = np.diag(cm) / np.sum(cm, axis=1)
    # 绘制各类别预测准确率条形图
    fig, ax = plt.subplots(figsize=(8, 6))
    ax.bar(newsgroups.target_names, accuracy_per_class)
    ax.set_title(' 各类别预测准确率 ', fontdict=my_font)
    ax.set_xlabel(' 类别 ', fontdict=my_font)
    ax.set_ylabel(' 准确率 ', fontdict=my_font)
    ax.set_xticks(np.arange(len(newsgroups.target_names)))
    ax.set_xticklabels(newsgroups.target_names, rotation=90, fontsize=8)
    ax.tick_params(axis='y', labelsize=8)
    plt.show()

    # 对测试集进行 t-SNE 降维
    tsne = TSNE(n_components=2, random_state=42, init='pca', learning_
rate='auto')
```

```
X_test_2d = tsne.fit_transform(X_test.toarray())

# 绘制分类图
fig, ax = plt.subplots(figsize=(8, 6))
for i, target_name in enumerate(newsgroups.target_names):
    ax.scatter(X_test_2d[y_test == i, 0], X_test_2d[y_test == i, 1], label=target_name)
ax.set_title('t-SNE 降维后的分类图 ', fontdict=my_font)
ax.set_xlabel('t-SNE 特征 1 ', fontdict=my_font)
ax.set_ylabel('t-SNE 特征 2 ', fontdict=my_font)
ax.legend(prop={'family': 'SimHei', 'size': 12})
ax.tick_params(axis='x', labelsize=8)
ax.tick_params(axis='y', labelsize=8)
plt.show()
```

这段代码首先对 20 Newsgroups 数据集进行了预处理，然后使用朴素贝叶斯分类器训练模型，并对测试集进行预测。接着，代码输出了分类报告，并绘制了混淆矩阵热力图和各类别预测准确率柱状图。

将上面的代码复制到 PyCharm 中运行，得到的 20 Newsgroups 数据集在经过朴素贝叶斯分类后的精准率、召回率、F_1 分数和样本数量如 7-11 所示。

7-11 20 Newsgroups 数据集在经过朴素贝叶斯分类后的精准率、召回率、F_1 分数和样本数量

Theme	Precision	Recall	F_1 Score	Support
alt.atheism	0.58	0.55	0.57	151
comp.graphics	0.55	0.74	0.63	202
comp.os.ms-windows.misc	0.69	0.05	0.09	195
comp.sys.ibm.pc.hardware	0.49	0.75	0.59	183
comp.sys.mac.hardware	0.78	0.71	0.74	205
comp.windows.x	0.71	0.81	0.75	215
misc.forsale	0.84	0.65	0.73	193
rec.autos	0.80	0.76	0.78	196

rec.motorcycles	0.49	0.74	0.59	168
rec.sport.baseball	0.93	0.83	0.87	211
rec.sport.hockey	0.93	0.86	0.90	198
sci.crypt	0.75	0.78	0.76	201
sci.electronics	0.78	0.66	0.72	202
sci.med	0.85	0.85	0.85	194
sci.space	0.82	0.77	0.80	189
soc.religion.christian	0.58	0.89	0.70	202
talk.politics.guns	0.68	0.74	0.71	188
talk.politics.mideast	0.79	0.77	0.78	182
talk.politics.misc	0.50	0.63	0.56	159
talk.religion.misc	0.75	0.15	0.26	136

> 🛈 **说明:** "Support" 在这个上下文中是指每个类别(标签)在测试集中的样本数量。
> 当类别间的样本分布不平衡时,"Support" 就显得尤为重要,因为某
> 些指标可能会因为类别样本数量的不平衡而偏向样本数多的类别。此
> 时,"Support" 可以用于解释和理解这种偏差。

绘制的 20 Newsgroups 数据集各类别预测准确率图如图 7.3 所示。

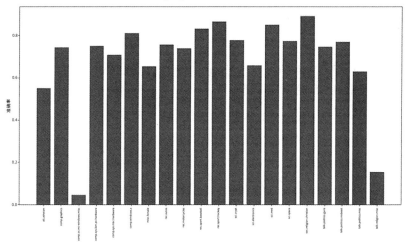

图 7.3　20 Newsgroups 数据集各类别预测准确率

该数据集降维后的分类图如图 7.4 所示。

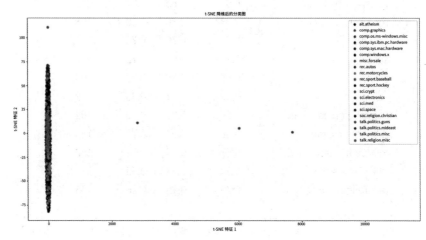

图 7.4　20 Newsgroups 降维后的分类图

从朴素贝叶斯绘制的图可以看出，分类器在某些类别上的预测准确率较高，而在其他类别上表现较差。这可能是由于数据集中不同类别的数据特征分布不均匀，导致分类器在预测时存在一定程度的偏差。

综上所述，使用 ChatGPT 进行朴素贝叶斯分类是一种高效且精准的方法。通过利用 ChatGPT 对文本进行建模和预测，可以在各种领域中实现准确的分类。朴素贝叶斯分类是一种基于概率论的分类方法，它通过假设特征之间是独立的，简化了计算过程。使用 ChatGPT 可以更好地解决这种假设所带来的限制问题，并且可以更准确地建模和预测文本分类任务。在实践中，使用 ChatGPT 进行朴素贝叶斯分类可以帮助人们更好地理解和利用文本数据，并在各种应用场景中提高预测的准确性和效率。

7.1.4　使用 ChatGPT 进行支持向量机分类

支持向量机（Support Vector Machine，SVM）是一种非常流行的监督学习算法，用于解决分类和回归问题。SVM 基于结构风险最小化原则，试图找到一个最优的超平面，将不同类别的数据在特征空间中分隔开。
SVM 具有很好的泛化能力，在高维数据和小样本问题上表现优异。SVM
经常应用于图像识别、文本分类、生物信息学等领域。

　　支持向量机的核心思想是寻找一个最优超平面，将不同类别的数据
在特征空间中尽可能地分隔开。为了理解 SVM 的公式，我们需要先介绍
线性可分 SVM，然后再介绍线性不可分情况下的软间隔 SVM 和核技巧。

1. 线性可分 SVM

对于一个二分类问题，给定训练数据集：

$$D = \left\{ (x_1, y_1), (x_2, y_2), ..., (x_n, y_n) \right\}$$

其中，x_n 表示第 n 个样本的特征向量，$y_n \in \{-1, 1\}$ 表示对应的类别
标签。线性可分 SVM 试图找到一个分隔超平面：

$$w \times x + b = 0$$

其中，w 是法向量，决定了超平面的方向；b 是偏置项，决定了超平
面的位置。我们需要找到最优的 w 和 b，使不同类别之间的间隔最大化。
间隔可以用下面的公式表示：

$$\text{margin} = \frac{2}{||w||}$$

为了最大化间隔，等价于求解如下优化问题：

$$\min \left(1/2 \times ||w||^2 \right)$$

$$\text{subject to } y_i \left(w \times x_i + b \right) \geqslant 1, i = 1, 2, ..., n$$

这是一个凸二次规划问题，可以使用拉格朗日乘子法和 KKT 条件
求解。

2. 线性不可分 SVM（软间隔 SVM）

对于线性不可分的情况，我们引入松弛变量 ε_i，允许部分样本点不

满足约束条件。此时，我们需要在最大化间隔的同时，尽量减少误分类点。优化问题变为

$$\min \left(1/2 \, ||w||^2 + C \times \sum \varepsilon_i \right)$$

$$\text{subject to } y_i \left(w \times x_i + b \right) \geqslant 1 - \varepsilon_i, i = 1, 2, \dots, n$$

$$\varepsilon_i \geqslant 0, i = 1, 2, \dots, n$$

其中，$C > 0$ 是一个超参数，控制间隔和误分类点之间的权衡。

3. 核技巧

在非线性分类问题中，SVM 通过核技巧将原始特征空间映射到更高维的空间，以在高维空间中寻找分隔超平面。核函数 $K(x_i, x_j)$ 用于计算映射后的特征向量的内积。常用的核函数有线性核、多项式核、径向基函数（RBF）核等。此时，优化问题的解可以表示如下：

$$f(x) = \sum \left(a_i \times y_i \times K \left(x_i, x \right) \right) + b$$

其中，a_i 是拉格朗日乘子，可以通过解优化问题得到。

SVM 算法具有出色的性能，适用于处理高维数据和小样本问题，并可应用于多种场景。为了最大限度地利用 SVM 的潜力，需要掌握线性代数、优化方法和核函数的原理，同时具备一定的编程能力和实战经验。通过使用 ChatGPT，我们可以快速而准确地实现 SVM 算法。下面我们通过一个实例来演示这一过程。

MNIST 是一种手写数字数据集，由来自美国国家标准与技术研究院的 2 位研究员构建。该数据集包含 60,000 张训练图像和 10,000 张测试图像，每张图像均为 28×28 像素大小的灰度图像，表示 0 到 9 之间的数字。该数据集被广泛应用于机器学习领域，特别适用于图像分类和数字识别任务。

MNIST 作为经典的图像分类数据集，其部分数据可以通过 7-12 的代码下载展示。

7-12　绘制部分 MNIST 数据

```python
import numpy as np
import matplotlib.pyplot as plt
from keras.datasets import mnist

# 加载 MNIST 数据集
(X_train, y_train), (X_test, y_test) = mnist.load_data()

# 定义数字标签的名称
labels = ["0", "1", "2", "3", "4", "5", "6", "7", "8", "9"]

# 绘制图像
fig, axs = plt.subplots(5, 5, figsize=(8, 8))
for i in range(5):
    for j in range(5):
        axs[i, j].imshow(X_train[i*5+j], cmap='gray')
        axs[i, j].axis('off')
        axs[i, j].set_title(labels[y_train[i*5+j]])

plt.show()
```

运行以上代码，可视化部分 MNIST 数据，如图 7.5 所示。

图 7.5　部分 MNIST 数据集示例

我们可以直接使用 ChatGPT 构建支持向量机对 MNIST 数据集分类，提示语如 7-13 所示。

7-13 MNIST 数据集的 SVM 算法提示语

你是高级数据分析师，具备以下能力。

数据分析技能：具备深入理解数据的能力，能够对数据进行有效的解读和分析，并得出有价值的结论。

统计学知识：具备基本的统计学知识，能够运用统计学方法分析数据，进行数据建模和预测。

数据可视化：能够使用各种数据可视化工具将数据呈现出来，使数据更加易于理解和传达。

编程能力：具备编程技能，能够使用编程语言如 Python、R 语言等进行数据分析和处理。

业务理解能力：理解业务背景和目标，能够将数据分析结果与业务需求相结合，提供有实际意义的解决方案。

沟通和表达能力：能够清晰地表达数据分析结果，将复杂的数据分析结果转化为简洁明了的报告和演示文稿，与业务方进行有效的沟通。

创新能力：具备创新思维，能够寻找新的数据分析方法和技术，不断改进数据分析方法，提高数据分析效率和准确性。

请你从专业的角度，对通用数据集 MNIST，构建一个 SVM 分类函数，并绘制曲线。

直接以代码块的形式给我 Python 代码。

ChatGPT 根据需求，生成的 SVM 分类代码如 7-14 所示。

7-14 MNIST 的 SVM 分类代码

```python
import numpy as np
import matplotlib.pyplot as plt
import seaborn as sns
from sklearn import datasets, svm, metrics
from sklearn.model_selection import train_test_split
from sklearn.preprocessing import StandardScaler
import matplotlib.font_manager as fm
from matplotlib.font_manager import FontProperties
```

```python
# 获取 SimHei 字体的路径
font_paths = [f.fname for f in fm.fontManager.ttflist if 'SimHei' in f.name]
simhei_path = font_paths[0] if font_paths else None

if not simhei_path:
    raise ValueError("SimHei 字体未找到，请确保已安装 SimHei 字体。")

my_font = fm.FontProperties(fname=simhei_path)

# 加载 MNIST 数据集
digits = datasets.load_digits()

# 分割数据集为训练集和测试集
X_train, X_test, y_train, y_test = train_test_split(digits.data, digits.target,
test_size=0.5, random_state=42)

# 数据预处理
scaler = StandardScaler()
X_train = scaler.fit_transform(X_train)
X_test = scaler.transform(X_test)

# 创建 SVM 分类器
classifier = svm.SVC(kernel='rbf', gamma=0.01, C=10)

# 训练分类器
classifier.fit(X_train, y_train)

# 对测试集进行预测
y_pred = classifier.predict(X_test)

# 计算分类器的性能指标
accuracy = metrics.accuracy_score(y_test, y_pred)
print(" 准确率 :", accuracy)
```

```
# 绘制混淆矩阵
cm = metrics.confusion_matrix(y_test, y_pred)
plt.figure(figsize=(10, 10))
sns.heatmap(cm, annot=True, fmt=".0f", linewidths=1, square=True,
cmap="Blues", annot_kws={"fontsize": 14})
plt.ylabel(' 实际类别 ', fontproperties=my_font, fontsize=14)
plt.xlabel(' 预测类别 ', fontproperties=my_font, fontsize=14)
plt.title(' 混淆矩阵 ', fontproperties=my_font, fontsize=20)
plt.show()
```

上面的代码首先加载 MNIST 数据集，将其分为训练集和测试集，然后使用标准化对数据进行预处理。接下来，创建并训练一个基于 RBF 核的 SVM 分类器。分类器训练完成后，对测试集进行预测，并计算分类器的准确率。最后，绘制混淆矩阵以可视化分类器在各类别之间的预测表现。

将上面的代码复制到 PyCharm 中运行，得到的 MNIST 数据集在经过 SVM 的分类后准确率为 0.97。同时，绘制的混淆矩阵如图 7.6 所示。

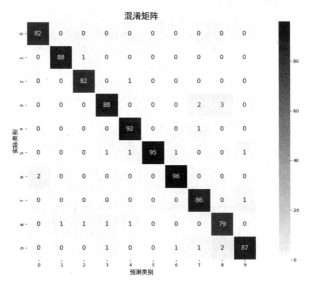

图 7.6　MNIST 数据集混淆矩阵

从混淆矩阵中，我们可以看到 SVM 分类器在 MNIST 数据集上的表现较好，大部分数字都被准确地分类。同时，通过观察混淆矩阵中的非对角线元素，我们可以了解哪些数字容易被误分类为其他数字，从而得出 SVM 分类器在 MNIST 数据集上的分类效果和性能。

⚠ 说明：除了混淆矩阵，还可以绘制其他类型的图表展示分类器的性能。例如，绘制 ROC 曲线，展示模型在不同阈值下的真正例率（召回率）和假正例率之间的权衡。同时，计算 AUC 值以量化分类器的性能。或者绘制 Precision-Recall 曲线，展示模型在不同阈值下的精确度和召回率之间的权衡。但是值得注意的是，因为 MNIST 是多分类问题，需要将其转换为二分类问题才能绘制 ROC 曲线和 Precision-Recall 曲线。

综上所述，使用 ChatGPT 进行支持向量机分类是一种有效的方法。支持向量机是一种广泛应用于分类问题的机器学习算法，而 ChatGPT 则是一种基于深度学习的自然语言处理技术。通过结合这两种技术，可以实现更准确和高效的文本和图像分类。

除了 K- 近邻（K-Nearest Neighbor, KNN）、朴素贝叶斯（Naive Bayes）和支持向量机（Support Vector Machine, SVM），还有以下常见的分类算法。

（1）决策树（Decision Tree）：如 ID3、C4.5 和 CART 等算法，根据属性值对数据进行划分，形成一棵树形结构。

（2）随机森林（Random Forest）：基于多个决策树的集成学习方法，通过对多棵决策树的结果进行投票，得出最终的分类结果。

（3）梯度提升树（Gradient Boosting Tree, GBT）：通过构建并组合多个决策树，按照梯度提升方法优化损失函数，以提高分类性能。

（4）逻辑回归（Logistic Regression）：一种线性分类器，通过对特征数据进行加权求和，然后将结果通过 sigmoid 函数进行映射，得到 0 到 1 之间的概率值。

（5） 神经网络（Neural Network）：通过模拟人脑神经元的工作原理，并组合多层神经元形成复杂的模型，可以应对各种类型的分类任务。

（6） 深度学习（Deep Learning）：基于神经网络的一种扩展，包括卷积神经网络（Convolutional Neural Network, CNN）、循环神经网络（Recurrent Neural Network, RNN）、长短期记忆网络（Long Short Term Memory, LSTM）等。

（7） AdaBoost：一种基于权重的集成学习算法，通过将多个弱分类器组合成一个强分类器，提高分类性能。

这些分类算法各自具有优缺点和适用场景，因此选择适合特定问题和数据特征的算法非常重要。读者可以参考前面的方法，使用 ChatGPT 快速实现这些算法，也可以让 ChatGPT 根据数据自动选择最合适的算法。在选择算法时，需要根据具体情况进行判断，本小节不再详细说明。对此感兴趣的读者可以自行尝试。

7.2 使用 ChatGPT 进行聚类分析

聚类分析是一种将相似的数据点分组或分配到类似的簇或组中的无监督学习方法。在聚类分析中，数据点通常被表示为向量，聚类算法则可以基于相似度或距离等标准计算数据点之间的相似度或距离，以找出数据点之间的关系并进行聚类。本节将介绍如何使用 ChatGPT 实现 2 种常见的聚类算法：K-Means 聚类和层次聚类分析。

7.2.1 使用 ChatGPT 实现 K-Means 聚类

K-Means 是一种无监督学习算法，主要用于解决聚类问题。它通过将数据分为 K 个簇，使同一簇内的数据点彼此接近，而不同簇之间的数据点尽可能远离。K-Means 算法广泛应用于市场细分、图像分割、异常检测等领域。

K-Means 聚类的核心思想是最小化每个簇内样本与簇中心的距离之和。为了理解 K-Means 的原理，我们需要了解算法的流程。

1. 初始化

选取 K 个数据点作为初始簇中心，记作：

$$\{c_1, c_2, ..., c_k\}$$

2. 分配

将每个数据点分配给最近的簇中心，计算数据点 x_i（i 从 1 到 N），与簇中心 c_j（j 从 1 到 K）的距离，然后将 x_i 分配给距离最近的簇中心。这一步可以使用欧几里得距离度量计算：

$$\text{dist}\left(x_i, c_j\right) = \sqrt{\left(x_i[d] - c_j[d]\right)^2}$$

3. 更新

更新每个簇的中心，使其成为簇内所有数据点的均值：

$$c_j = \frac{1}{|S_j|} \sum x_i$$

其中，S_j 是分配给簇中心 c_j 的数据点集合，$|S_j|$ 表示 S_j 中的数据点数量。

4. 迭代

重复步骤 2 和 3，直到簇中心不再发生变化或达到最大迭代次数。

K-Means 算法的目标是最小化一个称为 Inertia 的代价函数，即每个簇内数据点到其簇中心的距离平方和：

$$\text{Inertia} = \sum \sum \left(x_i[d] - c_j[d]\right)^2$$

其中，第一个求和符号对所有簇进行求和，第二个求和符号对簇内的所有数据点进行求和，d 是数据点的维数。

注意：K-Means 算法并不保证能找到全局最优解，因为它容易陷入局部最优解。

为了获得更好的结果，通常会进行多次随机初始化，并选择具有最低惯性值的聚类结果。

K-Means 用于聚类分析，要求数据集满足以下条件。

（1）数值型数据：K-Means 算法要求数据集中的特征是数值型数据，因为需要计算距离。

（2）独立同分布：K-Means 假设数据集中的样本是独立同分布的，即每个样本之间是相互独立的。

（3）不同类别的数据分布相似：K-Means 算法假设不同类别的数据分布相似，即数据集中不同类别的数据之间的方差相似。

通过使用 ChatGPT，我们可以快速而准确地实现 K-Means 聚类算法。下面我们通过一个实例来演示这一过程。

小明是一家手机厂商的数据分析师，需要分析用户的购买行为，从而对用户进行分类。其中，用户的信息和行为如表 7.9 所示。

表 7.9 用户信息和行为

用户编号	年龄	性别	收入（元）	地理位置	购买行为
1	20	女	15,000	北京市	购买商品 A
2	25	男	20,000	上海市	购买商品 B
3	22	女	18,000	深圳市	购买商品 A
4	35	男	40,000	广州市	购买商品 C
5	40	女	55,000	上海市	购买商品 B
6	50	男	70,000	北京市	购买商品 A
7	23	女	16,000	深圳市	购买商品 C
8	28	男	22,000	广州市	购买商品 A
9	45	女	50,000	上海市	购买商品 B
10	60	男	80,000	北京市	购买商品 C
11	30	女	25,000	北京市	购买商品 A
12	35	女	35,000	深圳市	购买商品 C
13	22	女	17,000	北京市	购买商品 B
14	50	女	60,000	北京市	购买商品 C

续表

用户编号	年龄	性别	收入（元）	地理位置	购买行为
15	27	男	18,000	深圳市	购买商品 A
16	32	男	30,000	上海市	购买商品 B
17	45	男	45,000	深圳市	购买商品 C
18	55	男	65,000	广州市	购买商品 A
19	40	男	52,000	上海市	购买商品 B
20	25	女	23,000	深圳市	购买商品 C
21	28	男	21,000	北京市	购买商品 A
22	32	女	26,000	上海市	购买商品 B
23	45	男	48,000	北京市	购买商品 C
24	38	女	42,000	广州市	购买商品 A
25	28	女	20,000	北京市	购买商品 B
26	30	男	28,000	上海市	购买商品 C
27	50	男	65,000	广州市	购买商品 A
28	35	女	32,000	深圳市	购买商品 C
29	23	女	17,000	北京市	购买商品 B
30	40	男	55,000	上海市	购买商品 A

小明可以利用 ChatGPT 直接对以上数据进行 K-Means 聚类分析，提示语如 7-15 所示。

7-15 K-Means 聚类算法提示语

你是高级数据分析师，具备以下能力。

数据分析技能：具备深入理解数据的能力，能够对数据进行有效的解读和分析，并得出有价值的结论。

统计学知识：具备基本的统计学知识，能够运用统计学方法分析数据，进行数据建模和预测。

数据可视化：能够使用各种数据可视化工具将数据呈现出来，使数据更加易于理解和传达。

编程能力：具备编程技能，能够使用编程语言如 Python、R 语言等进行数据分析和处理。

业务理解能力：理解业务背景和目标，能够将数据分析结果与业务需求相结合，

提供有实际意义的解决方案。

沟通和表达能力：能够清晰地表达数据分析结果，将复杂的数据分析结果转化为简洁明了的报告和演示文稿，与业务方进行有效的沟通。

创新能力：具备创新思维，能够寻找新的数据分析方法和技术，不断改进数据分析方法，提高数据分析效率和准确性。

我是一家手机厂商的数据分析师，需要分析用户的购买行为，从而对用户进行分类。

数据已被我存在了一个 Excel 文件中，文件名为"用户信息和行为 .xlsx"，数据的开头如下。

用户编号　　年龄　　性别　　收入（元）　　地理位置　　购买行为

请你从专业的角度，为这些数据构建一个 K-Means 的聚类函数，并绘制曲线。直接以代码块的形式给我 Python 代码。

ChatGPT 根据需求，生成的 K-Means 聚类算法代码如 7-16 所示。

7-16　ChatGPT 生成的 K-Means 聚类代码

```python
import pandas as pd
import numpy as np
import matplotlib.pyplot as plt
from sklearn.cluster import KMeans
from sklearn.preprocessing import MinMaxScaler
from sklearn.metrics import silhouette_score
import matplotlib.font_manager as fm
import seaborn as sns

# 读取数据
data = pd.read_excel(" 用户信息和行为 .xlsx")

# 数据预处理
data[' 性别 '] = data[' 性别 '].replace({' 男 ': 0, ' 女 ': 1})
data[' 地理位置 '] = data[' 地理位置 '].astype('category').cat.codes
data[' 购买行为 '] = data[' 购买行为 '].astype('category').cat.codes

# 特征缩放
scaler = MinMaxScaler()
```

```python
scaled_data = scaler.fit_transform(data.iloc[:, 1:])

# 寻找最佳聚类数
inertia = []
silhouette_scores = []
k_values = list(range(2, 11))

for k in k_values:
    kmeans = KMeans(n_clusters=k, random_state=42)
    kmeans.fit(scaled_data)
    inertia.append(kmeans.inertia_)
    silhouette_scores.append(silhouette_score(scaled_data, kmeans.labels_))

# 获取 SimHei 字体的路径
font_paths = [f.fname for f in fm.fontManager.ttflist if 'SimHei' in f.name]
simhei_path = font_paths[0] if font_paths else None

if not simhei_path:
    raise ValueError("SimHei 字体未找到，请确保已安装 SimHei 字体。")

my_font = fm.FontProperties(fname=simhei_path)

# 使用最佳聚类数进行 K-Means 聚类
best_k = k_values[np.argmax(silhouette_scores)]
kmeans = KMeans(n_clusters=best_k, random_state=42)
kmeans.fit(scaled_data)

# 将聚类结果添加到原始数据中
data[' 类别 '] = kmeans.labels_

# 输出结果
print(" 最佳聚类数量： ", best_k)
print(" 聚类后的数据： ")
```

```
print(data.head())

# 设置画布大小和风格
sns.set(rc={'figure.figsize':(10, 15)})
sns.set_style('whitegrid')

# 创建画布并设置子图
fig, axes = plt.subplots(3, 1)

# 绘制肘部法则曲线
axes[0].plot(k_values, inertia, 'bo-')
axes[0].set_xlabel(' 聚类数量 ', fontsize=12, fontproperties=my_font)
axes[0].set_ylabel(' 簇内误差平方和 ', fontsize=12, fontproperties=my_font)
axes[0].set_title(' 肘部法则曲线 ', fontsize=14, fontproperties=my_font)
axes[0].set_xticks(k_values)

# 绘制轮廓系数曲线
axes[1].plot(k_values, silhouette_scores, 'go-')
axes[1].set_xlabel(' 聚类数量 ', fontsize=12, fontproperties=my_font)
axes[1].set_ylabel(' 轮廓系数 ', fontsize=12, fontproperties=my_font)
axes[1].set_title(' 轮廓系数曲线 ', fontsize=14, fontproperties=my_font)
axes[1].set_xticks(k_values)

# 绘制聚类散点图
colors = sns.color_palette('husl', n_colors=best_k)
for i in range(best_k):
    cluster_data = data[data[' 类别 '] == i]
    axes[2].scatter(cluster_data[' 年  龄 '], cluster_data[' 收  入 '], s=100,
color=colors[i], alpha=0.8, label=' 类别 {}'.format(i))
    axes[2].set_xlabel(' 年龄 ', fontsize=12, fontproperties=my_font)
    axes[2].set_ylabel(' 收入 ', fontsize=12, fontproperties=my_font)
    axes[2].set_title(' 年 龄 与 收 入 的 聚 类 散 点 图 ', fontsize=14,
fontproperties=my_font)
    axes[2].legend(prop=my_font)
```

```
# 调整子图间距并显示
plt.subplots_adjust(hspace=0.4)
plt.show()
```

　　这段代码首先对原始数据进行了预处理和特征缩放，然后通过肘部法则和轮廓系数寻找最佳聚类数。接下来，使用最佳聚类数对数据进行 K-Means 聚类，将聚类结果添加到原始数据中。最后，绘制了一个 3 行 1 列的画布，分别展示了肘部法则曲线、轮廓系数曲线和年龄与收入的聚类散点图。在聚类散点图中，根据年龄和收入对客户进行了聚类，不同类别使用不同的颜色表示。

　　将以上代码复制到 PyCharm 中运行，得到的聚合数量和聚合后的数据如 7-17 所示。

7-17　ChatGPT 得到的聚合数量和聚合后的数据

最佳聚类数量：8
聚类后的数据：

客户编号	年龄	性别	收入（元）	地理位置	购买行为	类别
1	20	1	15,000	1	0	7
2	25	0	20,000	0	1	5
3	22	1	18,000	3	0	7
4	35	0	40,000	2	2	3
5	40	1	55,000	0	1	6

　　同时，绘制的肘部法则曲线、轮廓系数曲线和年龄与收入的聚类散点图如图 7.7 所示。

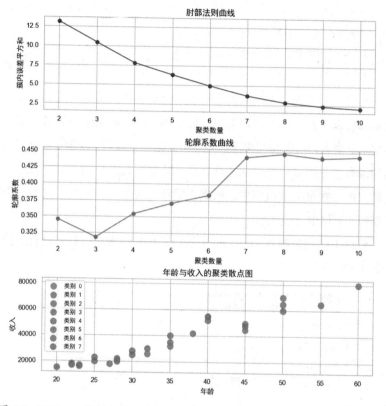

图 7.7　K-Means 的肘部法则曲线、轮廓系数曲线和年轻与收入的聚类散点图

⚠️ 说明：肘部法则曲线（Elbow Method Curve）是一种通过观察簇内误差平方和（Sum of Squared Errors，SSE）随聚类数量变化的曲线确定最佳聚类数量的方法。在这条曲线中，随着聚类数量的增加，簇内误差平方和会逐渐减小。当某个聚类数量使簇内误差平方和的减小幅度变得不明显时，这个聚类数量就是肘部点，可以作为最佳聚类数量。这个方法的核心思想是寻找一个平衡点，既能保证聚类效果，又避免过度拟合。

　　轮廓系数曲线（Silhouette Coefficient Curve）是一种用于评估聚类效果的指标，取值范围为-1 到 1。轮廓系数越接近 1，说明聚类效果越好；越接近-1，说明聚类效果越差。在轮廓系数曲线中，我们可以观察轮廓系数随聚类数量的变化情况。通过找到轮廓系数最大的聚类数量，我们可以得到最佳的聚类效果。这个方法的核心思想是找到一组聚类结果，使同一簇内的样本相似度高，不同簇间的样本相似度低。

从 K-Means 绘制的曲线中，我们可以看到簇内误差平方和随聚类数量的变化（肘部法则曲线），以及轮廓系数随聚类数量的变化。通过观察这些曲线，我们可以找到最佳的聚类数量，从而对用户进行更合理的分类。在聚类散点图中，我们可以清晰地看到不同类别的用户在年龄和收入上的分布，从而更好地了解不同类别用户的特征，为进一步的业务决策提供依据。

综上所述，使用 ChatGPT 实现 K-Means 聚类是一种高效且准确的方法。通过利用 ChatGPT 强大的自然语言处理能力和 K-Means 算法的数据聚类能力，我们可以有效地实现数据的分类和分析，从而更好地理解和利用数据。

7.2.2　使用 ChatGPT 进行层次聚类分析

层次聚类是另一种无监督学习方法，用于将数据集划分为层次结构的簇。与 K-Means 聚类相比，层次聚类不需要预先确定簇的数量。层次聚类主要有 2 种方法：凝聚层次聚类和分裂层次聚类。在本小节中，我们将重点介绍凝聚层次聚类。

凝聚层次聚类的基本思想是将每个数据点视为一个独立的簇，然后通过计算簇之间的相似性，逐步将最相似的簇合并成更大的簇。这一过程一直持续到达到某个停止条件，如簇的数量达到预设阈值。以下是凝聚层次聚类的基本步骤。

1. 初始化

将每个数据点视为一个独立的簇。开始时，簇的数量等于数据点的数量 N。

2. 计算相似度矩阵

计算所有簇之间的相似度（或距离）。相似度度量可以是欧几里得距离、曼哈顿距离或其他自定义距离度量。相似度矩阵 D 的大小为 $N \times N$，其中 $D(i, j)$ 表示簇 i 和簇 j 之间的相似度。

在凝聚层次聚类中，我们需要计算簇之间的距离。不同的距离度量方法和簇间距离度量方法将影响算法的性能。常用的距离度量方法如下。

（1）欧几里得距离（Euclidean Distance）。

对于数据点 x 和 y，欧几里得距离为

$$d(x, y) = \sqrt{\left((x_1 - y_1)^2 + (x_2 - y_2)^2 + \ldots + (x_n - y_n)^2 \right)}$$

（2）曼哈顿距离（Manhattan Distance）。

对于数据点 x 和 y，曼哈顿距离为

$$d(x, y) = |x_1 - y_1| + |x_2 - y_2| + \ldots + |x_n - y_n|$$

3. 合并簇

找到相似度矩阵 D 中具有最小距离（或最大相似度）的两个簇 i 和 j，并将它们合并成一个新的簇。新簇的数量减少 1。

在层次聚类中，常用的合并策略有以下几种。

（1）单连接（最小距离）。

新簇与其他簇之间的距离定义为原始簇中最接近的数据点之间的距离。

$$d(A \cup B, C) = \min \{ d(a, c) \mid a \in A, c \in C \}$$

（2）完全连接（最大距离）。

新簇与其他簇之间的距离定义为原始簇中最远的数据点之间的距离。

$$d(A \cup B, C) = \max \{ d(a, c) \mid a \in A, c \in C \}$$

（3）平均连接（平均距离）。

新簇与其他簇之间的距离定义为原始簇中所有数据点与其他簇中数

据点之间距离的平均值。

$$d(A \cup B, C) = \frac{1}{|A| \times |C|} \sum \sum d(a, c) \mid \{a \in A, c \in C\}$$

这里，A 和 B 是要合并的簇，C 是其他簇，$d(a, c)$ 表示数据点 a 和 c 之间的距离。请注意，在这些公式中，我们使用距离作为相似度度量。当然，也可以选择其他相似度度量计算相似度矩阵。

4. 更新相似度矩阵

更新相似度矩阵 **D** 以反映合并后的新簇。根据所选的合并策略（如单连接、完全连接或平均连接），重新计算新簇与其他簇之间的相似度。

5. 迭代

重复步骤 3 和 4，直到达到停止条件，如簇的数量达到预设阈值。

6. 绘制树形图

树形图是层次聚类过程的可视化表示，它以树状结构展示了簇合并的过程。在树形图中，横轴表示数据点，纵轴表示簇间距离。每当 2 个簇合并时，树形图上就会形成一个新的分支。通过观察树形图，我们可以确定合适数量的簇。

要合理使用层次聚类分析，需要了解其基本原理和方法，并选择合适的距离度量方式和聚类算法。此外，还需要处理数据集的缺失值和异常值，选择合适的聚类数目和截断点，并对聚类结果进行可视化和解释。最后，还需要对聚类结果进行评估和验证，以确保其可靠性和稳定性。因此，合理使用层次聚类分析需要对其各个方面有一定的了解。

ChatGPT 是基于 GPT 架构的大型语言模型，可以快速而准确地实现层次聚类，从而对数据进行分析。下面我们将通过一个通用数据集的示例演示使用 ChatGPT 进行层次聚类分析。

Mall Customer Segmentation 数据集是一个关于商场客户的数据集，

旨在帮助商家了解客户群体，从而制订更有效的市场营销策略。这个数据集包含了客户的性别、年龄、年收入和消费评分等信息，以便对客户进行细分。以下是数据集的特征描述，如表 7.10 所示。

表 7.10　Mall Customer Segmentation 数据集的特征

特征名称	描述
客户编号	客户唯一标识符
性别	客户性别（男 / 女）
年龄	客户年龄（整数）
年收入	客户的年收入（单位：千美元）
消费评分	客户消费评分（1~100），基于客户的消费行为

Mall Customer Segmentation 数据集的部分示例数据如表 7.11 所示。

表 7.11　Mall Customer Segmentation 数据集部分示例数据

客户编号	性别	年龄	年收入（千美元）	消费评分
1	男	19	15	39
2	男	21	15	81
3	女	20	16	6
4	女	23	16	77
5	女	31	17	40
6	女	22	17	76
7	女	35	18	6
8	女	23	18	94

通过对这些特征进行层次聚类分析，可以发现不同的客户细分群体。我们可以直接使用 ChatGPT 为 Mall Customer Segmentation 构建层次聚类，提示语如 7-18 所示。

7-18　Mall Customer Segmentation 数据集的层次聚类提示语

你是高级数据分析师，具备以下能力。

数据分析技能：具备深入理解数据的能力，能够对数据进行有效的解读和分析，并得出有价值的结论。

　　统计学知识：具备基本的统计学知识，能够运用统计学方法分析数据，进行数据建模和预测。

　　数据可视化：能够使用各种数据可视化工具将数据呈现出来，使数据更加易于理解和传达。

　　编程能力：具备编程技能，能够使用编程语言如 Python、R 语言等进行数据分析和处理。

　　业务理解能力：理解业务背景和目标，能够将数据分析结果与业务需求相结合，提供有实际意义的解决方案。

　　沟通和表达能力：能够清晰地表达数据分析结果，将复杂的数据分析结果转化为简洁明了的报告和演示文稿，与业务方进行有效的沟通。

　　创新能力：具备创新思维，能够寻找新的数据分析方法和技术，不断改进数据分析方法，提高数据分析效率和准确性。

　　请你从专业的角度，为通用数据集 Mall Customer Segmentation 构建一个层次聚类函数，并绘制树形图和曲线。

　　直接以代码块的形式给我 Python 代码。

ChatGPT 根据需求，生成的层次聚类代码如 7-19 所示。

7-19　Mall Customer Segmentation 数据集的层次聚类代码

```python
import pandas as pd
import numpy as np
import matplotlib.pyplot as plt
import seaborn as sns
from scipy.cluster.hierarchy import dendrogram, linkage
import matplotlib.font_manager as fm
from sklearn.cluster import AgglomerativeClustering
from sklearn.metrics import silhouette_score
import pandas as pd
import requests

# 获取 SimHei 字体的路径
font_paths = [f.fname for f in fm.fontManager.ttflist if 'SimHei' in f.name]
simhei_path = font_paths[0] if font_paths else None
```

```
if not simhei_path:
    raise ValueError("SimHei 字体未找到，请确保已安装 SimHei 字体。")

my_font = fm.FontProperties(fname=simhei_path)

# 读取数据
data = pd.read_csv("Mall_Customers.csv")
def hierarchical_clustering(data, method='ward'):
    # 层次聚类
    linked = linkage(data, method=method)

    # 绘制树形图
    plt.figure(figsize=(10, 7))
    dendrogram(linked, labels=data.index, orientation='top', distance_
sort='descending', show_leaf_counts=True)
    plt.title(" 层次聚类树形图 ", fontproperties=my_font, fontsize=30)
    plt.xlabel(" 样本编号 ", fontproperties=my_font, fontsize=30)
    plt.ylabel(" 距离 ", fontproperties=my_font, fontsize=30)
    plt.show()

def plot_elbow_curve(data, max_clusters=10):
    cluster_range = range(2, max_clusters+1)
    silhouette_scores = []

    for n_clusters in cluster_range:
        clusterer = AgglomerativeClustering(n_clusters=n_clusters)
        cluster_labels = clusterer.fit_predict(data)
        silhouette_avg = silhouette_score(data, cluster_labels)
        silhouette_scores.append(silhouette_avg)

    plt.figure(figsize=(10, 7))
    plt.plot(cluster_range, silhouette_scores, 'o-')
    plt.title(" 肘部法则曲线 ", fontproperties=my_font, fontsize=20)
    plt.xlabel(" 簇的数量 ", fontproperties=my_font, fontsize=20)
```

```
plt.ylabel(" 轮廓系数 ", fontproperties=my_font, fontsize=20)
plt.show()

# 选择要聚类的特征
selected_features = ["Annual Income (k$)", "Spending Score (1-100)"]

# 绘制层次聚类树形图
hierarchical_clustering(data[selected_features])

# 绘制肘部法则曲线
plot_elbow_curve(data[selected_features])
```

上面的代码首先导入了所需的库，并设置了中文显示的字体。然后读取了"Mall_Customers.csv"文件中的数据，并定义了两个函数 hierarchical_clustering()、plot_elbow_curve() 分别用于执行层次聚类并绘制树形图和肘部法则曲线。最后，选取了年收入和消费评分作为聚类特征，执行了层次聚类并绘制了相应的树形图和肘部法则曲线。

将上面的代码复制到 PyCharm 中运行，绘制的层次聚类树形图如图 7.8 所示。

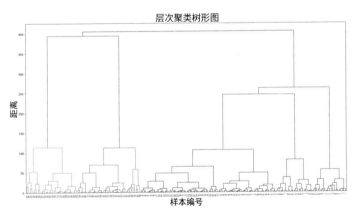

图 7.8　层次聚类树形图

绘制的肘部法则曲线，如图 7.9 所示。

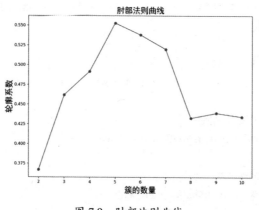

图 7.9　肘部法则曲线

　　通过观察绘制的树形图和肘部法则曲线，我们可以得出层次聚类分析的结论。树形图展示了不同样本之间的聚类层次关系，我们可以根据距离选择合适的聚类数量。肘部法则曲线显示了不同聚类数量下的轮廓系数，可以帮助我们找到最佳的聚类数量。当轮廓系数达到最大值时，对应的簇数量就是最佳的聚类数量。我们可以从中得到如下信息：年轻人可能更关注时尚消费，而高收入群体可能更注重品质和服务。这些信息有助于商家制订具有针对性的市场营销策略，以提高客户满意度和销售额。

　🔲 注意：层次聚类算法在大规模数据集上的计算较复杂，因此对于大规模数据集，更推荐使用其他更高效的聚类方法（如 K-Means、DBSCAN 等）。在实际应用中，根据数据集的特点和需求选择合适的聚类方法非常重要。

　　综上所述，使用 ChatGPT 进行层次聚类分析是一种有效的方法。通过使用 ChatGPT 进行层次聚类分析，我们可以更加准确地理解数据之间的关系，并从中发现隐藏的模式和规律。这种方法不仅可以用于文本数据的分析，还可以用于图像、音频等多种类型的数据分析，是一种十分实用的数据分析工具。

数据分析中的聚类方法，除了 K-Means、层次聚类，还有以下一些常见的聚类方法。

（1）DBSCAN（Density-Based Spatial Clustering of Applications with Noise）：基于密度的聚类算法，它将数据点分为核心点、边界点和噪声点，并能够自动确定聚类数量。

（2）局部敏感哈希（Locality Sensitive Hashing，LSH）：它是一种基于哈希的聚类算法，能够在高维空间中快速检索相似的数据点。

（3）谱聚类（Spectral Clustering）：基于数据点的相似度矩阵进行聚类，它能够处理非凸形状的聚类结构。

（4）密度聚类（Density-Based Clustering）：类似于 DBSCAN，它也是一种基于密度的聚类算法，但不需要事先设定半径参数，因此更加灵活。

（5）高斯混合模型聚类（Gaussian Mixture Model Clustering）：它是一种基于统计模型的聚类算法，能够将数据点分配到多个高斯分布中。

（6）SOM 聚类（Self-organizing Map Clustering）：基于竞争学习的聚类算法，它将数据点映射到一个低维的拓扑结构中，从而实现聚类。

这些聚类算法都具有独特的特性和适用场景。读者可以参考本小节提到的算法，自行尝试使用 ChatGPT 调用它们。因为每种算法都有不同的参数设置和数据预处理要求，建议读者在应用这些算法之前，先仔细研究相关文献，以确保算法的正确使用。

7.3　小结

本章主要介绍了使用 ChatGPT 进行分类与聚类分析。在分类分析方面，本章详细介绍了直接使用 ChatGPT 进行情感分类分析，使用 ChatGPT 实现 K- 近邻分类、朴素贝叶斯分类及支持向量机分类。通过对这些算法的介绍，读者可以了解使用 ChatGPT 进行不同类型的分类分析的方法，并可以选择适合的算法进行应用。

在聚类分析方面，本章介绍了使用 ChatGPT 进行 K-Means 聚类和层次聚类分析。这些算法可以帮助读者对数据进行聚类分析，发现数据的内在规律和特征，从而更好地进行数据处理和应用。

本章提供了一些基本的使用 ChatGPT 进行分类与聚类分析的方法，帮助读者掌握这些算法的应用原理和实现方法。同时，读者还可以结合实际问题和应用场景，选择合适的算法进行应用和优化，以获得更好的分析效果。

## 第 8 章

使用 ChatGPT 进行深度学习和大数据分析

随着人工智能和大数据技术的飞速发展,深度学习和大数据分析已成为数据分析领域的热门话题。越来越多的企业和个人开始关注这些技术如何帮助他们解决实际问题。在本书的前几章中,我们已经介绍了使用 ChatGPT 进行基本的数据处理和分析。在本章中,我们将重点探讨利用 ChatGPT 进行更高级的深度学习和大数据分析,帮助读者在数据分析领域进一步提升技能水平。

本章主要介绍如何使用 ChatGPT 进行深度学习和大数据分析,重点涉及以下知识点:

- 使用 ChatGPT 构建卷积神经网络(CNN)、循环神经网络(RNN)与长短期记忆网络(LSTM)等深度学习模型
- 如何将 ChatGPT 与 Hadoop 和 Spark 集成,实现大数据存储、处理和分析

本章的目标是帮助读者掌握使用 ChatGPT 进行深度学习和大数据分析的基本方法和技巧。在探讨这些知识点的过程中,我们将结合实际案例,向读者展示如何将这些技术应用于不同的业务场景中,从而为企业和个人提供更加有效的决策支持。希望通过阅读本章,读者将能够更好地理解深度学习和大数据分析的原理与实践,为自己的数据分析工作带来更多的创新和价值。

8.1 使用 ChatGPT 进行深度学习

深度学习作为人工智能领域的一个重要分支,近年来在图像识别、

自然语言处理、语音识别等多个领域取得了显著的成果。通过利用复杂的神经网络结构，深度学习技术可以在大量数据中自动学习有用的特征，从而实现对数据的高效表示和处理。在本节中，我们将介绍如何使用 ChatGPT 构建和应用不同类型的深度学习模型，包括卷积神经网络（CNN）、循环神经网络（RNN）、长短期记忆网络（LSTM）等。通过这些模型，读者将能够在各种数据分析任务中实现更高效和准确的预测与分类。

深度学习是一种先进的数据分析方法，属于机器学习领域的一个子集。通过使用多层神经网络逐步提取特征并更新权重，可以利用深度学习算法进行数据分类。相较传统数据分析，深度学习的最大优势在于能够直接从数据中提取高级特征，减少对领域专业知识和特征提取的依赖，如图 8.1 所示。深度学习已经在图像分类、自然语言处理和语音识别等复杂领域展现出了强大的性能。

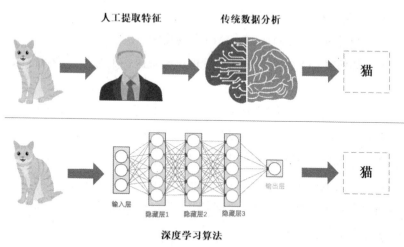

图 8.1　深度学习与传统数据分析

在传统的数据分析中，通常需要先人工提取特征以降低数据复杂性，然后应用数据分析方法进行分类。深度学习和传统数据分析之间存在以下显著差异。

（1）问题解决方式：传统数据分析方法通常需要将问题分解成若干个子问题，然后在最后阶段将各个子问题的结果整合；而深度学习方法更倾向于端到端地解决问题。

（2）训练资源需求：传统数据分析方法在训练过程中对计算资源的需求相对较低，通常只需要几秒钟到几个小时；而深度学习算法对计算资源要求更高，需要高性能硬件和大量算力。GPU 现已成为执行深度学习算法的重要组件。由于深度学习依赖大数据，训练过程通常耗时较长。随着大型模型的兴起，对计算能力的需求也日益增长。

（3）可解释性：传统数据分析方法具有较强的可解释性，因为它们建立在牢固的数学理论基础之上；而深度学习算法尽管基于梯度下降方法，但整体上呈现出较高的黑盒性，相对而言，可解释性较差。

在对比深度学习与传统数据分析方法后，我们可以更深入地了解深度学习的算法原理。深度学习算法通常采用神经网络作为基本结构，其中全连接神经网络是一种常见的网络类型，如图 8.2 所示。在全连接神经网络中，各层神经元与前一层和后一层的所有神经元相互连接，以捕捉数据中的复杂关系并实现更精确的分类。

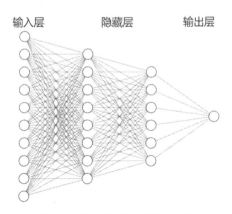

图 8.2　全连接神经网络示意图

深度学习算法可以分为前向传播和反向传播两个过程。在前向传播过程中，输入数据通过神经网络的多层结构，最后得到预测结果。在反向传播过程中，通过计算预测结果与真实标签之间的误差，反向更新神经网络的权重，以达到优化网络性能的目的。

以下是全连接神经网络中一些基本的计算过程。

1. 神经元的加权输入（线性组合）

$$z = Wx + b$$

其中，x 是输入向量，W 是权重矩阵，b 是偏置向量，z 是加权输入。

2. 激活函数

$$a = f(z)$$

其中，$f(z)$ 是激活函数，如 ReLU、sigmoid 或 tanh 等，a 是神经元的激活值。

3. 损失函数（目标函数）

$$L = L(y, y\_\text{pred})$$

其中，y 是真实标签，y_pred 是神经网络的预测值，L 是损失函数，用于衡量预测值与真实值之间的差异。

4. 反向传播算法（基于梯度下降），更新权重和偏置

$$W\_ = \text{learning}\_\text{rate} \times \frac{\partial L}{\partial W}$$

$$b\_ = \text{learning}\_\text{rate} \times \frac{\partial L}{\partial b}$$

其中，learning_rate 是学习率，用于控制优化速度；$\partial L/\partial W$ 和 $\partial L/\partial b$ 是损失函数相对于权重和偏置的梯度。

通过上述公式，我们可以实现全连接神经网络的训练过程。在每次迭代中，神经网络先进行前向传播，然后计算损失函数，接着通过反向传播更新权重和偏置。在多次迭代后，神经网络将逐渐收敛至较优的权重配置，从而提高分析预测性能。

接下来我们介绍一些深度学习的基本概念。

（1）训练集和测试集：在机器学习和深度学习中，我们通常将数据集分为训练集和测试集。训练集用于训练神经网络，调整网络权重。测试集用于评估训练好的模型在未知数据上的泛化能力。通常将数据集按比例划分，如 80% 的数据作为训练集，20% 的数据作为测试集。

（2）验证集：除了训练集和测试集，还可以划分出一个验证集。验证集主要用于在训练过程中对模型进行评估，以便在训练过程中调整超参数。验证集可以帮助避免过拟合，提高模型泛化能力。

（3）Epoch：一个 Epoch 是指遍历整个训练集一次的过程。在训练神经网络时，我们通常需要多个 Epoch。每个 Epoch 都包括前向传播和反向传播，以及权重和偏置的更新。在训练过程中，损失函数值通常会逐渐减小，模型性能逐渐提高。

（4）批量大小（Batch Size）：批量大小是指每次训练迭代时使用的数据样本数量。较大的批量大小可以加快训练速度，但可能需要更多的内存；较小的批量大小可能会使训练过程变慢，但可能有助于模型收敛。

（5）准确率（Accuracy）：准确率是分类问题中常用的评价指标，表示预测正确的样本数量占总样本数量的比例。

8.1.1　使用 ChatGPT 构建卷积神经网络

卷积神经网络（Convolutional Neural Network，CNN）是一种具有局部连接特性的深度学习模型，它在计算机视觉、自然语言处理和语音识别等领域具有广泛的应用。CNN 的核心思想是通过卷积层、池化层和全连接层等组件自动提取输入数据的局部特征，如图 8.3 所示。

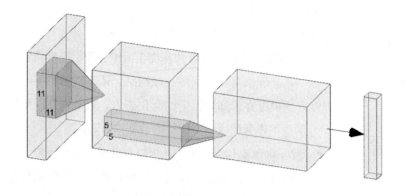

图 8.3　卷积神经网络示意图

CNN 主要由以下几种类型的层组成。

1. 卷积层（Convolutional Layer）

卷积层负责从输入数据中提取局部特征。通过在输入数据上滑动小尺寸的滤波器（也称为卷积核），卷积层可以捕捉输入数据的局部信息。卷积操作可以通过以下公式表示：

$$\text{output}\ [i, j] = \sum \left(\text{input}\ [i + k, j + l] \times \text{kernel}\ [k, l] \right)$$

其中，input 为输入数据，kernel 为卷积核，output 为卷积后的特征图。

2. 激活层（Activation Layer）

激活层将非线性映射应用到卷积层的输出上，增强网络的表达能力。常用的激活函数有 ReLU、sigmoid 和 tanh 等。

3. 池化层（Pooling Layer）

池化层用于降低特征图的空间维度，减少计算量，同时增强特征的稳定性。常用的池化方法有最大池化（Max Pooling）和平均池化（Average Pooling）。

4. 全连接层（Fully Connected Layer）

全连接层将前一层的输出压缩成一维向量，并通过线性变换将高维特征映射到目标空间。在分类任务中，全连接层的输出通常接一个 Softmax 层，将结果转换为概率分布。

尽管卷积神经网络具有强大的处理图像和其他数据类型的能力，但构建 CNN 需要一定的经验和对特定问题的理解。在许多实际应用中，深度学习工程师需要根据经验和实验调整 CNN 的结构、超参数及训练方法。使用 ChatGPT 可以更快速地实现 CNN，无须手动设计网络结构和参数。接下来，我们将详细介绍如何使用 ChatGPT 构建一个简单的 CNN，并应用于 CIFAR-10 数据集的分类任务。

CIFAR-10 是一个常用的计算机视觉数据集，包含 10 个类别的 60,000 张 32×32 的彩色图像。每个类别包含 6,000 张图像，其中 5,000 张用于训练，1,000 张用于测试。这些图像由加拿大计算机科学家 Alex Krizhevsky、Vinod Nair 和 Geoffrey Hinton 收集和标注。

以下是 CIFAR-10 数据集的类别，如表 8.1 所示。

表 8.1　CIFAR-10 数据集的类别

类别
飞机（airplane）
汽车（automobile）
鸟（bird）
猫（cat）
鹿（deer）
狗（dog）
青蛙（frog）
马（horse）
船（ship）
卡车（truck）

每个图像都有一个标签，表示其所属的类别。数据集已经被分为训练集和测试集，可以在官方网站上进行下载，我们可以利用以下代码展示 CIFAR-10 中的部分数据，如 8-1 所示。

8-1　展示 CIFAR-10 部分数据代码

```
import numpy as np
import matplotlib.pyplot as plt
from keras.datasets import cifar10

# 加载 CIFAR-10 数据集
(x_train, y_train), (x_test, y_test) = cifar10.load_data()

# CIFAR-10 类别的标签
class_names = ['airplane', 'automobile', 'bird', 'cat', 'deer',
        'dog', 'frog', 'horse', 'ship', 'truck']

# 显示部分 CIFAR-10 数据集的图像
plt.figure(figsize=(10, 10))
for i in range(25):
    plt.subplot(5, 5, i+1)
    plt.xticks([])
    plt.yticks([])
    plt.grid(False)
    plt.imshow(x_train[i], cmap=plt.cm.binary)
    plt.xlabel(class_names[y_train[i][0]])
plt.show()
```

绘制的部分数据集如图 8.4 所示。

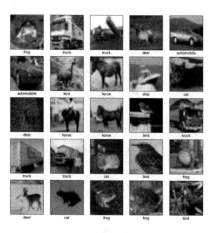

图 8.4　CIFAR-10 部分数据

由于 CIFAR-10 数据集比较庞大，并且每个图片的信息非常丰富，我们可以直接利用 ChatGPT 构建 CNN 分类算法，提示语如 8-2 所示。

8-2 ChatGPT 构建 CNN 分类提示语

你是数据分析和人工智能专家，具备以下能力。

编程技能：编程技能是数据分析和人工智能领域必不可少的技能。熟练掌握至少一种编程语言，如 Python 或 R 语言等。

数学和统计学知识：数据分析和人工智能领域需要广泛的数学和统计学知识。具备良好的数学基础和统计学知识，如线性代数、概率论和统计推断等。

数据处理和数据管理技能：了解数据处理和数据管理技术，能够从不同来源获取数据，清理、转换和整合数据。

机器学习和深度学习知识：机器学习和深度学习是人工智能领域的核心技术，了解各种算法和技术，如决策树、神经网络、卷积神经网络、循环神经网络等。

问题解决能力：具备独立思考和解决问题的能力，能够利用技术和工具解决各种实际问题。

现在请你从专业的角度，利用 CNN 算法，对 CIFAR-10 进行分类。

输出最终的准确率等信息，并绘制曲线图。

直接以代码块的方式输出代码。

ChatGPT 根据需求，生成的 CNN 分类代码如 8-3 所示。

8-3 ChatGPT 生成的 CNN 分类代码

```python
import matplotlib.pyplot as plt
import numpy as np
import matplotlib.font_manager as fm

from keras.datasets import cifar10
from keras.models import Sequential
from keras.layers import Dense, Flatten, Conv2D, MaxPooling2D, Dropout
from keras.optimizers import Adam
from keras.utils import to_categorical

# 获取 SimHei 字体的路径
font_paths = [f.fname for f in fm.fontManager.ttflist if 'SimHei' in f.name]
```

```python
simhei_path = font_paths[0] if font_paths else None

if not simhei_path:
    raise ValueError("SimHei 字体未找到，请确保已安装 SimHei 字体。")

my_font = fm.FontProperties(fname=simhei_path)

# 加载数据集
(X_train, y_train), (X_test, y_test) = cifar10.load_data()

# 数据预处理
X_train = X_train.astype('float32') / 255.0
X_test = X_test.astype('float32') / 255.0
y_train = to_categorical(y_train, 10)
y_test = to_categorical(y_test, 10)

# 构建模型
model = Sequential()
model.add(Conv2D(32, (3, 3), activation='relu', padding='same', input_shape=(32, 32, 3)))
model.add(Conv2D(32, (3, 3), activation='relu'))
model.add(MaxPooling2D(pool_size=(2, 2)))
model.add(Dropout(0.25))

model.add(Conv2D(64, (3, 3), activation='relu', padding='same'))
model.add(Conv2D(64, (3, 3), activation='relu'))
model.add(MaxPooling2D(pool_size=(2, 2)))
model.add(Dropout(0.25))

model.add(Flatten())
model.add(Dense(512, activation='relu'))
model.add(Dropout(0.5))
model.add(Dense(10, activation='softmax'))

model.compile(optimizer=Adam(lr=0.0001), loss='categorical_
```

```
crossentropy', metrics=['accuracy'])

    # 训练模型
    history = model.fit(X_train, y_train, batch_size=128, epochs=20, validation_
data=(X_test, y_test), verbose=1)

    # 评估模型
    score = model.evaluate(X_test, y_test, verbose=0)
    print(' 测试损失 :', score[0])
    print(' 测试准确率 :', score[1])

    # 绘制训练损失、验证损失和准确率
    fig, (ax1, ax2) = plt.subplots(1, 2, figsize=(12, 5))

    # 绘制损失函数子图
    ax1.plot(history.history['loss'], label=' 训练损失 ', color='blue')
    ax1.plot(history.history['val_loss'], label=' 验证损失 ', color='orange')
    ax1.set_xlabel(' 迭代次数 ', fontproperties=my_font)
    ax1.set_ylabel(' 损失 ', fontproperties=my_font)
    ax1.legend(prop=my_font)
    ax1.set_title(' 损失函数曲线 ', fontproperties=my_font)

    # 绘制准确率子图
    ax2.plot(history.history['accuracy'], label=' 训练准确率 ', color='blue')
    ax2.plot(history.history['val_accuracy'], label=' 验证准确率 ', color='orange')
    ax2.set_xlabel(' 迭代次数 ', fontproperties=my_font)
    ax2.set_ylabel(' 准确率 ', fontproperties=my_font)
    ax2.legend(prop=my_font)
    ax2.set_title(' 准确率曲线 ', fontproperties=my_font)

    plt.show()
```

这段代码首先加载了 CIFAR-10 数据集并进行了预处理。然后，构建了一个卷积神经网络（CNN）模型，该模型包含多个卷积层、池化层和全连接层，并使用 Adam 优化器进行编译。接下来，使用训练数据对模型进行了训练，同时在测试数据上进行验证。最后，代码评估了模型在测试数据上的表现，并绘制了训练损失和验证损失随迭代次数变化的曲线图。

　　运行以上代码，得到的训练过程、最终的测试损失和测试准确率如8-4所示。

8-4　CNN 的训练过程、测试损失和测试准确率

```
Epoch 1/20
2023-04-25 15:16:53.382161: I tensorflow/stream_executor/cuda/cuda_dnn.
cc:384] Loaded cuDNN version 8401
    391/391 [==============================] - 41s 65ms/step - loss: 1.9460 -
accuracy: 0.2825 - val_loss: 1.6479 - val_accuracy: 0.4111
    Epoch 2/20
    391/391 [==============================] - 9s 23ms/step - loss: 1.6124 -
accuracy: 0.4134 - val_loss: 1.4671 - val_accuracy: 0.4727
    Epoch 3/20
    391/391 [==============================] - 9s 23ms/step - loss: 1.4745 -
accuracy: 0.4654 - val_loss: 1.3873 - val_accuracy: 0.5047
    Epoch 4/20
    391/391 [==============================] - 9s 23ms/step - loss: 1.3860 -
accuracy: 0.5012 - val_loss: 1.2818 - val_accuracy: 0.5454
    Epoch 5/20
    391/391 [==============================] - 9s 23ms/step - loss: 1.3225 -
accuracy: 0.5285 - val_loss: 1.2184 - val_accuracy: 0.5703
    Epoch 6/20
    391/391 [==============================] - 9s 24ms/step - loss: 1.2724 -
accuracy: 0.5465 - val_loss: 1.2018 - val_accuracy: 0.5741
    Epoch 7/20
    391/391 [==============================] - 9s 23ms/step - loss: 1.2278 -
accuracy: 0.5640 - val_loss: 1.1425 - val_accuracy: 0.5958
    Epoch 8/20
    391/391 [==============================] - 9s 23ms/step - loss: 1.1897 -
```

accuracy: 0.5796 - val_loss: 1.1015 - val_accuracy: 0.6092
　　Epoch 9/20
　　391/391 [==============================] - 9s 24ms/step - loss: 1.1560 -
accuracy: 0.5922 - val_loss: 1.0851 - val_accuracy: 0.6156
　　Epoch 10/20
　　391/391 [==============================] - 10s 25ms/step - loss: 1.1224 -
accuracy: 0.6056 - val_loss: 1.0335 - val_accuracy: 0.6351
　　Epoch 11/20
　　391/391 [==============================] - 9s 23ms/step - loss: 1.0857 -
accuracy: 0.6184 - val_loss: 1.0180 - val_accuracy: 0.6442
　　Epoch 12/20
　　391/391 [==============================] - 9s 24ms/step - loss: 1.0591 -
accuracy: 0.6296 - val_loss: 0.9950 - val_accuracy: 0.6509
　　Epoch 13/20
　　391/391 [==============================] - 9s 24ms/step - loss: 1.0323 -
accuracy: 0.6403 - val_loss: 0.9622 - val_accuracy: 0.6682
　　Epoch 14/20
　　391/391 [==============================] - 10s 24ms/step - loss: 1.0086 -
accuracy: 0.6490 - val_loss: 0.9451 - val_accuracy: 0.6738
　　Epoch 15/20
　　391/391 [==============================] - 9s 24ms/step - loss: 0.9833 -
accuracy: 0.6546 - val_loss: 0.9209 - val_accuracy: 0.6784
　　Epoch 16/20
　　391/391 [==============================] - 9s 24ms/step - loss: 0.9619 -
accuracy: 0.6644 - val_loss: 0.9062 - val_accuracy: 0.6865
　　Epoch 17/20
　　391/391 [==============================] - 9s 24ms/step - loss: 0.9444 -
accuracy: 0.6678 - val_loss: 0.8893 - val_accuracy: 0.6896
　　Epoch 18/20
　　391/391 [==============================] - 9s 24ms/step - loss: 0.9256 -
accuracy: 0.6757 - val_loss: 0.8786 - val_accuracy: 0.6964
　　Epoch 19/20
　　391/391 [==============================] - 9s 23ms/step - loss: 0.9055 -
accuracy: 0.6836 - val_loss: 0.8674 - val_accuracy: 0.7022
　　Epoch 20/20

391/391 [==============================] - 9s 23ms/step - loss: 0.8891 - accuracy: 0.6894 - val_loss: 0.8661 - val_accuracy: 0.7030
测试损失：0.8661012649536133
测试准确率：0.703000009059906

从上面的 Log 中可以看出，随着训练过程的推进，测试集中的损失值越来越小，最终的测试准确率为 70.3%。将训练集和测试集的损失函数和准确率曲线绘制出来，如图 8.5 所示。

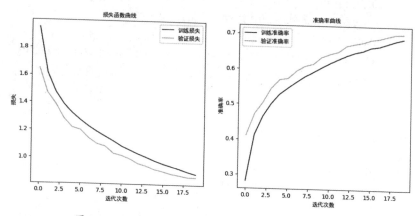

图 8.5　CIFAR-10 CNN 分类的损失函数和准确率曲线

从损失函数曲线来看，训练损失和验证损失随着迭代次数的增加逐渐降低；从准确率曲线来看，训练准确率和验证准确率随着迭代次数的增加逐渐增加。这表明 CNN 模型在 CIFAR-10 数据集上的分类任务中表现良好，学习到了有效的特征表示。

CNN 的训练过程需要进行大量的矩阵运算和卷积操作，这些计算非常耗时且计算量极大，传统的 CPU（中央处理器）很难满足训练过程中的需求。因此，为了提高训练效率，使用 GPU（图形处理器）进行加速成为一种非常流行的做法。GPU 具有高并行性和大量的核心数，可以同时处理多个任务，因此在训练 CNN 时使用 GPU 可以大大缩短训练时间，并且可以处理更大规模的数据集，从而提高模型的准确率和泛化能力。我们可以利用 ChatGPT 连续对话的功能，直接生成使用 GPU 版本的 CNN 分类代码，提示语如 8-5 所示。

8-5　使用 GPU 版本的 CNN 分类提示语

以上代码我需要用 CUDA 加速，帮我生成基于 Pytorch GPU 版本的代码。直接以代码块的格式输出。

ChatGPT 根据需求，生成的代码如 8-6 所示。

8-6　GPU 版本的 CNN 分类代码

```python
import torch
import torch.nn as nn
import torch.optim as optim
from torch.utils.data import DataLoader
from torchvision import datasets, transforms
import matplotlib.pyplot as plt
import matplotlib.font_manager as fm
import torch.nn.functional as F

# 获取 SimHei 字体的路径
font_paths = [f.fname for f in fm.fontManager.ttflist if 'SimHei' in f.name]
simhei_path = font_paths[0] if font_paths else None

if not simhei_path:
    raise ValueError("SimHei 字体未找到，请确保已安装 SimHei 字体。")

my_font = fm.FontProperties(fname=simhei_path)

# 检测 CUDA 可用性
device = torch.device("cuda" if torch.cuda.is_available() else "cpu")

# 数据预处理
transform = transforms.Compose([
    transforms.Resize(32),
```

```python
        transforms.ToTensor(),
        transforms.Normalize((0.5, 0.5, 0.5), (0.5, 0.5, 0.5))
    ])

# 加载数据集
train_data = datasets.CIFAR10(root='./data', train=True, download=True,
transform=transform)
    test_data = datasets.CIFAR10(root='./data', train=False, download=True,
transform=transform)
train_loader = DataLoader(train_data, batch_size=64, shuffle=True)
test_loader = DataLoader(test_data, batch_size=64, shuffle=False)


# 构建模型
class Net(nn.Module):
    def __init__(self):
        super(Net, self).__init__()
        self.conv1 = nn.Conv2d(3, 32, 3, padding=1)
        self.conv2 = nn.Conv2d(32, 32, 3)
        self.pool1 = nn.MaxPool2d(2, 2)
        self.dropout1 = nn.Dropout(0.25)
        self.conv3 = nn.Conv2d(32, 64, 3, padding=1)
        self.conv4 = nn.Conv2d(64, 64, 3)
        self.pool2 = nn.MaxPool2d(2, 2)
        self.dropout2 = nn.Dropout(0.25)
        self.fc1 = nn.Linear(64 * 6 * 6, 512)
        self.dropout3 = nn.Dropout(0.5)
        self.fc2 = nn.Linear(512, 10)

    def forward(self, x):
        x = F.relu(self.conv1(x))
        x = F.relu(self.conv2(x))
        x = self.pool1(x)
        x = self.dropout1(x)
```

```
        x = F.relu(self.conv3(x))
        x = F.relu(self.conv4(x))
        x = self.pool2(x)
        x = self.dropout2(x)
        x = x.view(-1, 64 * 6 * 6)
        x = F.relu(self.fc1(x))
        x = self.dropout3(x)
        x = self.fc2(x)
        return x

model = Net().to(device)
criterion = nn.CrossEntropyLoss()
optimizer = optim.Adam(model.parameters(), lr=0.0001)
# 训练模型
num_epochs = 20
train_losses, val_losses, train_accs, val_accs = [], [], [], []
for epoch in range(num_epochs):
    train_loss = 0.0
    train_correct = 0
    model.train()
    for data, target in train_loader:
        data, target = data.to(device), target.to(device)
        optimizer.zero_grad()
        output = model(data)
        loss = criterion(output, target)
        loss.backward()
        optimizer.step()
        train_loss += loss.item() * data.size(0)
        _, predicted = torch.max(output, 1)
        train_correct += (predicted == target).sum().item()
    model.eval()
    val_loss = 0.0
    val_correct = 0
```

```python
    with torch.no_grad():
        for data, target in test_loader:
            data, target = data.to(device), target.to(device)
            output = model(data)
            loss = criterion(output, target)
            val_loss += loss.item() * data.size(0)
            _, predicted = torch.max(output, 1)
            val_correct += (predicted == target).sum().item()

    train_loss /= len(train_data)
    val_loss /= len(test_data)
    train_acc = train_correct / len(train_data)
    val_acc = val_correct / len(test_data)
    train_losses.append(train_loss)
    val_losses.append(val_loss)
    train_accs.append(train_acc)
    val_accs.append(val_acc)
    print(
        f'Epoch {epoch + 1}/{num_epochs}, Train Loss: {train_loss:.4f}, Val Loss:
{val_loss:.4f}, Train Acc: {train_acc:.4f}, Val Acc: {val_acc:.4f}')

# 绘制损失函数和准确率曲线
fig, (ax1, ax2) = plt.subplots(1, 2, figsize=(12, 5))

# 绘制损失函数子图
ax1.plot(train_losses, label=' 训练损失 ', color='blue')
ax1.plot(val_losses, label=' 验证损失 ', color='orange')
ax1.set_xlabel(' 迭代次数 ', fontproperties=my_font)
ax1.set_ylabel(' 损失 ', fontproperties=my_font)
ax1.legend(prop=my_font)
ax1.set_title(' 损失函数曲线 ', fontproperties=my_font)

# 绘制准确率子图
ax2.plot(train_accs, label=' 训练准确率 ', color='blue')
```

```
ax2.plot(val_accs, label=' 验证准确率 ', color='orange')
ax2.set_xlabel(' 迭代次数 ', fontproperties=my_font)
ax2.set_ylabel(' 准确率 ', fontproperties=my_font)
ax2.legend(prop=my_font)
ax2.set_title(' 准确率曲线 ', fontproperties=my_font)

plt.show()
```

这段代码首先对训练集进行迭代训练，然后在验证集上评估模型性能。在每个 Epoch 结束后，计算并记录训练损失、验证损失、训练准确率和验证准确率。最后，使用子图绘制损失函数曲线和准确率曲线，以便观察模型在训练过程中的性能变化。通过 GPU 的加速，可以极大地提升训练神经网络的效率。

综上所述，使用 ChatGPT 构建 CNN 来进行数据分析是一种高效可靠的方法。CNN 可以自动从数据中学习特征，这使模型能够更好地捕捉数据中的关键信息。同时，使用 ChatGPT 这样的大型语言模型可以帮助我们更好地处理自然语言数据，进一步提高模型的性能。因此，将 ChatGPT 与 CNN 结合使用，可以大大提高数据分析的效率和准确性，有着广泛的应用前景。

通常除了以上构建的卷积神经网络（CNN），在数据分析领域，尤其是计算机视觉中，有许多著名的 CNN 结构，它们已经在各种任务上取得了显著的成果。以下是一些经典的 CNN 结构。

（1）LeNet-5：LeNet-5 是 Yann LeCun 于 1998 年提出的一种卷积神经网络结构，主要用于手写数字识别任务。这是 CNN 历史上最早的架构之一，为后续的深度学习领域奠定了基础。

（2）AlexNet：AlexNet 是由 Alex Krizhevsky、Ilya Sutskever 和 Geoffrey Hinton 于 2012 年提出的一种 CNN 结构。它在当年的 ImageNet 图像分类竞赛中取得了突破性的成绩，从而使 CNN 在计算机视觉领域得到了广泛的关注。

（3） VGGNet：VGGNet 是由牛津大学视觉几何组（VGG）于 2014 年提出的一种 CNN 结构。它通过使用较小的卷积核（如 3×3）和多层堆叠，有效地提高了网络的表达能力。VGGNet 有多个版本，如 VGG-16 和 VGG-19，它们分别包含 16 层和 19 层。

（4） Inception（GoogLeNet）：Inception 系列网络结构是谷歌研究员在 2014 年提出的一种 CNN 结构，其最初版本被称为 GoogLeNet。Inception 结构的核心思想是将多个不同尺寸的卷积核并行堆叠，从而提高网络的表达能力。Inception 系列网络有多个版本，如 Inception V1、Inception V2 和 Inception V3 等。

（5） ResNet（残差网络）：ResNet 是由微软研究院的研究员在 2015 年提出的一种 CNN 结构。通过使用跳跃连接和残差模块，ResNet 成功地训练了超过 1,000 层的深度神经网络。ResNet 在 ImageNet 图像分类任务上取得了当时最好的结果，现在已经成为计算机视觉领域的重要基准之一。

（6） DenseNet（密集连接网络）：DenseNet 是 2017 年提出的一种 CNN 结构，其特点是网络中的每一层都与前面所有的层相连接。通过这种密集连接方式，DenseNet 在参数效率和特征重用方面表现出了优越性。

（7） EfficientNet：EfficientNet 是 2019 年提出的一种 CNN 结构，通过在网络的宽度、深度和输入分辨率之间进行均衡的缩放实现高效的性能。EfficientNet 通过神经架构搜索技术（NAS）获得了一个基础模型（EfficientNet-B0），然后通过一种复合缩放方法（Compound Scaling）生成了一系列更大型的模型（如 EfficientNet-B1 至 EfficientNet-B7）。EfficientNet 在参数数量和计算复杂度相对较低的情况下，在多个计算机视觉任务中体现出优越的性能。

（8） MobileNet：MobileNet 是谷歌研究员于 2017 年提出的一种轻量级 CNN 结构，其主要目的是在移动设备和边缘计算场景下实现高效的计算。MobileNet 采用了深度可分离卷积（Depthwise Separable

Convolution）技术，有效地减少了网络中的参数数量和计算量。MobileNet 有多个版本，如 MobileNet V1、MobileNet V2 和 MobileNet V3。

（9）Transformer-based Vision Models：近年来，基于 Transformer 结构的视觉模型在计算机视觉领域取得了显著的进展，如 ViT（Vision Transformer）和 DeiT（Data-Efficient Image Transformer）。这些模型通过将图像分割成小块并将其作为序列进行处理，从而将图像分类任务转化为自然语言处理任务，实现了在各种视觉任务上的优异性能。

（10）Swin Transformer：Swin Transformer 是 2021 年提出的一种基于 Transformer 的视觉模型，它将传统的 Transformer 结构进行了改进，使其更适用于计算机视觉任务。Swin Transformer 通过使用分层分割和移动窗口的方法，将图像处理成一个具有局部感知的序列，提高了模型在计算机视觉任务上的表现。

这些经典的 CNN 结构在计算机视觉领域中取得了重要的地位。在实际应用中，读者可以根据具体的任务需求和硬件条件，选择合适的网络结构以获得最佳性能。

8.1.2　使用 ChatGPT 构建循环神经网络与长短期记忆网络

循环神经网络（Recurrent Neural Network，RNN）和长短期记忆网络（Long Short Term Memory，LSTM）是两种常见的深度学习模型，主要应用于序列数据处理。这些模型用于处理具有时间或顺序特征的数据，如文本、时间序列数据和语音识别等。

RNN 的核心思想是将序列数据的前后元素之间的关系通过网络结构进行建模。RNN 的基本结构是一个带有循环连接的神经网络单元，这使网络可以保存之前时刻的信息并将其用于当前时刻的计算，如图 8.6 所示。RNN 的基本公式如下。

（1） 隐藏状态 $h(t)$ 。

$$h(t) = \text{activation}(W\_hh \times h(t-1) + W\_xh \times x(t) + b\_h)$$

（2） 输出状态 $o(t)$ 。

$$o(t) = W\_ho \times h(t) + b\_o$$

其中，$x(t)$ 表示当前时刻的输入，$h(t-1)$ 表示上一时刻的隐藏状态，W_hh、W_xh、W_ho 分别为权重矩阵，b_h 和 b_o 分别为偏置项，Activation 通常为激活函数，如 tanh 或 ReLU 等。

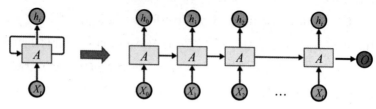

图 8.6　RNN 示意图

然而，传统的 RNN 存在一个问题，即长期依赖问题。当序列较长时，RNN 很难捕捉序列中间相隔较远的元素之间的关系。为了解决这个问题，LSTM 模型应运而生。

LSTM 是 RNN 的一种变体，它通过引入一种称为"门"的机制解决长期依赖问题，如图 8.7 所示。LSTM 有 3 个门，分别是输入门、遗忘门和输出门。这些门的作用是控制信息在不同时间步长之间的流动。3 个门的基本公式如下。

（1） 遗忘门 $f(t)$ 。

$$f(t) = \text{sigmoid}\left(W\_f \times \left[h(t-1), x(t)\right] + b\_f\right)$$

（2） 输入门 $i(t)$ 。

$$i(t) = \text{sigmoid}\left(W\_i \times \left[h(t-1), x(t)\right] + b\_i\right)$$

（3） 单元状态输入 $\tilde{C}(t)$ 。

$$\widetilde{C}(t) = \tanh\left(W\_C \times \left[h(t-1), x(t)\right] + b\_C\right)$$

（4）单元状态 $C(t)$。

$$C(t) = f(t) \times C(t-1) + i(t) + \widetilde{C}(t)$$

（5）输出门 $o(t)$。

$$o(t) = \text{sigmoid}\left(W\_o \times \left[h(t-1), x(t)\right] + b\_o\right)$$

（6）隐藏状态 $h(t)$。

$$h(t) = o(t) \times \tanh\left(C(t)\right)$$

这里，sigmoid 和 tanh 是两种常用的激活函数，$[h(t-1), x(t)]$ 表示将上一时刻的隐藏状态和当前时刻的输入进行拼接，W_f、W_i、W_C 和 W_o 分别为不同门和单元状态输入的权重矩阵，b_f、b_i、b_C 和 b_o 分别为偏置项。

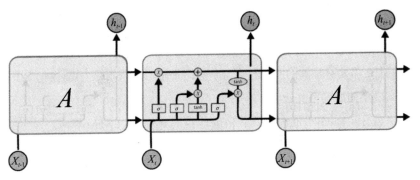

图 8.7 LSTM 示意图

简单解释一下各个门的功能。

（1）遗忘门 $f(t)$：控制上一时刻的单元状态 $C(t-1)$ 中的信息是否保留。如果遗忘的输出接近 0，表示丢弃上一时刻的信息；如果输出接近 1，表示保留上一时刻的信息。

（2）输入门 $i(t)$：控制当前时刻的输入 $x(t)$ 和上一时刻的隐藏状态 $h(t-1)$ 对当前时刻单元状态 $C(t)$ 的影响。输入门的输出越大，表示当前时刻的输入和上一时刻的隐藏状态对单元状态的影响越大。

（3） 输出门 $o(t)$：控制当前时刻的单元状态 $C(t)$ 对当前时刻隐藏状态 $h(t)$ 的影响。输出门的输出越大，表示当前时刻的单元状态对隐藏状态的影响越大。

LSTM 通过这 3 个门的协同作用，能够更好地捕捉序列中的长期依赖关系，避免了传统 RNN 中的长期依赖问题。在许多序列处理任务中，LSTM 表现出了优越的性能，如自然语言处理、时间序列预测等领域。

RNN 和 LSTM 模型是非常强大的工具，可以用于处理时序数据，如语音、文本和时间序列数据。它们可以用于多种数据分析任务，包括语言建模、时间序列预测、图像描述、语音识别和情感分析等，能够从时序数据中学习有用的信息，为决策提供支持。

但是要熟练使用这 2 个工具，还需要对它们的基本原理和架构有深入的理解，并掌握使用常见的深度学习框架（如 TensorFlow、PyTorch 等）进行模型的构建和训练的方法。此外，还需要掌握数据预处理、模型优化和调参等技术，并且需要具备良好的编程能力和数据分析能力。最重要的是，需要有足够的实践经验，通过不断地实践和调试，不断优化模型，提高模型的准确率和效率。

使用 ChatGPT 能够高效、精确地实现 RNN 和 LSTM 算法。以下实例将介绍如何使用 ChatGPT 运用这些算法。

纽约证券交易所（NYSE）数据集是一个公开的金融时间序列数据集，包含了自 1980 年以来美国股市的交易数据。该数据集包含许多股票的开盘价、收盘价、最高价、最低价、成交量，这些数据都以日为单位进行记录。这个数据集是时间序列数据分析和预测的一个经典数据集，经常被用于测试和验证新的时间序列分析算法和模型。

以下是纽约证券交易所（NYSE）数据集的特征，如表 8.2 所示。

表 8.2　NYSE 数据集特征

特征	描述
Date	日期
Open	开盘价
High	最高价
Low	最低价
Close	收盘价
Volume	成交量
Name	股票代码

以下是 NYSE 数据集中的部分数据，包含了 2016 年 1 月至 2017 年 12 月期间 Amazon 公司（代码为"AMZN"）的股票价格和交易量数据。该部分数据包含了 505 行数据（每行代表 1 天的交易数据），如表 8.3 所示。

表 8.3　NYSE 数据集的部分数据

日期	开盘价	最高价	最低价	收盘价	成交量	股票代码
2016-01-04	656.29	657.72	627.51	636.99	9,314,500	AMZN
2016-01-05	646.86	646.91	627.65	633.79	5,822,600	AMZN
2016-01-06	622.00	639.79	617.68	632.65	5,329,200	AMZN
2016-01-07	621.80	630.00	605.21	607.94	7,074,900	AMZN
2016-01-08	619.66	624.14	606.00	607.05	5,512,900	AMZN
…	…	…	…	…	…	…
2017-12-22	1,172.08	1,174.62	1,167.83	1,168.36	1,585,100	AMZN
2017-12-26	1,168.36	1,178.32	1,160.55	1,176.76	2,005,200	AMZN
2017-12-27	1,179.91	1,187.29	1,175.61	1,182.26	1,867,200	AMZN
2017-12-28	1,189.00	1,190.10	1,184.38	1,186.10	1,841,700	AMZN
2017-12-29	1,182.35	1,184.00	1,167.50	1,169.47	2,688,400	AMZN

上述表格显示了纽约证券交易所（NYSE）数据集中的部分数据，包括日期、股票代码、开盘价、最高价、最低价、收盘价和成交量。

注意：金融时间序列数据分析和预测非常复杂，并且受到许多因素的影响，如市场情绪、政治事件和宏观经济指标等。在使用 NYSE 数据集进行分析和预测时，需要仔细评估模型的性能并考虑多个因素的影响。

由于 NYSE 的数据非常庞大，我们可以选取其中 1 家公司将数据下载到本地。我们可以从 Alpha Vantage 下载数据，需要先需要注册 1 个免费的 API 密钥，然后安装 Alpha_vantage 库，如 8-7 所示。

8-7　安装 Alpha_vantage 库

```
pip install alpha_vantage
```

通过以下代码将股票信息下载到本地，如 8-8 所示。

8-8　下载微软股票信息代码

```
from alpha_vantage.timeseries import TimeSeries
import pandas as pd

api_key = 'YOUR_API_KEY' # 请替换为你的 Alpha Vantage API 密钥

ts = TimeSeries(key=api_key, output_format='pandas')
msft, _ = ts.get_daily_adjusted(symbol='MSFT', outputsize='full')

# 将数据限制在 2010-01-01 至 2021-12-31 之间
msft = msft.loc['2010-01-01':'2022-12-31']

# 保存数据到本地 CSV 文件
msft.to_csv('msft_stock_data.csv')

print("Data saved to msft_stock_data.csv")
```

⚠ 说明：MSFT 是微软的股票代码，读者可以在 Alpha Vantage 注册 1 个免费的 API 密钥。

我们可以使用 ChatGPT 生成 RNN 和 LSTM，对 NYSE 数据集进行股票价格预测和趋势分析，提示语如 8-9 所示。

8-9 ChatGPT 构建 RNN 和 LSTM 提示语

你是数据分析和人工智能专家，具备以下能力。

编程技能：编程技能是数据分析和人工智能领域必不可少的技能。熟练掌握至少一种编程语言，如 Python 或 R 语言等。

数学和统计学知识：数据分析和人工智能领域需要广泛的数学和统计学知识。具备良好的数学基础和统计学知识，如线性代数、概率论和统计推断等。

数据处理和数据管理技能：了解数据处理和数据管理技术，能够从不同来源获取数据，清理、转换和整合数据。

机器学习和深度学习知识：机器学习和深度学习是人工智能领域的核心技术，了解各种算法和技术，如决策树、神经网络、卷积神经网络、循环神经网络等。

问题解决能力：具备独立思考和解决问题的能力，能够利用技术和工具解决各种实际问题。

现在请你从专业的角度，利用 RNN 和 LSTM 算法，对 NYSE 数据集进行分类。

请你以其中一家公司为例（如 Microsoft），构建这家公司的股票价格预测和趋势分析模型。我已经将这家公司的数据通过 Alpha Vantage 下载到本地并存到一个 msft_stock_data.csv 文件中。

请自行选择数据清洗、数据归一化、数据分割、序列化数据、窗口滑动、选择目标变量、模型训练和测试等步骤。输出最终的准确率等信息，并绘制曲线图。

直接以代码块的方式输出代码。

ChatGPT 根据需求，生成的 RNN 和 LSTM 股票分析代码如 8-10 所示。

8-10 ChatGPT 生成的 RNN 和 LSTM 股票分析代码

```python
import numpy as np
import pandas as pd
import matplotlib.pyplot as plt
import matplotlib.font_manager as fm
from sklearn.preprocessing import MinMaxScaler
from sklearn.metrics import mean_squared_error
from keras.models import Sequential
from keras.layers import Dense, LSTM

# 设置字体
font_paths = [f.fname for f in fm.fontManager.ttflist if 'SimHei' in f.name]
```

```python
simhei_path = font_paths[0] if font_paths else None

if not simhei_path:
    raise ValueError("SimHei 字体未找到，请确保已安装 SimHei 字体。")

my_font = fm.FontProperties(fname=simhei_path)

# 读取数据
data = pd.read_csv("msft_stock_data.csv")
data['date'] = pd.to_datetime(data['date'])
data.set_index('date', inplace=True)

# 选择收盘价
close_price = data['4. close'].values.reshape(-1, 1)

# 数据归一化
scaler = MinMaxScaler(feature_range=(0, 1))
close_price_scaled = scaler.fit_transform(close_price)

# 数据分割
train_size = int(len(close_price_scaled) * 0.8)
train_data = close_price_scaled[:train_size]
test_data = close_price_scaled[train_size:]

# 序列化数据
def create_dataset(data, window_size):
    X, Y = [], []
    for i in range(len(data) - window_size):
        X.append(data[i:(i + window_size), 0])
        Y.append(data[i + window_size, 0])
    return np.array(X), np.array(Y)

window_size = 5
X_train, Y_train = create_dataset(train_data, window_size)
```

```
    X_test, Y_test = create_dataset(test_data, window_size)

    # 数据整形
    X_train = np.reshape(X_train, (X_train.shape[0], X_train.shape[1], 1))
    X_test = np.reshape(X_test, (X_test.shape[0], X_test.shape[1], 1))

    # 创建 LSTM 模型
    model = Sequential()
    model.add(LSTM(50, input_shape=(window_size, 1), return_
sequences=True))
    model.add(LSTM(50))
    model.add(Dense(1))

    model.compile(loss='mean_squared_error', optimizer='adam')
    model.fit(X_train, Y_train, epochs=100, batch_size=64, verbose=1)

    # 预测
    train_predict = model.predict(X_train)
    test_predict = model.predict(X_test)

    # 反归一化
    train_predict = scaler.inverse_transform(train_predict)
    test_predict = scaler.inverse_transform(test_predict)

    # 计算准确率
    train_rmse = np.sqrt(mean_squared_error(Y_train, train_predict))
    test_rmse = np.sqrt(mean_squared_error(Y_test, test_predict))
    print(" 训练集 RMSE:", train_rmse)
    print(" 测试集 RMSE:", test_rmse)

    # 绘图
    plt.figure(figsize=(16, 8))

    # 绘制原始数据
```

```
plt.plot(close_price[-len(test_predict):], label=" 原始数据 ", color="blue")

# 绘制测试集预测
test_predict_plot = np.empty_like(close_price[-len(test_predict):])
test_predict_plot[:, :] = np.nan
test_predict_plot[window_size:, :] = test_predict[:-window_size]
plt.plot(test_predict_plot, label=" 测试集预测 ", color="red")

plt.xlabel(" 时间 ", fontproperties=my_font, fontsize=14)
plt.ylabel(" 股票收盘价 ", fontproperties=my_font, fontsize=14)
plt.title("Microsoft 股票价格预测（聚焦测试集）", fontproperties=my_font,
fontsize=16)
plt.legend(prop=my_font, fontsize=12)
plt.show()
```

上面的代码首先导入了必要的库，然后读取了 Microsoft 股票的历史
数据，对收盘价进行了归一化处理，将数据分为训练集和测试集。接着
将数据序列化，并整形为 LSTM 模型所需的输入格式。然后构建了一个
两层 LSTM 神经网络模型，对模型进行了编译和训练。最后，用训练好
的模型对训练集和测试集进行预测，计算了预测结果的 RMSE，并绘制
了原始数据和测试集预测结果的图形。

运行以上代码，得到的误差数据如 8-11 所示。

8-11 股票预测误差

训练集 RMSE：147.08698633031727
测试集 RMSE：27.629218447064048

⚠ 说明：RMSE 指的是均方根误差（Root Mean Squared Error），是一种用来衡
量预测值与真实值之间差异的指标。RMSE 是将所有预测误差的平方
求和，再取平均数并开根号的结果。RMSE 常用于评估回归模型的性能，
它的值越小，表示模型的预测精度越高。

同时，获得的测试集的预测曲线如图 8.8 所示。

从拟合曲线来看，LSTM 模型在预测 Microsoft 股票价格时捕捉到了一定程度的趋势变化，但预测结果仍存在一定误差。虽然 LSTM 在测试集上的表现较好，但不能保证对未来股价的精确预测。这表明 LSTM 在分析股票价格时具有一定的参考价值，但投资者仍需结合其他因素和方法进行决策。

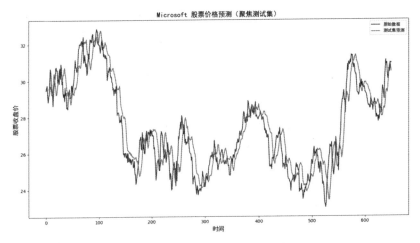

图 8.8　Microsoft 股票预测曲线

循环神经网络（RNN）和长短期记忆网络（LSTM）是两种强大的深度学习技术，它们可以处理具有时间或序列依赖性的数据。除了时间序列分析，它们还可以应用于以下领域。

（1）自然语言处理（NLP）：RNN 和 LSTM 非常适合处理自然语言任务，如文本分类、情感分析、命名实体识别、机器翻译、语音识别和文本生成等。

（2）视频分析：RNN 和 LSTM 可以用于视频分析任务，如动作识别、视频标注、视频分类和视频生成等。

（3）生物信息学：在生物信息学领域，RNN 和 LSTM 可用于基因序列分类、蛋白质结构预测和生物序列生成等任务。

（4）金融领域：RNN 和 LSTM 可以用于股票市场预测、信用评分、金融欺诈检测和算法交易等任务。

（5）聊天机器人和问答系统：RNN 和 LSTM 可以用于开发智能聊天机器人和问答系统，以便更好地理解和处理用户输入。

（6）音乐生成：RNN 和 LSTM 可以用于学习音乐的结构和模式，从而生成新的音乐作品。

（7）手写识别：RNN 和 LSTM 可以用于手写字符和数字的识别，解析手写文本。

（8）语音合成：RNN 和 LSTM 可以用于生成逼真的人类语音，用于语音合成任务。

综上所述，使用 ChatGPT 实现 RNN 与 LSTM，可以大幅提升序列建模和自然语言处理任务的性能。通过结合这些先进的神经网络架构，我们能够更准确地捕捉长期依赖关系和上下文信息，从而实现更为强大的预测和生成能力。

⚠ 说明：在数据分析和深度学习领域，除了 CNN、RNN 和 LSTM，还有一些其他重要的算法。其中，Autoencoder 自编码器是一种无监督学习算法，可将输入数据编码为低维表示，并用这些表示重构原始数据。GAN 生成对抗网络是另一种无监督学习算法，能够生成逼真的样本。Transformers 则是用于自然语言处理的模型，它使用自注意力机制处理序列数据，并在文本分类、语言翻译和问答等任务中表现出色。如果读者对这些技术感兴趣，可以参考前面的章节，利用 ChatGPT 探索更多有趣的深度学习和数据分析技术。

8.2 使用 ChatGPT 进行大数据分析

大数据分析在近年来已成为企业和科研机构的关键技术之一，它可以帮助人们从海量的数据中提取有价值的信息以支持决策和研究。在这一节中，我们将探讨使用 ChatGPT 与大数据处理框架（如 Hadoop 和 Spark）集成以进行大规模数据分析。我们将讨论利用这些框架存储和处理数据，并结合 ChatGPT 的能力进行高效的数据挖掘和机器学习任务。通过本节的学习，读者将了解到将 ChatGPT 应用于大数据分析场景的方法，为解决不同领域的实际问题提供更强大的分析和预测能力。

8.2.1 使用 ChatGPT 与 Hadoop 集成进行数据存储与处理

Hadoop 是一个开源的分布式存储和分布式计算框架，主要用于处理大量非结构化或半结构化的数据。它最初是由 Apache 基金会开发的，灵感来自 Google 的 MapReduce 和 GFS（Google 文件系统）论文。Hadoop 的核心是 Hadoop 分布式文件系统（Hadoop Distributed File System，HDFS）和 MapReduce 编程模型架构，如图 8.9 所示。

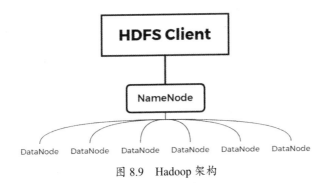

图 8.9 Hadoop 架构

HDFS 是一种分布式文件系统，可以在多台机器上存储和管理大量数据。它具有高容错性、高吞吐量和可扩展性等特点。HDFS 采用主从架构，包括 NameNode（主节点）和 DataNode（数据节点）。NameNode 负责管理文件系统的元数据（如文件名、目录结构等），DataNode 负责存储文件的实际数据。而 MapReduce 是一种编程模型，用于处理和生成大量数据集。它包括 2 个阶段：Map 阶段和 Reduce 阶段。Map 阶段负责处理输入数据并生成键值对（Key-Value Pair），Reduce 阶段负责对 Map 阶段生成的键值对进行汇总和计算。这种模型允许在多台机器上并行处理大量数据。

在 Hadoop 中，文件被切分成多个固定大小的数据块（默认 128MB 或 64MB），这些数据块分布在不同的 DataNode 上。这种切分方式提高了数据的并行处理能力。为了保证数据的可靠性和容错性，Hadoop 会将每个数据块复制多份（默认 3 份）并存储在不同的 DataNode 上。当某个 DataNode 发生故障时，可以通过其他 DataNode 的副本恢复数据。同时，在任务调度方面，Hadoop 采用 YARN（Yet Another Resource Negotiator，另一种资源协调器）进行资源调度和任务管理。YARN 包括 ResourceManager（资源管理器）和 NodeManager（节点管理器）。ResourceManager 负责整个集群的资源管理，NodeManager 负责单个节点的资源管理和任务执行。

Hadoop 广泛应用于以下各种场景。

（1）日志分析：处理和分析大量日志数据，如 Web 服务器日志、系统日志等。

（2）文本挖掘：分析和挖掘大量文本数据，如新闻文章、社交媒体内容等，以获取有价值的信息，如情感分析、关键词提取等。

（3）推荐系统：基于用户行为和偏好分析，为用户提供个性化的推荐，如电商网站的商品推荐、音乐平台的歌曲推荐等。

（4）数据仓库：Hadoop 可以作为一个大规模的数据仓库，存储和分析企业内部的各种业务数据，如销售数据、用户数据等。

（5）机器学习：Hadoop 可以用于训练大规模的机器学习模型，如分类、聚类、回归等任务。

（6）网络爬虫：利用 Hadoop 的分布式特性，实现大规模的网络爬虫系统，用于抓取和分析互联网上的数据。

Hadoop 作为一个大数据处理框架，适用于各种需要处理和分析海量数据的场景。它的分布式计算和存储特性使处理大规模数据变得更加高效和容易。要想熟练使用 Hadoop 对大数据进行分析，需要掌握 Hadoop 生态系统的各个组件及其协作方式，具备编程、数据处理、数据库、算法和数据结构等方面的技能，具有系统性思维，同时需要有实践经验。利用 ChatGPT 的强大功能，我们可以快速、简便地实现 Hadoop 数据分析。以下示例将演示具体实现过程。

NASA Apache Web Server 日志文件数据集是一个公共数据集，由 NASA 的 Jet Propulsion Laboratory 提供。该数据集是从 NASA 的 Web 服务器日志文件中提取的，被广泛用于分布式计算和大数据分析，并已成为许多实际应用的基础。

该数据集的文件格式是 TXT 文件，每行记录包含多个字段，用空格分隔。文件大小为 22.3 GB，包含了近 1,000 万条记录，记录了 1995 年 7 月至 1995 年 12 月期间 NASA 网站的访问情况。每条记录包含了访问的 IP 地址、时间戳、HTTP 方法、URL 路径、HTTP 状态码、传输字节数、引用来源和用户代理等重要信息，其特征如表 8.4 所示。

表 8.4　NASA Apache Web Server 数据特征

字段名	描述
IP 地址	请求的 IP 地址
时间戳	请求发生的时间戳，格式为 [dd/MMM/yyyy:HH:mm:ss +-ZZZZ]
HTTP 方法	客户端请求使用的 HTTP 方法，如 GET、POST 等
URL 路径	客户端请求的 URL 路径不包括主机名和协议
HTTP 状态码	服务器返回的 HTTP 状态码。例如，200 表示成功，404 表示未找到请求的资源等
传输字节数	客户端发送和服务器接收的字节数
引用来源	客户端请求的前一个 URL，即该请求是从哪个页面转向的
用户代理	客户端使用的用户代理，如浏览器类型、操作系统等

NASA Apache Web Server 部分数据如表 8.5 所示。

表 8.5　NASA Apache Web Server 部分数据

IP 地址	时间戳	HTTP 方法
piweba3y.prodigy.com	[01/Aug/1995:00:00:01 -0400]	GET
piweba4y.prodigy.com	[01/Aug/1995:00:00:07 -0400]	GET
piweba4y.prodigy.com	[01/Aug/1995:00:00:08 -0400]	GET
piweba4y.prodigy.com	[01/Aug/1995:00:00:08 -0400]	GET
piweba4y.prodigy.com	[01/Aug/1995:00:00:08 -0400]	GET
URL 路径	**HTTP 状态码**	**传输字节数**
/shuttle/countdown/	200	8677
/images/NASA-logosmall.gif	200	786
/images/KSC-logosmall.gif	200	1204
/images/MOSAIC-logosmall.gif	200	363
/images/USA-logosmall.gif	200	234
引用来源	**用户代理**	
—	HTTP/1.0	
—	HTTP/1.0	
—	HTTP/1.0	
—	HTTP/1.0	
—	HTTP/1.0	

使用 Hadoop 可以对 NASA Apache Web Server 日志文件数据集进行许多处理，包括但不限于以下几个方面。

（1）计算每个 IP 地址的访问次数：通过 MapReduce 编程模型，使用 Hadoop 分布式计算框架，可以编写程序处理整个数据集，计算每个 IP 地址的访问次数，并以此分析网站流量等信息。

（2）找到访问最频繁的 URL 路径：可以编写 MapReduce 程序计算每个 URL 路径的访问次数，并找到最常被访问的 URL 路径。

（3）过滤恶意 IP 地址：使用 Hadoop 分布式计算框架，可以编写程序分析 IP 地址，检测恶意访问，比如在短时间内发送过多的请求等，然后过滤掉这些 IP 地址的访问请求。

（4）时间序列分析：可以使用 Hadoop 和 Python 等工具对日志数据

进行时间序列分析，如流量随时间的变化、用户访问模式的变化等，以识别访问模式的周期性变化。

可以直接通过 ChatGPT 构建 Hadoop 服务，实现上面的复杂功能，提示语如 8-12 所示。

8-12　构建 Hadoop 复杂服务的提示语

你是精通大数据的数据分析专家，具备以下能力和知识。

统计学和数据分析：熟悉基本统计学原理和方法，能够使用统计学和数据分析工具（如 R 语言、Python、SAS 等）处理大数据。

数据处理和清洗：掌握数据预处理和清洗的技术，包括数据清理、去重、填充缺失值、处理异常值等。

数据存储和管理：了解各种数据库管理系统的工作原理和使用方法，熟悉数据仓库和数据集市的概念和设计方法。

大数据平台和技术：了解 Hadoop、Spark、Flink 等大数据平台和技术的基本原理和使用方法。

机器学习和深度学习：了解机器学习和深度学习的基本概念、算法和工具，能够使用机器学习和深度学习技术进行数据分析和预测。

数据可视化和呈现：掌握数据可视化和呈现的技术和工具，能够使用图表、图形等方式将分析结果可视化。

领域知识：了解分析的数据所处的领域背景，掌握相关领域的专业术语和知识。

现在请你从专业的角度，利用 Hadoop 对 NASA Apache Web Server 日志文件数据集进行大数据处理，要求如下。

（1）计算每个 IP 地址的访问次数。

（2）找到访问最频繁的 URL 路径。

（3）过滤恶意 IP 地址。

（4）使用 Hadoop 和 Python 等工具对日志数据进行时间序列分析，如流量随时间的变化。

你需要先告诉我你的部署策略，然后以代码块的形式，给出每个节点对应的 Python 代码。

ChatGPT 根据需求，生成的部署策略如 8-13 所示。

8-13　ChatGPT 生成的 Hadoop 部署策略

为了使用 Hadoop 对 NASA Apache Web Server 日志文件数据集进行处理，我们需要配置 Hadoop 集群并将日志文件上传至 Hadoop 分布式文件系统 (HDFS)。以下是分析步骤和部署策略。

在 Hadoop 集群上部署一个 Python MapReduce 作业，用于统计每个 IP 地址的访问次数。

在 Hadoop 集群上部署一个 Python MapReduce 作业，用于找到访问最频繁的 URL 路径。

在 Hadoop 集群上部署一个 Python MapReduce 作业，用于过滤恶意 IP 地址。

在 Hadoop 集群上部署一个 Python MapReduce 作业，用于分析日志数据的时间序列，如流量随时间的变化。

以下是每个节点对应的 Python 代码，计算每个 IP 地址的访问次数，如 8-14 所示。

8-14　计算每个 IP 地址的访问次数代码

```
Mapper:
import sys

def ip_mapper():
    for line in sys.stdin:
        data = line.strip().split(" ")
        if len(data) > 1:
            ip = data[0]
            print(f"{ip}\t1")

if __name__ == '__main__':
    ip_mapper()
Reducer:
import sys
from collections import defaultdict

def ip_reducer():
```

```
    ip_count = defaultdict(int)

    for line in sys.stdin:
        ip, count = line.strip().split("\t")
        ip_count[ip] += int(count)

    for ip, count in ip_count.items():
        print(f"{ip}\t{count}")

if __name__ == '__main__':
    ip_reducer()
```

找到访问最频繁的 URL 路径，如 8-15 所示。

8-15　找到访问最频繁的 URL 路径代码

```
Mapper:
import sys

def url_mapper():
    for line in sys.stdin:
        data = line.strip().split(" ")
        if len(data) > 1:
            url = data[6]
            print(f"{url}\t1")

if __name__ == '__main__':
    url_mapper()
Reducer:
import sys
from collections import defaultdict

def url_reducer():
    url_count = defaultdict(int)

    for line in sys.stdin:
```

```
        url, count = line.strip().split("\t")
        url_count[url] += int(count)

    most_frequent_url = max(url_count, key=url_count.get)
    print(f"{most_frequent_url}\t{url_count[most_frequent_url]}")

if __name__ == '__main__':
    url_reducer()
```

过滤恶意 IP 地址代码，如 8-16 所示。

8-16　过滤恶意 IP 地址代码

```
Mapper:
import sys

def malicious_ip_mapper():
    for line in sys.stdin:
        data = line.strip().split(" ")
        if len(data) > 1:
            ip = data[0]
            status_code = data[-2]
            if int(status_code) >= 400:
                print(f"{ip}\t1")

if __name__ == '__main__':
    malicious_ip_mapper()
Reducer:
import sys
from collections import defaultdict

def malicious_ip_reducer():
    malicious_ip_count = defaultdict(int)

    for line in sys.stdin:
        ip, count = line.strip().split("\t")
```

```
        malicious_ip_count[ip] += int(count)

    for ip, count in malicious_ip_count.items():
        if count > 10: # 设定阈值过滤恶意 IP，这里假设恶意 IP 至少有 10 次以上
的异常访问。
        print(f"{ip}\t{count}")

    if name == 'main':
    malicious_ip_reducer()
```

使用 Hadoop 和 Python 等工具对日志数据进行时间序列分析，如流量随时间的变化，如 8-17 所示。

8-17　流量随时间的变化规律代码

```
Mapper:
import sys
from datetime import datetime

def time_mapper():
    for line in sys.stdin:
        data = line.strip().split(" ")
        if len(data) > 1:
            timestamp = data[3][1:]
            try:
                dt = datetime.strptime(timestamp, "%d/%b/%Y:%H:%M:%S")
                minute_key = dt.strftime("%Y-%m-%d %H:%M")
                print(f"{minute_key}\t1")
            except ValueError:
                continue

if __name__ == '__main__':
    time_mapper()
Reducer:
import sys
```

```python
from collections import defaultdict

def time_reducer():
    time_count = defaultdict(int)

    for line in sys.stdin:
        time_key, count = line.strip().split("\t")
        time_count[time_key] += int(count)

    for time_key, count in sorted(time_count.items()):
        print(f"{time_key}\t{count}")

if __name__ == '__main__':
    time_reducer()
```

上述代码使用 Python 和 Hadoop 的 MapReduce 框架对 NASA Apache Web Server 日志文件数据集进行了大数据处理，实现了以下 4 个功能：计算每个 IP 地址的访问次数；找到访问最频繁的 URL 路径；过滤恶意 IP 地址；对日志数据进行时间序列分析，展示流量随时间的变化。通过这些代码，我们可以对 Web 服务器日志进行深入分析，从而提供有关流量、用户行为和安全性的洞察。

> ⚠ 注意：这些代码块仅为示例，可能需要根据实际数据集和环境进行调整。在实际部署中，还需要考虑错误处理、日志记录、优化等因素。一旦完成这些步骤，就能够使用 Hadoop 对 NASA Apache Web Server 日志文件数据集进行大数据处理。

综上所述，使用 ChatGPT 与 Hadoop 集成进行数据存储与处理，可以快速高效地对大规模数据进行分析和挖掘。通过结合 ChatGPT 的强大自然语言处理能力和 Hadoop 的分布式计算特性，可以轻松解决复杂的数据分析问题，从而实现数据的快速处理、实时分析和智能决策。此外，借助 Hadoop 的可扩展性和稳定性，还可以在不牺牲性能的情况下应对不断增长的数据量和处理需求。

8.2.2 使用 ChatGPT 与 Spark 集成进行数据分析与机器学习

Spark 是一个开源的大数据处理框架，相较于 Hadoop，它可以更加方便、高效地进行数据处理和分析。Spark 由 UC Berkeley AMPLab 开发，后来成为 Apache 项目的一部分。

Spark 应用程序在集群中运行时由 Driver Program 和 Executors 两个主要部分组成，如图 8.10 所示。其中 Driver Program 是 Spark 应用程序的主要控制器，负责将应用程序代码转换为一系列的任务，并协调这些任务在整个集群中执行的过程。Driver Program 通常会启动一个 SparkContext，该 SparkContext 会连接到集群管理器（如 Yarn、Mesos 或 Standalone）并请求资源执行应用程序。Executors 是在集群中分布式运行的进程，负责实际执行任务。每个 Executor 都会启动一个 JVM 进程，并在该进程中执行应用程序的任务。Executors 在应用程序执行期间会维护和管理数据分区，并将数据存储在内存中以便快速访问。Driver Program 通过 Spark-Context 将任务发送到 Executors 进行执行，并接收任务执行的结果。总的来说，Driver Program 和 Executors 是 Spark 应用程序的核心组件，它们协同工作以在集群上执行 Spark 作业。

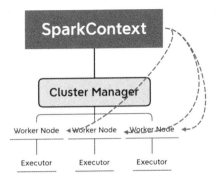

图 8.10　Spark 架构

Spark 提供了丰富的 API 和库，包括用于处理结构化数据的 Spark SQL，支持 SQL 查询和 DataFrame 操作；用于处理实时数据流的 Spark Streaming，可以从多种数据源中获取数据并进行实时分析；Spark 的机器学习库 MLlib，提供了丰富的机器学习算法和工具，包括分类、回归、聚类、推荐等；Spark 的图计算库 GraphX，提供了图数据处理和分析的功能。

要使用 Spark 进行数据分析和机器学习，可以通过以下步骤。

（1）准备数据：首先需要获取并清洗数据，如删除缺失值、去除异常值、归一化等。

（2）创建 Spark 应用：使用 Spark API 创建一个应用程序，包括定义输入输出、数据处理逻辑和算法。

（3）调试和优化：在本地或集群上运行 Spark 应用，进行调试和优化，以提高性能和准确度。

（4）部署应用：将 Spark 应用部署到集群环境中。例如，使用 Yarn、Mesos 或 Kubernetes 进行资源调度和管理。

（5）监控和评估：在运行过程中，使用 Spark 提供的监控工具对应用进行监控和评估，确保其稳定性和可靠性。

Spark 广泛应用于以下各种场景。

（1）数据挖掘：分析和挖掘大量数据，以获取有价值的信息，如关联规则、异常检测等。

（2）机器学习：利用 Spark 的 MLlib 库进行大规模的机器学习任务，如分类、聚类、回归等。

（3）实时分析：使用 Spark Streaming 进行实时数据处理和分析，如金融交易、社交媒体分析等。

（4）图数据分析：利用 GraphX 进行图数据处理和分析，如社交网络分析、网络拓扑分析等。

（5）ETL：使用 Spark 进行大规模的数据转换、提取和加载任务，如数据仓库的数据整合和数据迁移等。

Spark 作为一个强大的大数据处理框架，适用于各种需要处理和分析海量数据的场景。要想熟练使用 Spark 进行大数据分析，需要掌握 Spark 生态系统的各个组件及其协作方式，具备编程、数据处理、数据库、算法和数据结构等方面的技能，具备系统性思维，同时需要有实践经验。

利用 ChatGPT 的强大功能，我们可以快速、便捷地实现 Spark 数据分析。以下示例将演示具体实现过程。

MovieLens 数据集是一个由 GroupLens 提供的电影评分数据集，这个数据集包含了多个不同大小的版本。在这里，我们将介绍一个较小的版本，称为 MovieLens 100K 数据集。这个数据集包含了 100,000 条电影评分数据，涉及 943 名用户对 1,682 部电影的评分记录。数据集主要包括 3 个文件：用户信息文件、电影信息文件和评分文件。

1. 用户信息文件

这个文件包含了用户的基本信息，包括用户 ID、年龄、性别、职业和邮编。文件中的每行记录对应一个用户，字段之间用 '|' 分隔，如表 8.6 所示。

表 8.6　用户信息文件

字段名	描述
用户 ID	用户的唯一标识符
年龄	用户的年龄
性别	用户的性别（M 表示男性，F 表示女性）
职业	用户的职业
邮编	用户所在地的邮政编码

2. 电影信息文件

这个文件包含了电影的基本信息，包括电影 ID、电影名称、发行日期、IMDb URL 和电影类型。文件中的每行记录对应一部电影，字段之间用 '|' 分隔，如表 8.7 所示。

表 8.7　电影信息文件

字段名	描述
电影 ID	电影的唯一标识符
电影名称	电影的名称
发行日期	电影的发行日期
IMDb URL	电影在 IMDb 网站上的 URL
电影类型	电影的类型（如动作、冒险、喜剧等）

3. 评分文件

这个文件包含了用户对电影的评分数据。文件中的每行记录对应一条评分记录，字段之间用制表符（'\t'）分隔，如表 8.8 所示。

表 8.8　评分文件

字段名	描述
用户 ID	评分用户的 ID
电影 ID	被评分电影的 ID
评分	用户对电影的评分（范围 1~5）
时间戳	评分的时间戳（Unix 格式）

使用 Apache Spark 对 MovieLens 100K 数据集进行处理，可以进行以下几个方面的分析。

（1）计算每部电影的平均评分：使用 Spark 的 DataFrame 或 RDD API，可以轻松地计算每部电影的平均评分，并以此了解观众对不同电影的喜好程度。

（2）计算每个用户的平均评分：使用 Spark，还可以计算每个用户的平均评分，以此分析用户评分习惯和差异。

（3）查找最受欢迎的电影类型：通过汇总电影类型的评分数据，可以找到最受观众欢迎的电影类型。

（4）基于用户的协同过滤推荐：使用 Spark ML 库（Spark Machine Learning Library），可以实现基于用户的协同过滤推荐算法，根据用户之间的相似性为用户推荐可能喜欢的电影。

（5）基于电影的协同过滤推荐：同样，也可以使用 Spark ML 库实现基于电影的协同过滤推荐算法，根据电影之间的相似性为用户推荐可能喜欢的电影。

（6）分析不同年龄段、性别和职业的用户对电影的喜好：结合用户信息文件，可以分析不同年龄段、性别和职业的用户对电影的喜好，进一步了解不同类型的观众对电影的需求。

（7）时间序列分析：可以使用 Spark 和 Python 等工具对评分数据进行时间序列分析。例如，分析电影评分随时间的变化、评分高峰期等，以便了解观众对电影的评分行为。

（8）电影元数据分析：通过电影信息文件中的发行日期、IMDb URL 和电影类型等元数据，可以对电影进行分类分析。例如，研究什么年代的电影更受欢迎，或者分析什么类型的电影在 IMDb 上的评分较高。

我们可以直接通过 ChatGPT 构建 Spark 服务，实现上面的复杂功能，提示语如 8-18 所示。

8-18 构建 Spark 复杂服务的提示语

你是精通大数据分析的专家，具备以下能力和知识。

统计学和数据分析：熟悉基本统计学原理和方法，能够使用统计学和数据分析工具（如 R 语言、Python、SAS 等）处理大数据。

数据处理和清洗：掌握数据预处理和清洗的技术，包括数据清理、去重、填充缺失值、处理异常值等。

数据存储和管理：了解各种数据库管理系统的工作原理和使用方法，熟悉数据库和数据集市的概念和设计方法。

大数据平台和技术：了解 Hadoop、Spark、Flink 等大数据平台和技术的基本原理和使用方法。

机器学习和深度学习：了解机器学习和深度学习的基本概念、算法和工具，能够使用机器学习和深度学习技术进行数据分析和预测。

数据可视化和呈现：掌握数据可视化和呈现的技术和工具，能够使用图表、图形等方式将分析结果可视化。

领域知识：了解分析的数据所处的领域背景，掌握相关领域的专业术语和知识。

现在请你从专业的角度，利用 Spark 对 MovieLens 100K 数据集进行大数据处理，要求如下。

（1）计算每部电影的平均评分。

（2）计算每个用户的平均评分。

（3）查找最受欢迎的电影类型。

（4）基于用户的协同过滤推荐。

请以代码块的形式，给我每个节点对应的 Python 代码。

ChatGPT 根据需求，生成的 Spark 代码如 8-19 所示。

8-19 ChatGPT 生成的 Spark 处理代码

```python
from pyspark.sql import SparkSession
from pyspark.sql import functions as F
from pyspark.ml.recommendation import ALS
from pyspark.ml.evaluation import RegressionEvaluator

# 创建 Spark 会话
spark = SparkSession.builder.appName("MovieLensAnalysis").getOrCreate()

# 加载数据
ratings = spark.read.csv("path/to/ml-100k/u.data", sep="\t", schema="user_id INT, movie_id INT, rating INT, timestamp INT")
movies = spark.read.csv("path/to/ml-100k/u.item", sep="|", schema="movie_id INT, title STRING, release_date STRING, video_release_date STRING, imdb_url STRING, unknown INT, action INT, adventure INT, animation INT, children INT, comedy INT, crime INT, documentary INT, drama INT, fantasy INT, film_noir INT, horror INT, musical INT, mystery INT, romance INT, sci_fi INT, thriller INT, war INT, western INT")

# 计算每部电影的平均评分
average_movie_ratings = ratings.groupBy("movie_id").agg(F.mean("rating").alias("average_rating")).orderBy(F.desc("average_rating"))
```

```
# 计算每个用户的平均评分
average_user_ratings = ratings.groupBy("user_id").agg(F.mean("rating").
alias("average_rating")).orderBy(F.desc("average_rating"))

# 查找最受欢迎的电影类型
genre_columns = movies.columns[5:] # 从第五列开始是电影类型
genre_popularity = movies.select(*genre_columns).agg(*(F.sum(F.
col(genre).alias(genre) for genre in genre_columns)).collect()[0].asDict()
most_popular_genre = max(genre_popularity, key=genre_popularity.get)

# 基于用户的协同过滤推荐
als = ALS(rank=10, maxIter=10, regParam=0.1, userCol="user_
id", itemCol="movie_id", ratingCol="rating", coldStartStrategy="drop",
nonnegative=True)
model = als.fit(ratings)

# 评估模型
predictions = model.transform(ratings)
evaluator = RegressionEvaluator(metricName="rmse", labelCol="rating",
predictionCol="prediction")
rmse = evaluator.evaluate(predictions)

# 输出结果
print(" 每部电影的平均评分 :")
average_movie_ratings.show()

print(" 每个用户的平均评分 :")
average_user_ratings.show()

print(" 最受欢迎的电影类型 :", most_popular_genre)

print(" 基于用户的协同过滤推荐模型的 RMSE:", rmse)

# 关闭 Spark 会话
spark.stop()
```

上面的代码使用 Spark 对 MovieLens 100K 数据集进行了数据处理和分析，包括计算每部电影和每个用户的平均评分、查找最受欢迎的电影类型，并使用基于用户的协同过滤方法进行电影推荐。

综上所述，使用 ChatGPT 与 Spark 集成进行数据分析与机器学习，可以快速、高效地处理和分析大量数据。这种集成利用了 ChatGPT 的深度学习能力和 Spark 的分布式计算能力，为各种复杂的数据挖掘和分析任务提供了强大的支持。无论是数据预处理、可视化、统计分析还是机器学习，ChatGPT 和 Spark 的结合都能为数据分析师带来极大的便利和效率提升。

8.3 小结

在本章中，我们详细讨论了 ChatGPT 在深度学习和大数据分析方面发挥的作用。首先，我们介绍了使用 ChatGPT 构建卷积神经网络（CNN）、循环神经网络（RNN）与长短期记忆网络（LSTM）进行深度学习分析。这些方法使我们能够在各种任务中实现高效的模型训练与推理，如图像识别、自然语言处理和时间序列预测等。

接着，我们讨论了将 ChatGPT 与大数据生态系统中的 Hadoop 和 Spark 进行集成，以进行数据存储、处理、分析和机器学习。通过这些集成方案，用户可以充分利用大数据平台的强大功能，实现分布式计算和高效的数据处理，同时将 ChatGPT 作为一个强大的辅助工具优化分析过程和提高工作效率。

本章向读者展示了将 ChatGPT 与深度学习和大数据技术相结合的方法，开创了一种新颖的数据分析方法。通过掌握本章所述的技能，读者将能够更好地利用 ChatGPT 应对各种数据驱动的场景。同时，这也为未来这一领域的研究与应用奠定了坚实的基础。